插图本
人类太空飞行简史

HUMAN SPACEFLIGHT

［美］约瑟夫·A. 安吉洛 —— 著

迟文成 ———————— 丛书主译

谢 军 谭艾菲 ———— 译

上海科学技术文献出版社
Shanghai Scientific and Technological Literature Press

图书在版编目（CIP）数据

插图本人类太空飞行简史／（美）约瑟夫·A. 安吉洛著；谢
军，谭艾菲译．—上海：上海科学技术文献出版社，2023
ISBN 978-7-5439-8864-4

Ⅰ.① 插… Ⅱ.①约…②谢…③谭… Ⅲ.①载人航天
飞行—世界—青少年读物 Ⅳ.① V529-49

中国国家版本馆 CIP 数据核字（2023）第 104904 号

Human Spaceflight

Copyright © 2007 by Joseph A. Angelo, Jr.

Copyright in the Chinese language translation (Simplified character rights only) ©
2023 Shanghai Scientific & Technological Literature Press

All Rights Reserved

图字：09-2019-707

选题策划：张　树
责任编辑：苏密娅　姚紫薇
封面设计：留白文化
审　　校：余梦雨

插图本人类太空飞行简史
CHATUBEN RENLEI TAIKONG FEIXING JIANSHI

[美]约瑟夫·A. 安吉洛 著　迟文成 丛书主译 谢 军 谭艾菲 译
出版发行：上海科学技术文献出版社
地　　址：上海市长乐路 746 号
邮政编码：200040
经　　销：全国新华书店
印　　刷：商务印书馆上海印刷有限公司
开　　本：720mm×1000mm 1/16
印　　张：23
字　　数：384 000
版　　次：2023 年 9 月第 1 版 2023 年 9 月第 1 次印刷
书　　号：ISBN 978-7-5439-8864-4
定　　价：78.00 元
http://www.sstlp.com

主译的话

当抬起双眼遥望星空之时，我们一定会惊叹于星空的美丽，并对太空充满敬畏与好奇。虽然，人类无时无刻不受着地球重力的束缚，但从来没有停止过对太空的向往、对飞行的渴望。世界航天技术的突飞猛进使人类文明编年史从国家疆域、地球视野进入"光速世界"。

为了满足广大航天爱好者特别是青少年对最新航天技术及太空知识的渴求，上海科学技术文献出版社从美国Facs On File出版公司引进这套"太空探索"系列丛书，旨在介绍世界最新的航天技术和太空科普知识。

丛书不仅向人们介绍了众多科学原理和科技实践活动，还向人们介绍了太空科技对现代人类社会的诸多影响。从火箭推进原理到航天器发射装置，从航天实验设备到宇航员，从卫星到外空生命，丛书以其广博丰富的科普内容，向读者展现了一个神秘璀璨的世界。

受上海科学技术文献出版社的委托，我组织了此次丛书的翻译工作。这是一项责任重大、意义深远的工作。为了把原著的内容科学、准确地传递给我国读者，每本书的译者都做了许多译前准备工作，查阅了大量相关资料、核校相关术语。在近3个月的工作中，他们一丝不苟的态度，严谨、科学的精神令我感动，也使我对该丛书的成功翻译、出版充满信心。诚然，受译者专业知识的局限，书中难免有不足之处，望读者给予理解和支持。

迟文成

前 言

世界上很难说有什么事情是绝对不可能的，因为昨天的梦想不仅是今天的希望，而且也是明天的现实。

——罗伯特 · 哈金斯 · 戈达德（美国物理学家，现代火箭技术之父）

"太空探索"是一套综合性的科普读物。它向人们介绍了众多科学原理和科技实践活动，以及太空科技对现代人类社会的诸多影响。实际上，太空科学涵盖了许多不同学科的科学探索。例如，它涉及利用火箭推进原理使航天器进入外层空间的发射装置；又如，它涉及在太空中或在其他星球上执行航天任务的各种航天器；此外，它还会涉及执行一系列航天任务的航天器上所搭载的各种实验设备和宇航员。人类正是通过这些设备和宇航员实现了各项航天目标。在太空时代，与火箭有关的航天技术不断地帮助人类实现新的梦想。本丛书向人们介绍了与上述技术相关的人物 、 事件 、 发现 、 合作和重要实验。同时，这些科普读物还有火箭推进系统是如何支持人类的太空探索和航天计划的相关内容，这些计划已经并将继续改变人类文明的发展轨迹。

人类航天技术的发展史、天文学的发展史和人类对航天飞行的兴趣密不可分。许多古代民族针对夜空出现的奇异光线创作出流传千古的神话传说。例如，古希腊神话传说中就有一则讲述一位老人渴望摆脱地球引力的束缚，在天空中自由地飞翔的故事。自从人类社会进入文明时代以来，巴比伦人 、 玛雅人 、 中国人和埃及人都研究过太空，并有太阳 、 月亮 、 可观测的行星和"固定的"恒星的运动过程的相关记载。任何短暂的天文现象，例如彗星的经过 、 日食的出现或超新星的爆炸，都会在古代人类社会中引起人们的不安。人类的恐惧不仅仅是由于这些天文现象看上去十分可怕，而且是由于在当时这些天文现象既是无法预测的又是无法解释的。

古希腊人和他们的"地心说"理论对早期天文学和西方文明的出现产生了重大的影响。在大约公元前 4 世纪，古希腊的众多哲学家 、 数学家和天文学家分别系统地阐述了"地心说"的宇宙理论。根据他们的理论，地球是宇宙的中心，其他的天体都是围绕地球运行的。在大约公元150年的时候，古希腊一位伟大的天文学家托勒密对"地心说"理论进行了加工完善，从而使其成为一套完整的思想体系。在接下来相当长的历史时期内，这一思想体系一直在西方社会处于权威的地位。16世纪，尼古拉斯·哥白尼提出了"日心说"的理论，结束了"地心说"理论长期以来对人们思想的统治。17世纪，伽利略和约翰尼斯·开普勒利用天文观测证明了"日心说"理论。同时，他们所进行的天文观测也为科学革命的到来奠定了坚实的基础。17世纪晚期，艾萨克·牛顿爵士最终完成了这场科学革命。牛顿在著名的《自然哲学的数学原理》一书中系统地总结了基本的物理学原理。利用这些原理，人们可以解释众多天体是如何在宇宙中进行运动的。在人类科学发展史上，牛顿的地位是难以超越的。

18世纪和19世纪的科学发展为航天技术在20世纪中叶的出现打下了扎实的基础。正如本丛书所讲述的那样，航天技术的出现从根本上改变了人类历史的发展进程。一方面，带有核弹头的现代军用火箭使人们不得不重新定义战略战争的本质。实际上，这也标志着人类在历史上第一次研发出可以毁灭自身的武器系统。另一方面，科学家们可以利用现代火箭技术和航天技术将机器人探测器发射到太阳系的所有主要行星上，从而使那些遥远而陌生的世界在人们的眼中变得像对月球一样熟悉。航天技术还在"阿波罗号"成功登月的过程中发挥了关键作用。成功登月是人类迄今为止所取得的最伟大的科学成就。20世纪初，俄罗斯的航天预言家康斯坦丁·E.齐奥尔科夫斯基大胆地预言：人类不会永远被束缚在地球上。当宇航员尼尔·阿姆斯特朗和埃德温·奥尔德林在1969年7月20日踏上月球的表面时，他们也将人类的足迹留在了另一个颗星球上。在经过几百万年漫长的等待之后，随着生命的不断进化，终于有一种高级的生命形式实现了从一个星球到另一星球的迁移。在宇宙长达140亿年的历史当中，这种迁移是第一次发生吗？或许，如许多外空生物学家所说，高等生命形式在不同星球之间的迁移是各大星系内部经常发生的现象。对于上述问题，科学界目前尚无定论。不过，科学家们在航天技术的帮助下，正努力在其他星球上寻找各种生命形式。有趣的是，随着航天技术的不断发展，宇宙既是人类太空旅行的目的地，又是人类命运的最终归宿。

"太空探索"丛书适合所有对太空科技、现代天文学和太空探索感兴趣的读者。

简 介

《插图本人类太空飞行简史》是一本描写人类于 20 世纪 60 年代初开始首次挣脱地球引力，穿越外层空间进行具有划时代意义旅程的书。这些大胆的冒险行为最早开始于 1969 年 7 月 20 日，当时美国宇航员尼尔·阿姆斯特朗成为世界上第一个在另一个星球行走的人。

当阿姆斯特朗从登月舱悬梯的最后一阶走下来，接触到月球表面的时候，他说了一句著名的话："对于我个人来说这只是一小步，但对人类来说却是一大步。"这句话有力地概括了在智慧生命超越了我们这个小小星球生物圈束缚的进化过程中的一个重大的历史事件。在地球上，最后一个这样重大的进化出现在大约 3.5 亿年前，当时总鳍亚纲鱼类第一次离开远古时代的大海爬上了陆地。科学家们认为这些早期的"探索者"是所有陆地上有四肢的脊椎动物的祖先。也许未来的一些银河系的历史学家们将会注意到生命是怎样从地球上的远古海洋中出现，短暂地停留在陆地上，然后继续勇敢地到其他星球进行探险的。

几分钟以后，在 1969 年 7 月那个具有历史意义的日子，宇航员埃德温·奥尔德林加入阿姆斯特朗登陆月球表面的行动中。当他们在登月舱附近探测月表地貌时，他们的同事、宇航员迈克尔·科林斯正在他们头顶上的"阿波罗号"指挥舱里绕轨道飞行。在地球上，5 亿多人通过电视直播目睹了这一重大事件。正如俄国航天学创始人康斯坦丁·齐奥尔科夫斯基早在几十年前预言的那样，火箭和执行人类太空飞行任务所需的配套技术，将会把我们从地球的摇篮中解放出来并且帮助我们人类成熟起来，达到进入广袤而美丽的宇宙的年龄。本书描述了人类是如何在短时间内开始应用这一奇妙而重要的空间技术的。

任何有关人类飞行及其在历史上各方面的重要性的讨论都应该对美国宇航员步入另一个星球的政治决定和技术上所做的努力表示敬仰。除了阿姆斯特朗和奥尔德林以外，作为美国国家航空航天局"阿波罗计划"的一部分——一个在冷战期间出于政治需要而产生的大胆的技术探索，其他10位宇航员也成为"月球行走者"。

1961年5月，美国总统约翰·肯尼迪（John F.Kennedy，1917—1963）做出了"在1970年之前，把美国宇航员送上月球并使他们安全返回地球"的大胆决定。他做出这项决定是要遏制当时苏联取得的无数太空技术成果所产生的全球政治影响。常常被淹没在成功登陆月球这一耀眼光环之中的是：肯尼迪甚至是在美国宇航员还没能够乘坐宇宙飞船成功地绕地球飞行之前就做出了这一决定。航空航天工程师们当然认识到了肯尼迪决定中惊人的艰巨性。让宇航员成功在月球表面行走之前，需要回答许多根本性的技术问题：人类能在太空生存吗？航天飞机能设计得使宇航员在绕地球轨道上旅行时还活着吗？宇航员们在带着火、高速重返地球大气层时能幸存下来并且安全返回地球表面吗？本书讲述了美国航空航天局的"水星计划"怎样解决了这些基本问题以及许多其他极具挑战性的技术问题。

例如，"水星计划"的工程师们必须设计一种能保护人类免受极端温度、真空以及新发现的宇宙射线伤害的航天器。除了这些要求以外，还需要返回舱高速重返地球大气层的过程中保持合适的温度。能够最好地满足这些要求的航天器是一种为弹道式重返设计的无翼太空舱。"水星号"太空舱有一个当宇宙飞船带着火冲过地球大气层时就会烧掉的防护性烧蚀壳。本着逐步稳妥的工程发展理念，在人类乘坐"水星号"太空舱飞向太空之前，美国国家航空航天局在验证宇宙飞船设计的整体性的试飞任务中，把两只大猩猩——汉姆（Ham）和以挪士（Enos）送入了太空。

美国的人类太空飞行计划不仅经历了进入轨道飞行人数的增加，而且经历了对执行这些飞行任务的宇宙飞船进行明显改进的过程。从"水星计划"一直到"阿波罗计划"，一艘又一艘的宇宙飞船，随后是航天飞机，每个都比前一艘更大、更舒适、功能更强。有些太空飞行活动创造了令人震惊的人类第一次，而其他的，像"天空实验室"以及最近的"国际空间站"（ISS）通过扩大人类在太空操作的范围和增强复杂程度，有计划地提高了人类探索太空的能力。

美国国家航空航天局最新的人类飞行设想包括重返月球和用一种与"阿波罗号"太空舱相似，但比它大很多的新型载人航天器进行载人火星探索。美国国家航空航天局的新一代宇宙飞船和登陆系统将能够向国际空间站运送宇航员和供给品，载 4 名宇航员到月球以及执行未来到火星的多达 6 名宇航员的飞行任务。

本书记述了历史性的事件、科学原理以及使人们在太空居住和生活的技术突破。这本书也展示了令人激动的未来人类太空飞行活动的远景，包括重返月球、建立永久性的月球基地、探索火星，甚至是在绕地球轨道上以及其他太阳系内有战略意义的地点建立大型的太空居住地。

这本书包括一些描绘历史的、当代的以及未来的人类太空飞行活动的插图，使读者能够欣赏到自 20 世纪 60 年代早期以来发生的巨大的科技进步以及未来的发展前景。在整本书中的关键位置设置了大量的知识窗以便阐述基本的物理概念、工程选择以及生命支持技术，还有著名科学家和宇航员的太空旅行经历。

认识到人类的太空飞行使宇宙既成为人类的目标又成为人类的命运归宿这一点尤其重要。关注和了解这些激动人心的发展道路，会使今天的在校学生产生极大的兴趣和成为明天的科学家、工程师、宇航员的从业动力。

因为曾经注意到科技对人类社会的影响，本书还剖析了自 20 世纪中叶以来太空飞行旅行对人类发展产生的影响，分析了人类的太空飞行在 21 世纪今后的时间以及下一个世纪会对社会发展产生的广泛影响。

人类探索者在征服太空的过程中会遇到很多技术难题、较大范围的财政投入，甚至是牺牲生命等问题。本书中的知识窗回答了当前一些与人类太空飞行有关的最迫切的问题，包括持续置身于微重力环境中所产生的生理效应以及太空辐射环境的持续威胁等。

本书经过精心编写，以帮助对太空旅行感兴趣的学生或老师了解人类太空飞行的身体和心理条件是什么，生命支持系统是怎样工作的，为什么宇航员的培训和心理训练如此重要。

目　录

1 人类航天之梦

自人类有史以来，天文观测就在人类文化的发展中起了重要作用。当天文学家、人类学家和考古学家试图把当今天文知识与人类远古祖先观察天空并解释他们所看到的神秘物体的方式联系在一起时，考古天文学便使它们联合在了一起。全世界大多数的早期民族都曾仰望苍穹，并把他们看到却无法解释的现象编成了许多美丽的故事。

史前洞穴岩画（大约 3 万年前）证实，早期人类就开始仰望星辰并把这些天文观测融合在自己的文化中。在有些古代社会中，神职人员的头领们常常在举行神职仪式的地方，把一些特殊的天文符号刻在石头上，即人们所说的岩画。现代考古学家和天文学家正在研究并试图解释这些岩画雕刻以及其他在古代废墟中出土的可能具有重要天文学意义的物体。

古代文明的许多大纪念碑和用来举行仪式的建筑都有天文学意义上的取向排列。其中最古老的天文观测台之一是史前巨石柱群。19 世纪 90 年代初，英国物理学家洛克伊尔爵士（Lockyer，1836—1920）在希腊和埃及旅行期间发现许多古代庙宇的地基都沿着东西方向的轴成一条直线，而这条连续的排列成线则暗示其与太阳的升降有某些天文联系。为了验证这一假想，洛克伊尔参观了古埃及最大的庙宇——卡那神庙，并在自己 1894 年所著的《天文学的黎明》一书中探讨了这一假说，这本书通常被认为是考古天文学的开端。

为了验证其假说，洛克伊尔还研究了位于英格兰南部的古代遗址——史前巨石柱群。然而，他不能准确地断定其建造年代，因此也就无法自信地用阳历来表示历史上某一精确的时刻，这一精确的历史时刻能够揭示出那些奇怪的、又大又直的、上方压着顶石的圆柱形巨石是怎样与古代大不列颠人的某种天文活动联系在一起的。洛克伊尔的前瞻性工作显然预见了现代对于巨石柱研究的成果，这些成果显示巨石柱群所在的地点，在约公元前 2000 年，很可能是进行古代天文历法活动的场所。

古埃及人和玛雅人都曾借助于建筑的取向排列来进行天文观测或创建历法。现代宇航员发现，就像某些玛雅人的建筑一样，例如在墨西哥尤卡坦半岛的乌斯马尔（Uxmal）发现的建筑，与位于埃及吉萨的大金字塔一样有一条重要的具有天文意义的排列。玛雅人尤其对太阳穿过中美洲的某些纬度时的时间段感兴趣。玛雅人还对金星特别感兴趣，视其与太阳同等重要。这些中美洲的当地民族精通天文，能推算出行星运动周期以及千年间日食或月食的时间。

对许多古代民族来说，月亮、太阳和行星的运动以及某些星座的出现可以作为帮助管理日常生活的天然历法。因为这些天体遥不可及和难以理解，所以伴随着当地的天文学，同时出现了各种各样的神话传说。在古代文化中，天空成为诸神之家，月亮和太阳常常被神化了。

尽管人类学家并不知道最早期的人类是如何思考天空的，但是已通过传说、舞蹈和歌曲传递了4万年之久的澳大利亚土著居民的文化，使互相合作的人类学家和天文学家初步了解了这些早期民族是如何解释太阳、月亮和星星的。澳大利亚土著文化是世界上最古老、存世时间最长的文化。这些土著人对宇宙的观点涉及人、自然和天空之间紧密的相互关系。这种古代文化最基本的概念是"梦想"，即神灵祖先创造世界时的遥远的过去。澳大利亚土著人的传说、舞蹈和歌曲表达了神灵祖先在遥远的过去是如何创造了世界以及如何把人类与天空、大自然紧密地联系在一起的。在澳大利亚土著文化中，太阳被认为是女性，她每天在东方的营房里醒来，点燃火把，然后拿着火把穿过天空。月亮被认为是男性，因为月亮循环一周恰巧和女性月经周期有联系，他们便把"孕育"与月亮联想起来，因此给月亮很高的神奇地位。这些古代民族还把日食看成是男性月亮与女性太阳的交配。

对于古代埃及人来说，"拉"（Ra）是全能的太阳神，它创造了世界，每天航游于天空。埃及的法老使用"拉的儿子"称号作为其权力的象征。在希腊神话中，阿波罗神驾着金色马车拉着太阳驶过天空，他的孪生妹妹阿耳特弥斯（Artemis，罗马神话中的Diana）则是月亮女神。

从有人类历史到17世纪初科技革命开始，天空作为诸神的居所，一直被认为是一个遥不可及的地方。在有些文明和宗教看来，天空是正直的好人（或至少是他们的灵魂）死后的归所。希腊罗马神话中赫拉克勒斯（Hercules）正是凡人中力大无比、受人欢迎，并且死后被允许加入天空诸神的典范。古希腊人甚至以他的名字命名了一个星座以强调其已去往天宇。时至今日，在许多宗教活动中，教徒在祈祷时也常常会面对天空双手合拢或面向天空仰望苍穹。

其他一些传说则使人们想到凡人要想离开地面高飞于地球之上会有多么难。在希腊神话中，米诺斯（Minos）国王为克里特岛上的人身牛头怪物米诺陶（Minotaur）修建了迷宫，它的伟大建筑师就是聪明的工程师代达罗斯神。但由于代达罗斯神告诉了杀死人身牛头怪物的希腊英雄忒修斯神（Theseus）如何逃离迷宫，于是大怒的米诺斯国王监禁了代达罗斯神和他的儿子伊卡洛斯。毫不畏惧的代达罗斯神用蜡、木头和羽毛做了两对翅膀。在从监禁他们的塔中飞离前，代达罗斯神告诫儿子伊卡洛斯不要飞得太高，否则太阳会把蜡熔化使翅膀分解开。他们从米诺斯国王的克里特岛顺利地逃走了，然而在飞经大海上空时，冲动的年轻人伊卡洛斯忽视父亲的警告向天空高高地飞去。代达罗斯神安全地到达了西西里，却目睹了年轻鲁莽的儿子因翅膀脱落后坠入大海身亡。

在人类的历史进程中究竟发生了什么使天空从一个遥不可及之地变为可拜访之所？换句话说，是什么激励人们开始思考太空之行的？

这种转变的第一大步发生在 1609 年。当时意大利科学家伽利略·伽利莱（Galileo Galilei，1564—1642）得悉荷兰刚刚发明了一种新式光学仪器（一种放大镜）。6 个月内，伽利略设计出了他自己版本的仪器。1610 年，他把改进的望远镜对准了天空，开启了望远镜天文学时代。他用其粗糙的仪器获得一系列惊人的发现，包括月球上有山脉、许多新星以及为纪念他而以他的名字命名的木星的 4 个卫星。伽利略在其所著的《星际信使》一书中发表了这些重要发现。这本书既激起了人们的兴奋也激起了愤怒。伽利略用木星的卫星证明了并非所有天体都围绕着地球运转，这为其热情支持的宇宙模型——哥白尼模型提供了直接的观测证据。月球上的山脉以及过去被错误地称作"母马"而现在被伽利略认为是海洋的阴暗地区，突然之间使月球成为一个像地球一样的地方。如果月球确实是另外一个世界而非天空中某种神秘的物体，那么好奇的人类某一天必将会造访那里。17 世纪初光学天文学的诞生，不仅加速了科技革命，而且使太空旅行和造访别的世界的思想突然间获得了一点现实的希望。

然而，在望远镜中看到另外的世界只是第一步。帮助人类实现太空旅行的下一个关键的步骤是开发出一种强大的机器，这种机器不但能使物体脱离地球表面，而且能在外太空的真空中进行各种操作。在第二次世界大战期间被开发并在后来的冷战时代被大大改进的现代火箭已成为人类太空飞行的技术保证，人类的太空飞行将会给人类的未来带来众多令人激动的选择。

尽管有了现代火箭，还需要最后一个步骤使人类的太空飞行成为现实。各国政府必须愿意投入大量的人力和财力以使人们能够在地球大气层外旅行。从历史的角度来看，冷战时代美国和苏联之间地缘政治的竞争为太空旅行提供了必要的社会促进因素。20世纪60年代，两国政府都决定在超级大国的"太空竞赛"中进行大量的资源投入。

本章还将说明如下问题，即远见卓识、硬件条件、政治意愿是如何汇聚在一起并且使太空旅行成为人类20世纪后半叶标志性成就的，而这一科技成就的顶峰则是美国国家航空航天局的"阿波罗计划"的载人登陆月球任务。

◎ 万户的传说

据史料记载，中国人最先使用了火药飞弹。在当时的军事应用中他们称其为"火箭"。例如，在1232年开封府战役中，火箭帮助中国金朝的女真族赶走了蒙古族入侵者。

在中国古代，无论火箭的实际发展道路怎样，开封府之役却首次描绘了在战争中使用以火药为燃料的火箭的情景。在这场战役中，中国金朝的女真族军队使用火箭吓跑并击败了入侵的蒙古族士兵。在最初的被动引导的导弹控制中，中国的火箭发射者把一根长长的棍子系在火箭末端。长棍子可以使火箭中心后面的压力在飞离期间保持中心位置。尽管这根长棍子起了一些作用，但是火箭的飞行路线仍然很不确定，而且沉重的棍子还缩短了早期以火药为燃料的火箭的射程。

虽然火箭有诸多局限，但入侵的蒙古族士兵从开封府之战的不愉快的经历中迅速得知并很快也采用了这种新式武器。元朝的蒙古族军队在入侵印度、中东和欧洲时，把火箭技术传到了西方。19世纪末的欧洲，俄国一位不为人所知的教师、技术梦想家康斯坦丁·齐奥尔科夫斯基最先令人信服地、科学地把火箭与太空旅行联系起来。

还有一个来自中国的火箭故事在此值得一提。这个传说说的是大约在1500年，一位不太有名的名叫万户（Wan Hu 或 Wan Hoo）的中国官吏想坐在火箭推动的椅子上飞天。他命人造了一把风筝椅子，上面挂着 47 枚火箭弹。然后，他亲自做试飞员，勇敢地坐在椅子上，命令仆人同时点燃所有火箭弹的导火线。47 个仆人每人拿着一把小火炬冲在前面等候主人的吩咐。仆人们忠实地点燃导火线，然后迅速跑回安全地带。然而，火箭飞椅突然

根据早期的火箭传说，大约 1500 年，一名叫万户的中国官吏试图使用以火箭作为推动力的风筝遨游天空。这幅图画的是万户等着点火起飞，一个仆人小心翼翼地点燃风筝上 47 枚火箭弹的一枚。不幸的是，仆人们撤走了，而万户却由于火箭弹的爆炸而灰飞烟灭。（美国国家航空航天局）

出现明亮的一闪并发出巨大的轰鸣声。空中充满了巨浪般的灰色烟雾。万户和他的火箭飞椅在爆炸中消失了，或许比他原想的更加突然地到达了天堂。

尽管科学历史学家更倾向于这是一个故事而非事实，然而它最先描绘了人类使用火箭作为交通工具的首次尝试。在此之前，火箭一直或应用于战争或用作节日的烟花。第一位从技术上把人类太空旅行和火箭联系起来的是德国的技术梦想家赫尔曼·奥伯特（Hermann Oberth）。他在 20 世纪早期做出了这一重要的联系。

知识窗

轨道上的中国太空人

　　传说中的中国官吏万户试图使用火箭飞天却消失于一股烟雾之中，此后大约 500 年，一些被称为"中国太空人"（taikonauts）的人们成功地进入了太空。2003 年 10 月 15 日，中华人民共和国成为继俄罗斯（苏联）和

美国之后第三个使用自主开发的发射器把人类送入环地球轨道的国家。那天，中国"长征 2F 号"火箭从酒泉卫星发射中心起飞，把载有宇航员杨利伟的"神舟五号"飞船送入环地球轨道。在国际航空界，中国人使用

的 taikonaut 一词相当于 astronaut 和 cosmonaut。"taikong"是汉语表示"太空"的词汇,所以前缀"taiko-"与构成 astronaut 和 cosmonaut 的两个前缀"astro-"或"cosmo-"表示同样的概念和意义。在绕地飞行 14 圈后,2003 年 10 月 16 日,航天器重新进入大气层,人们在中国的内蒙古地区找到了安全返回的杨利伟。大约 2 年后,即 2005 年 10 月 12 日,中华人民共和国从酒泉卫星发射中心进行了第二次载人飞行任务。载有两名宇航员的"神州六号"飞船通过"长征 2F 号"火箭点火起飞。"神州六号"飞船的总体设计与俄罗斯的"联盟号"(Soyuz)飞船相似,但做了重大改进。"神州六号"有一个载人太空舱、轨道指令舱和推进舱。宇航员费俊龙和聂海胜在起飞期间以及执行再次进入大气层任务或登陆任务期间坐在载人太空舱。在将近 5 天(115.5 小时)的太空期间,费俊龙和聂海胜轮流进入轨道舱,舱里备有各种救生设备和实验设备。环地球轨道飞行 76 圈后,10 月 16 日,载人太空舱在内蒙古北部地区以降落伞支持的软着陆安全地返回了地球。

◎科技革命

16 世纪和 17 世纪,欧洲在思想方面经历了深刻的变化,这常被人们称作"科技革命"。尼古拉斯·哥白尼(Nicholaus Copernicus,1473—1543)以其临终之作《天体运行论》(*On the Revolutions of the Celestial Spheres*)引起了天文学革命,从而开始了这场科技革命。此书公然违抗统治了两千年之久的亚里士多德的以地球为中心的天文学而赞同以太阳为中心的宇宙模型,在这一模型中,地球像其他的已知行星一样绕太阳运转。

17 世纪早期,伽利略使用望远镜进行的观测以及约翰尼斯·开普勒(Johannes Kepler,1571—1630)的行星运动定律进一步强化了哥白尼学说。因为实验细心,物理观察仔细,伽利略通常被人们认为是第一位现代科学家。在 17 世纪晚期,艾萨克·牛顿爵士(Sir Isaac Newton,1642—1727)发展并公开了三大运动定律以及万有引力定律,使得这一科技革命达到了高潮。这些重要的科学原理使科学家能够用精确的数学语言解释宇宙中可观测到的几乎所有物体:从苹果落地,从大炮射出的弹道轨迹，行星绕太阳运转，到宇宙飞船载着宇航员在轨道上绕地飞行或飞往月球。

开普勒对伽利略 17 世纪早期的科学成就作了补充。他发展了行星运动三大定律，它们是一些重要的物理学原理，描述了行星绕太阳运转时的椭圆形轨道，为人们接受哥白尼太阳中心假说提供了经验性基础。开普勒的三大定律为天文学奠定了现代的、数学上的基础。

开普勒的著作《新星》（De Stella Nova）描述了他于 1604 年 10 月 9 日用肉眼首次观测到的位于蛇夫星座（Ophiuchus）的超新星。超新星瞬间的壮观景象无疑驳斥了亚里士多德另外一个长久的信条，即苍穹是永恒不变的。

1618—1621 年，开普勒在其发表的著作《哥白尼天文学概括》（Epitome of Copernican Astronomy）一书中对所有他做的行星研究进行了总结。这本著作包括开普勒的行星运动第二定律。作为科学历史上的一点，开普勒实际上是把其第二定律依据于一个错误的物理学假设，即太阳会对所有的行星产生强大的引力。后来，牛顿通过万有引力定律对开普勒第二定律描述的行星运动给出了"合理的物理解释"（在经典物理学的范围内）。除了对天文学和轨道力学作出的重要贡献，开普勒还是第一位撰写关于人类太空旅行的科学家。

开普勒在 1630 年去世前，写了一部非常有趣的小说《梦想》（Somnium）。小说讲的是冰岛的一位宇航员旅行到了月球。虽然故事中包括许多魔鬼和女巫（他们帮助主人公在梦态下到达了月球表面），但开普勒对月球表面的描写却十分正确。因此，许多历史学家都把 1643 年出版的开普勒的这部小说视为第一部真正的科幻小说。

◎19世纪人类太空飞行的幻想

从 19 世纪中期开始，法国作家、技术幻想家儒勒·凡尔纳（Jules Verne，1828—1905）创作了现代科幻小说的同时开创了太空旅行的梦想。也许，凡尔纳对太空旅行最大的影响是其在 1865 年出版的小说《从地球到月球》（From the Earth to the Moon）。

在这部科幻小说中，凡尔纳以明显可信的方式向读者叙述了人类的月球之旅。凡尔纳虚构的旅行者麦克·亚当（Michel Ardan）、伊姆普莱·巴比肯（Imply Barbicane）、尼科尔船长（Captain Nicholl）乘坐一艘特制的由大炮发射的飞船旅行。飞船在途经月球附近时爆炸了。作者把大炮准确地定位于佛罗里达州一个低纬度地点。当然，科学家知道，凡尔纳提出的当沿着巨型大炮的圆筒发射而出的飞船做加速运动会立刻把里面 3 个无畏的太空旅行者压得粉碎。即使情况不是特别糟，飞船本身也会在脱离地球的过程中以逃逸速度通过地球大气层时被烧毁。尽管这部小说在技术上存在明显不足，它仍然在历史上第一次使人类的太空之旅看起来成为可能。

虽然儒勒·凡尔纳没有恰当地把火箭联系起来作为太空旅行的技术保障，但他的著名小说正确预言了在太空飞行期间使用小型推进式火箭以控制弹射式飞船的方式。凡尔纳既不是科学家也不是工程师，但他的文学才能成为众多科学家和工程师重要的灵感源泉，他们实际上都对星际旅行做出了回应，尤其是 3 位太空航空学的伟大先驱——康斯坦丁·齐奥尔科夫斯基、罗伯特·哈金斯·戈达德、赫尔曼·奥伯特——将会很快在强大的液体推进火箭和太空旅行之间独立地做出重大而又必要的联系。

这些火箭先驱们中的每一位都承认凡尔纳的作品是使自己童年时就产生对太空旅行终身感兴趣的关键因素。这位伟大的法国小说家于 1905 年 3 月 24 日逝世于法国的亚眠（Amiens）。他不仅创作了许多脍炙人口的小说，而且还为那些乐于造出现代火箭以使人类摆脱地球束缚的人们点燃了想象之火。儒勒·凡尔纳使基于火箭推进的太空旅行在 20 世纪从最初的技术梦想成为技术现实。

赫伯特·乔治·威尔斯（Herbert George Wells，1866—1946）是 19 世纪末 20 世纪初另一位非常有影响的科幻小说作家。他那令人兴奋的小说使太空旅行以及存在地外生命的观念得到了普及。这给了许多未来太空航行的先锋们以灵感。例如，1897 年，他写了《世界大战》（*War of the Worlds*）一书，就是一部关于来自火星的地外入侵者的经典故事。

1866 年 9 月 21 日威尔斯出生于英国肯特郡的布罗姆利（Bromley）。1874 年，童年时代发生的一次事故使他的一条腿骨折。漫长的恢复期促使他成为一名热情的读者，这一期间的研读使其受益匪浅。此后不久，他成为一名杰出的科幻小说和传统小说作家。

1891 年，威尔斯定居伦敦并开始大量撰写教育题材的文章。1895 年他出版了深受人们欢迎的小说《时间机器》（*The Time Machine*），从此开始作为科幻小说作家的写作生涯。在世纪之交，他创作的注意力集中到了太空旅行以及与外星人接触的后果上来。1897—1898 年，《世界大战》出现在一本杂志的系列栏目中，后来被编辑成一本书。

同样地，威尔斯继续写作大受欢迎的太空入侵故事，于 1901 年出版精装本《最先登上月球的人》(*The First Men in the Moon*)。如同儒勒·凡尔纳一样，威尔斯也没有把火箭与太空旅行联系在一起，但他的小说的确激发了人们的幻想。《世界大战》是一部关于地球受到来自太空入侵的经典故事。在这部新奇的小说中，不友好的火星人在 19 世纪的英国登陆，难以阻拦的他们征服了英国的坏人，直到微小的微生物把这些火星人摧毁。

在创作这部小说时，威尔斯很可能受当时普遍却不正确观点影响，即认为观测到的火星"运河"是"红色星球"上一个行将消失文明的工程。这是 19 世纪末天文学领域非常时髦的一种假说。1877 年，当意大利天文学家乔瓦尼·夏帕雷里(Giovanni Schiaparelli，1835—1910)把他观测到的火星表面具有线性特征报道为

1865 年，法国作家儒勒·凡尔纳出版了科幻小说《从地球到月球》。这是一部关于人类航游月球的幻想小说。这幅图画选自凡尔纳作品的早期印刷品。画的是小说中的人物麦克·亚当、伊姆普莱·巴比肯、尼科尔船长正在子弹形状的宇宙飞船里经历失重状态。尽管凡尔纳的用炮发射至太空的太空旅行方式会使他们在离开巨大的炮筒前被压得粉碎，但故事本身对天文学的先驱例如康斯坦丁·齐奥尔科夫斯基、罗伯特·哈金斯·戈达德、赫尔曼·奥伯特产生巨大的启迪。(美国国家航空航天局)

"canali"(一个表示"水道"的意大利词汇)，"运河热"便不知不觉地开始了。夏帕雷里正确的天文学观测却由于被译成英语"canals"(运河)而被人们误解了。因此，其他著名的天文学家，例如美国的帕西瓦尔·罗威尔(Percival Lowell，1855—1916)开始热情地搜索并很快发现在这个红色的星球上存在着具有火星文明迹象的其他一些地表特征。

威尔斯在其 1901 年的小说《最先登上月球的人》中明确地解决了太空旅行技术方面的一些问题。他是通过创造一个虚构的抗重力物质"卡沃里特"(cavorite)来达到这一目的的。他的故事激发了许多年轻读者思考太空旅行。然而，太空时代的月

球之旅现已完全否定了这位作者想象出的美好事物，包括月球岩洞、多样的月球植物，甚至两足动物、月光石。

不过，在他的其他许多小说中，威尔斯常常能准确地预见科技的进步。这为他赢得了技术预言家的地位。例如，他在 1908 年创作的小说《空战》（*The War in the Air*）中，预见了飞机将应用于军事；在 1914 年小说《解放全世界》（*The World Set Free*）中，他预言了原子的分裂。

威尔斯在成功的幻想和科幻小说写作后，开始关注社会问题以及由于新技术出现而产生的相关问题。例如，在其 1933 年小说《归去来兮》（*The Shape of Things to Come*）中，他对西方文明所面临的问题提出了警告。1935 年，亚历山大 · 柯尔达（Alexander Korda）根据这一未来故事摄制了电影。电影的末尾以未来人类的科技出路这一具有哲学意味的探讨结束。电影中的主角挥动着胳膊似乎要拥抱整个宇宙，他问同伴："我们真的是命中注定要征服这一切吗？"他的同伴回答说："选择很简单。或者整个宇宙，或者一无所有。选哪个呢？"

这位著名的小说家和幻想家于 1946 年 8 月 13 日在伦敦去世。他经历了两次令人恐惧的世界大战，除了太空技术，他目睹了众多强大新技术的出现。他的最后一部书《黔驴技穷》（*Mind at the End of Its Tether*）于 1945 年出版。在这部作品中，威尔斯表达了对人类未来前景越来越悲观的态度。

◎太空航空学的诞生

太空航空学是一门航天科学。这一领域的 3 位伟大先驱康斯坦丁 · 齐奥尔科夫斯基、罗伯特 · 哈金斯 · 戈达德、赫尔曼 · 奥伯特在强大的液体推进火箭和太空旅行之间独立地做出了重大而又必然的联系。

按年代顺序排列来说，第一位太空旅行幻想家是俄国的教师康斯坦丁 · 齐奥尔科夫斯基。他于 19 世纪末开始撰写关于火箭原理和太空飞行方面的系列文章和书籍，并且将这种先驱性的努力继续了 30 多年。在他的作品中，他建议有必要使用液体推进火箭。不久，美国物理学家罗伯特 · 哈金斯 · 戈达德开发出了这种火箭。由于沙皇俄国地理政治的原因，戈达德和其他许多俄国之外的科学家们并不知晓齐奥尔科夫斯基所做的工作。但是现在，齐奥尔科夫斯基被人们认为是俄国火箭学之父以及太空航空学的共同创始人。

才华横溢的物理学家罗伯特·哈金斯·戈达德被认为是美国火箭学之父以及实际上的现代火箭开发者。1919年，戈达德发表了一篇重要的技术论文《到达极高空的方法》(*Method of Reaching Extreme Altitudes*)。在这篇论文中，他得出结论：实际上火箭在外太空的真空中比在地球大气层中工作得更好。在当时，戈达德激进但又正确的观点大大冲击了当时普遍但不正确的看法，即火箭需要空气来推动。他还提出了多级火箭能够到达很高的高度，甚至能够获得足够快的速度"脱离地球"的观点。在这篇论文的最后一章中，他预测科学家很可能会使用火箭把适度的载荷送往月球。遗憾的是，新闻界并未看出他的先驱性工作的真正意义。相反，他们对戈达德使用火箭到达月球的提议大惊小怪。人们给了戈达德一个并非奉承的绰号"月亮人"。戈达德对这种负面宣传感到十分气愤。于是，他的余生选择了在孤独中工作。为了避免再次引起公众的争议，他尽量不再发表论文。结果，他的许多火箭方面尖端的研究在自己在世时没有得到承认。

尽管他在火箭学方面取得了许许多多的成就，美国政府却从没有对他重要的工作真正产生过兴趣。事实上，戈达德仅仅在第二次世界大战期间得到过政府的资助。那笔资助是让他用来设计小型火箭以帮助飞机从海上航空母舰上起飞。到1945年他去世为止，戈达德获得了200多项火箭方面的专利。航空航天工程师和火箭科学家现在发现，如果不使用戈达德在火箭学方面的先驱性工作的思想或设备，设计、建造、发射一个现代液体推进火箭几乎是不可能的。

太空航空学的第三个共同创始人是赫尔曼·奥伯特。他的著述和领导工作激发了第一次世界大战后的德国在火箭学方面的兴趣。奥伯特在美国工作期间基本上默默无闻。德国的火箭设计者们却异常活跃，他

赫尔曼·奥伯特毕生都在热情地推动太空旅行的理念。他与罗伯特·哈金斯·戈达德、康斯坦丁·齐奥尔科夫斯基共同开创了太空航空学，是太空航空学的创始人之一。与罗伯特·哈金斯·戈达德、康斯坦丁·齐奥尔科夫斯基不同的是，奥伯特目睹了太空时代以及人类太空飞行的到来，包括"阿波罗登月计划"。（美国国家航空航天局）

们最初集中在德国火箭协会内部。1923 年，奥伯特出版了一部具有预言性的书《飞往星际空间的火箭》(*The Rocket into Interplanetary Space*)。在这本重要的书中，他用数学说明了大气层以外的飞行是可能的。一个名叫沃纳 · 冯 · 布劳恩（Wernher von Braun）的聪敏青少年就是众多受到这本书启发的读者之一。1929 年奥伯特出版了另外一本重要的书《太空旅行之路》(*The Road to Space Travel*)。在这本书中，他提出了液体推进式火箭、多级火箭、太空航行以及制导再入系统。

◎前太空时代对空间站的想象

美国内战后不久，爱德华 · 埃弗雷特 · 黑尔（Edward Everett Hale）出版了《砖砌的月亮》(*The Brick Moon*)一书。这部出版于 1869 年的小说是最早的科幻小说之一。它描写的是一个载人空间站。若干年后，齐奥尔科夫斯基和奥伯特均在其更为专业的太空旅行题材的书中提到了空间站的设想。

另一位帮助发展空间站思想的人是赫尔曼 · 波托奇尼克（Hermann Potocnik，1892—1929）。波托奇尼克是奥地利帝国军队的军官、工程师。他受奥伯特著述和思想的影响开始着迷于太空旅行。1928 年，波托奇尼克以"赫尔曼 · 诺丁"（Hermann Noordung）为笔名出版了《外太空旅行的问题：火箭发动机》(*The Problem of Traveling in Outer Space: The Rocket Motor*)。这是一部以描写空间站工程技术方面为主的力作。波托奇尼克提出了火箭工程以及操作方面的一些重大问题，如：失重、宇航员与地面科学家的通信交流、维护空间站的居住环境以及太空船外的活动。或许，波托奇尼克最重要的卓见是他提出了旋转轮子形状的空间站直径大约为 30.5 米，这样做可以在空间站的生活区和工作区产生人造重力。波托奇尼克的"居住轮子"思想在欧洲支持太空旅行的国家传播开来，并且随着装饰工程技术的提高，这一思想在 20 世纪 40 年代和 50 年代又一次出现。

如同他之前的齐奥尔科夫斯基和奥伯特，波托奇尼克在解决为太空站提供可靠电力能源的问题上做了大胆尝试。因为太阳能电池还没有被发明出来，聪明的波托奇尼克应用了热力学基本原理，建议使用大型抛物面反射镜把太阳光线聚焦到传统的热力发电机系统上为空间站提供电能。今天，工程师们把这种发电方法称为太阳能转换法。波托奇尼克还建议使用空间站进行天文观测并建议把它放到环地球同步轨道上以提高其科学价值。

古依多 · 冯 · 皮尔奎特（Guido von Pirquet）是波托奇尼克的同时代人。这位奥地利人写了许多关于太空旅行的专业论文，包括使用空间站为太空拖船补给燃料。20 世纪 20 年代末和 30 年代初，冯 · 皮尔奎特提出在地球和月亮之间的不同地点使用多重空间站。第二次世界大战后，德裔美国火箭专家沃纳 · 冯 · 布劳恩在美国太空美术家切斯利 · 邦艾斯泰（Chesley Bonestell）的帮助下普及了大型轮形空间站的构想。

从 1952 年秋天起，冯 · 布劳恩开始为在《科利尔》（Collier）杂志上出现的有关幻想太空旅行的系列文章提供技术支持，这些文章都配有漂亮的插图。他的工作极为细致，对太空站的构想做了迄今最为全面的技术处理。这引起了美国娱乐业天才沃尔特 · 迪斯尼（Walt Disney，1901—1966）的注意。由于冯 · 布劳恩经常出现在电视节目中，到 20 世纪 50 年代中期，他已经成为一位举国公认的太空旅行倡导者。他还与沃尔特 · 迪斯尼共同担任一个电视节目的主持人。这是一个关于人类太空旅行和探索的 3 集系列节目，令人鼓舞。受他影响，当迪斯尼乐园 1955 年夏天

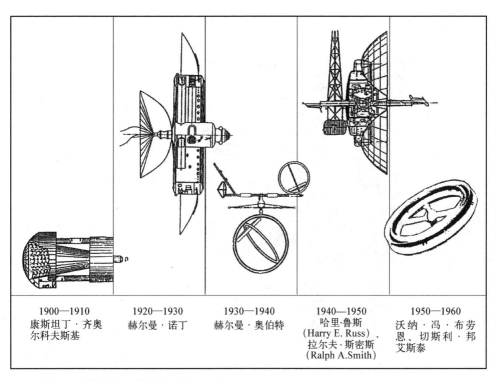

1900—1910	1920—1930	1930—1940	1940—1950	1950—1960
康斯坦丁·齐奥尔科夫斯基	赫尔曼·诺丁	赫尔曼·奥伯特	哈里·鲁斯（Harry E. Russ）、拉尔夫·斯密斯（Ralph A.Smith）	沃纳·冯·布劳恩、切斯利·邦艾斯泰

早期太空站的构想（美国国家航空航天局）

在加利福尼亚州南部地区开业时，"明日世界"部分设了一个 X-1 空间站展厅和一个乘坐火箭到月球的模拟体验空间。

20 世纪 50 年代前期，迪斯尼开始了崭新的游乐计划。它是一个面向家庭的综合娱乐形式，迪斯尼称之为"主题公园"。迪斯尼在加利福尼亚州的阿纳海姆（Anaheim）建造了迪斯尼乐园。它包括 4 个主要主题："幻想世界""探险世界""西部拓荒世界"和"明日世界"。迪斯尼的早期卡通和动画片一直没有冒险进入未来的科技领域。然而，在计划迪斯尼乐园的初期，迪斯尼就认识到了电视对普及迪斯尼公园的力量。迪斯尼还看到了大众对"未来科技"在"明日世界"安家落户的渴求。

迪斯尼求助于他的资深职员沃德·金宝（Ward Kimball，1914—2002），要求他对"明日世界"提出一些建议。金宝则对迪斯尼提到了科学家们正谈论太空旅行的可能性。他把《科利尔》杂志上刊登的由冯·布劳恩和其他一些科学家们撰写的探讨太空旅行、空间站、火星任务等诸如此类的文章拿给迪斯尼看。富有创造精神的迪斯尼马上意识到其中蕴藏的机会——太空即将成为"明日世界"的主要主题。迪斯尼还为此开发了一个特别电视节目向公众介绍太空旅行，并与此同时开发了新主题公园的一些娱乐项目。

20 世纪 50 年代中期，沃尔特·迪斯尼（左）与火箭科学家冯·布劳恩（右）合作开发了 3 集电视系列节目，向数百万美国人描绘了太空旅行之梦。（美国国家航空航天局）

因为迪斯尼忙于开发迪斯尼乐园，因此，他授以金宝实际的自由处理权去聘请最优秀的科学家制作真实而又富有娱乐性的太空旅行电视节目，迪斯尼时常来视察金宝的工作进展，提出一些建议，但是日常的制作任务则交给金宝去处理。

1955 年 3 月 9 日的晚上，美国数百万电视观众把电视调到受人欢迎的迪斯尼乐园节目。突然，在睡美人的城堡这一惯常画面消失后，迪斯尼本人出现在电视屏幕上。他坐在办公桌旁，手中拿着一个未来火箭的模型。与以往节目不同的是，现在迪斯尼亲自为观众准备着他们的"明日世界"之行。在这个特殊节目开始之时，他以有力但柔和的语调介绍了科学对日常生活的重要影响。他还提到今天看起来不可能的而明天可能会变为现实的事情。接着，他描述了人类最古老的梦想之一太空旅行。节目结束之时，他提到了近来的科学发现已经把人们带到了一个崭新的前沿，即星际旅行的前沿。迪斯尼的节目使数百万美国观众感到愉悦和受到鼓舞，对娱乐业来说，这是真正富有魔力的时刻，在这个时刻，沃尔特·迪斯尼在世界顶级火箭科学家们的支持下，向观众讲述了星际空间旅行的可能性。

《人在太空》（*Man in Space*）是 3 套极受欢迎的关于太空主题的迪斯尼电视节目之一。这套节目使美国大众增强了对 20 世纪 50 年代中期进行太空旅行可能性的信任。每套节目都把细致的研究和真实的描述与极其优美的视觉展示和迪斯尼的偶尔幽默结合起来。迪斯尼做完介绍后，第一次的节目介绍了火箭历史。主要介绍了德裔美国火箭历史学家维利·利（Willey Ley），探讨了太空飞行的危险，主要介绍航空航天医学专家海因茨·哈伯（Heinz Haber，1913—1990），然后由冯·布劳恩详细介绍了能搭载 6 人进入太空并且把他们安全送回地球的大型四级火箭。这些太空专家们以前曾为受人欢迎的《科利尔》杂志系列文章提供过技术支持，迪斯尼则无需费力就可听懂太空专家们的专业观点并且邀请他们参加自己的电视节目。

结果证明，《人在太空》节目十分受观众欢迎，以至于迪斯尼分别于 1955 年的 6 月 15 日和 9 月 7 日重播这套节目。有一位特别重要的人士观看了这套节目，他就是美国总统德怀特·戴维·艾森豪威尔（President Dwight D. Eisenhower，1890—1969），他非常喜欢这套节目，以至于亲自给迪斯尼打电话要借一份这套节目的拷贝，他要把它用作给五角大楼的高级官员进行太空教育的入门教材。

1955 年 6 月 30 日，美国参与即将到来的国际地球物理学年（International Geophysiceal Year，1957），艾森豪威尔宣布美国将发射一枚绕地人造卫星。这是巧合吗？或许是，或者很可能是迪斯尼的幻想魔力起作用了。对于一直无法理解太空技术重要意义的懒散的政府部门来说，这个幻想魔力如同其非常需要的催化剂一样。

当迪斯尼乐园于 1955 年夏天开业时，主题公园的"明日世界"部分有一只由利和冯·布劳恩设计的巨大的 25 米高的尖嘴火箭船,迎接游客参观"月球任务"景点。

迪斯尼的第二套关于太空主题的电视节目《人类与月球》(*Man and the Moon*)于 1955 年 12 月 28 日播出。在这套节目中,冯·布劳恩热情洋溢地描述了他对轮子形状空间站的构想,还描述了空间站如何能成为人类航游于月球附近时的汇合平台。冯·布劳恩在这个节目中以美国第一位太空旅行支持者的身份出现。公众对前两套迪斯尼太空主题节目的热烈反应使一些新闻工作者对此提出质疑。他们警告读者"不要被过度的热情冲昏头脑",试图保护公众。尽管有这些怀疑者的警告,太空时代还是于 1957 年 10 月 4 日到来了。当时,苏联发射了第一颗人造地球卫星"斯普特尼克 1 号"(Spulnik1)。

在太空时代初期,于 1957 年 12 月 4 日,迪斯尼把他的第三套即最后一套太空主题节目"火星不是终点"(*Mars and Beyond*)搬上了屏幕。冯·布劳恩在这一特别节目中仅仅出现很短的时间,因为他忙于发射美国第一颗成功的卫星("探索者 1 号")。通过冯·布劳恩和他的同事恩斯特·施图林格(Ernst Stuhlinger)的参与,这套节目上演了极其令人鼓舞的一幕:一支由人类驾驶核动力的星际飞船舰队飞往火星。这套节目还包括对太阳系中是否可能存在生命的探讨。探讨伴有卡通画面,既富于娱乐性又令人思索。到节目结束时,迪斯尼已感染了数百万美国人,使他们认识到太空旅行是真实的而不再局限于"幻想世界"。通过电视和主题公园,迪斯尼以一种令人遐想又使人愉悦的方式极大地普及了太空科技。迪斯尼于 1966 年 12 月 15 日在加利福尼亚州的伯班克(Burbank)去世。在其去世后 5 年,闻名世界的迪斯尼度假村在佛罗里达州的奥兰多开业。有趣的是这个世界闻名的游乐场距离美国航天发射场卡纳维拉尔角只有 100 千米。

◎乘坐火箭飞机踏入太空之门

北美 X-15 型火箭飞机弥补了人类在大气层内飞行与在太空飞行之间的差距。它于 20 世纪 60 年代被开发和飞行,目的是搜集飞行中关于空气动力学、构造体、飞行控制以及高速飞行和高空飞行时生理学方面的信息和数据。在大气层中空气密度大的低空地区飞行时,X-15 型火箭飞机使用了常规空气动力学控制;而在空气稀薄的高空大气层飞行时,则使用了弹射式控制系统。位于航天器前端的 8 个以过氧化氢为助推燃料的火箭为 X-15 型火箭飞机飞行提供倾斜和偏航控制。

　　X-15 型火箭飞机是以火箭为动力的试验型航天飞机。机身长约 15.24 米，机翼宽 6.71 米。它的外形如导弹，具有不寻常的楔形的垂直尾部，短而薄的机翼，独特的伸展于机身的导流罩。X-15 型火箭飞机质量为 6 340 千克，发射时质量为 15 420 千克。由飞行员控制的火箭发动机能产生 253 500 牛的推力。

　　由于它巨大的燃料消耗，X-15 型火箭飞机在大约 13 700 米的高空以每小时大约 805 千米的初始速度从 B-52（母舰）航天飞机上发射。然后，根据飞行任务的类型，飞行员给火箭发动机点火，为前 80—120 秒的飞行产生推力。在余下的 10—11 分钟的飞行期间动力会不足，最终以每小时 322 千米的速度滑翔，降落在加利福尼亚州的爱德华兹空军基地。

　　通常，X-15 型火箭飞机飞行员会使用两套基本的飞行预案。一个是速度预案，它要求飞行员保持爬行速度；另一个是高空飞行预案，它要求飞行员能把机身翻转过来并保持水平高度。

　　1960 年，美国国家航空航天局飞行员尼尔·阿姆斯特朗在一次成功的超音速飞行后站在 X-15 型火箭飞机旁。1969 年 7 月 20 日，阿姆斯特朗担任"阿波罗 11 号"宇航员，成为第一位在月球表面行走的人。（美国国家航空航天局）

从 1959 年首飞算起，这 3 架 X-15 型火箭飞机共进行了 199 次飞行。X-15 型火箭飞机有 6 次飞行速度为音速，最高飞行高度达到了 107.8 千米，最快飞行速度达到了每小时 7 273 千米。它的最后一次飞行是在 1968 年的 10 月 24 日。有趣的是，"阿波罗号"宇航员尼尔·阿姆斯特朗曾经驾驶 X-15 型火箭飞机到达太空之门。

◎早期太空竞赛取得的成就

1952 年，国际科学联盟理事会（the International Council of Scientific Unions）宣布 1957—1958 年为"国际地球物理学年"，以探索地球及其大气为基本的科学研究目标。作为回应，美国政府承诺准备发射一颗人造地球卫星作为其参与国际项目活动的高潮。来自苏联的官员也宣称政府将发射一颗科学卫星，但是认为苏联人有技术能力做到这一点的西方观察员却寥寥无几。

德裔美国火箭专家沃纳·冯·布劳恩曾经强烈地建议美国使用改进型军事导弹作为发射器。不过，美国官员没有采纳他的建议，而是做了一项政治决定，即开发民用火箭［被称为"先锋号"（Vanguard）］，把科学试验卫星送入轨道。政府官员推断如果使用民用火箭会强调外太空的和平利用从而降低民众对军事应用侧重的不满。而另一方面，苏联则采取秘密行动，计划使用改进的 R-7 洲际弹道导弹（Intercontinental Ballistic Missile，缩写为 ICBM）。

1957 年 10 月 4 日，苏联发射了世界上第一颗人造卫星"斯普特尼克 1 号"，粉碎了美国要保持技术优势的设想。不到一个月，苏联人又发射了"斯普特尼克 2 号"［载有一只名叫莱卡（Laika）的狗的更大的太空船］进入轨道，由此，加强和确立了其在太空竞赛中的领先地位。美国对苏联的这些初期太空成就感到诧异，匆忙于 1957 年 12 月 6 日发射了"先锋号"火箭及其小卫星（与"先锋号"火箭同名）。不过，广泛的宣传最终以大灾难告终，当世人观看"先锋号"发射时，"先锋号"从卡纳维拉尔角发射台升空仅仅几厘米就发生了爆炸。它的有效载荷，一个微型的球形卫星绝望地在棕榈灌木丛中哔哔作响。苏联总理尼基塔·赫鲁晓夫（Nikita Khrushchev）嘲讽地称这 3 个只有 1.5 千克的小试验卫星为"美国柚子卫星"。他在世界舞台上的嘲骂之语宣告了冷战时代两个超级大国间长达 10 年之久的太空竞赛的开始。

美国总统艾森豪威尔立即对"先锋号"灾难做出反应，他召集顾问，让他们立即采取紧急措施挽回国家声誉。美国迅速组建了一个联合项目组，包括加利福尼亚理工学院喷气推进实验室（Caltech's Jet Propulsion Laboratory, 缩写为 JPL）和美国陆军弹道导弹局（the U.S. Army Ballistic Missile Agency, 缩写为 ABMA），并任命冯·布劳恩为火箭总工程师。冯·布劳恩的团队提供了木星 C 发射器［一种改进的中程弹道导弹（IRBM）］；JPL 提供了与"探险者 1 号"卫星整合在一起的四级火箭；而詹姆斯·范·艾伦（James van Allen, 1914—2006）教授则提供了用于探测地球网罗辐射带（Earth's Trapped Radiation Belts）的成套科学工具。面对严重的政治危机，美国领导人迅速忘记了先前在军事火箭和民用火箭之间做出的区分。1958 年 1 月 31 日的深夜（当地时间），美国第一颗卫星"探险者 1 号"从佛罗里达州的卡纳维拉尔角升空并成功进入预定轨道。经过这次教训，美国又重新回到 20 世纪 60 年代早期，使用改进型军事火箭，包括使用"红石"（Redstone）、"阿特拉斯"（Atlas）和"大力神"（Titan）弹道导弹作为美国早期的人类太空飞行发射器。

苏联第一颗人造卫星"斯普特尼克 1 号"的发射导致了争夺技术优势的太空竞赛，而这种竞赛使得 20 世纪 60 年代的早期空间探索也带上竞争的意味。整个冷战时期，空间技术和探索方面的成就成为全球公认的国力的体现，空间优势成为综合技术优势的象征，更为简单地推断，可以说它是一个国家经济和政治制度优势的体现。

美国决心要赢得这场所谓的太空竞赛，为此美国开始加强民用空间计划。在这一时期，美国和苏联的军事空间计划保持在秘密状态下，官方有意不引起公众的注意。两个超级大国在国际舞台上所展示出的唯一空间计划是民用空间计划，包括机器人飞船和载人飞船。

1958 年 10 月 1 日，美国国会的一项法案以及联邦政府行政部门的补充行动把美国国家航空咨询委员会（National Advisory Committee for Aeronautics, 缩写为 NACA）改为美国国家航空航天局（National Aeronautics and Space Administration, 缩写为 NASA），并且授权新机构控制国家的（民用）空间计划。美国国家航空航天局被赋予和平利用太空、造福全人类的使命。在它诞生后的 7 年之内，美国国家航空航天局官员宣布并成功实施了"水星计划"，这是一个要把人类送入环地球轨道的开拓性工作。美国国家航空航天局的全面空间计划与人类太空飞行的连接在稳步地进行着。两年后，在汉斯维尔美国陆军弹道导弹局的冯·布劳恩和他的火箭科学家团队被调到了美国国家航空航天局，并且成为这一机构空间计划的核心。然而，由于害怕预算失衡，艾森豪威尔政府不愿进行大规模的民用空间计划。

在太空竞赛的最初几年，美国落在了苏联的后面。谢尔盖·科罗廖夫（Sergei Korolev，1907—1966）的大型火箭使苏联取得了许多令人瞩目的空间技术"第一"。例如，1959年1月2日发射的苏联"月神1号"（Luna Ⅰ）飞船虽未能到达月球，但却成为第一个逃逸地球引力并围绕太阳运转的人造物体。1959年9月14日，"月神2号"飞船成功地撞击了月球，成为第一个撞击另外世界的空间探测器。最后，接下来的一个月，"月神3号"环航月球并且拍下了月球背面的最初形象。相比之下，美国在1958—1959年试图向月球发送飞船的尝试却很不成功，这很大程度上是其有限的发射工具造成的。

1961年4月12日，苏联取得了举世瞩目的里程碑式的空间技术进展，它第一次

1961年4月12日，宇航员尤里·加加林乘坐"东方1号"飞船从拜克努尔发射场（Baikonur Cosmodrome）起飞，成功地完成了绕地轨道一周的飞行，他成为人类第一位太空旅行之人。这一先驱性的飞行使加加林成为苏联空间计划的国际性象征，引发美国和苏联20世纪60年代两个超级大国之间的太空竞赛。（美国国家航空航天局）

成功地将人类送到了太空。航天员尤里·加加林（Yuri Gagarin，1934—1968）乘坐由科罗廖夫设计的军事火箭搭载的"东方1号"（Vostok Ⅰ）飞船，成为第一位从轨道上运行着的飞船观测地球之人。美国马上作出反应，使用改进型红石军事火箭作为发射器，把宇航员艾伦·B.谢泼德（Alan B. Shepard）送入太空。因为红石火箭不够强大，无法把"水星"飞船送入绕地轨道，按照美国国家航空航天局的计划，谢泼德只进行了大约15分钟的亚轨道飞行。直到1962年2月20日，美国宇航员约翰·赫歇尔·格伦（John H. Glenn）才成为美国第一位沿绕地轨道飞行之人。美国国家航空航天局使用了美国空军更加强大的改进型阿特拉斯洲际弹道导弹把格伦送入了绕地轨道。

知识窗 ━━━━━━━━━━━━━━━━━━━━━━━━━━━━━●

第一位太空旅行的美国人

美国海军军官和美国国家航空航天局的宇航员艾伦·B.谢泼德被选为最初的7名"水星计划"宇航员之一。他成为第一位在外太空旅行的美国人。1961年5月5日，他乘坐由红石火箭发射的"自由7号"（Freedom 7）太空舱从佛罗里达州的卡纳维拉尔角美国空军站起飞，由此在空间技术方面取得了重要的里程碑意义的成就。亚轨道运行的"水星红石3号"任务把谢泼德从卡纳维拉尔角沿着弹道轨迹向着试验航向地抛去。大约15分钟后，他乘坐的太空舱落入距离发射地点大约450千米的大西洋里。美国海军搜寻人员把他和"自由7号"从大洋中打捞上来。在他后来的宇航员生涯中，谢泼德进行了第二次更加漫长的太空之旅。1971年2月，他担任了美国国家航空航天局"阿波罗14号"月球登陆任务的指挥。他和另一位宇航员艾德加·迪恩·米切尔（Edgar Dean Mitchell）一起探险了月球的弗拉·毛罗环形山地区（Fra Mauro）。

这是在执行"水星计划"的宇航员艾伦·B.谢泼德的一个特写镜头。他穿着宇航服坐在"自由7号"太空舱内。1961年5月5日，谢泼德做了一次从卡纳维拉尔角发射的亚轨道火箭飞行，虽然只有短短15分钟，但却使他成为首位在外太空旅行的美国人。（美国国家航空航天局）

◎谢尔盖·科罗廖夫——开启太空时代的人

出生于乌克兰的苏联火箭工程师谢尔盖·科罗廖夫是苏联洲际弹道导弹计划和早期外太空探索计划背后的技术驱动力。1954年他开始了苏联第一枚洲际弹道导弹R-7的研制工作。这种强大的火箭系统能承载巨大负荷穿越洲际之间。作为冷战政治的一部分, 1957 年 10 月 4 日, 苏联总理赫鲁晓夫允许科罗廖夫使用这种军事火箭, 把第一颗人造卫星"斯普特尼克 1 号"送入环地球轨道。这一事件现在被公认为是太空时代的开始。科罗廖夫还是第一位负责 1961 年 4 月 12 日任务的技术专家, 这次任务要把第一个载人飞船"东方 1 号"送入环地球轨道。

科罗廖夫在基辅工学院(Kiev Polytechnic Institute)接受了航空工程方面的训练。在接受中等程度的教育后, 他与基辅工学院共同创办了莫斯科火箭学机构(Moscow rocketry organization, 缩写为 GIRD), 研究反向运动。如同德国的太空飞船旅行协会(Society for Spaceship Travel)和美国的罗伯特 · 哈金斯 · 戈达德, 苏联的这些机构在 20 世纪 30 年代之前一直在试验着体积不断增加的液体燃料火箭。在苏联, 莫斯科火箭学机构只持续了两年。由于军方看到了火箭的潜力, 军方用反冲推进科学研究所(Reaction Propulsion Scientific Research Institute, 缩写为 RNII)替代了它。20 世纪 30 年代, 反冲推进科学研究所开发了一系列火箭推进导弹和滑翔机, 科罗廖夫开发的 RP-318 火箭推进式航天飞机则标志其研究达到了顶峰。RP-318 是苏联的第一架火箭推进式航天飞机, 而在航天飞机能够以火箭推进飞行前, 1937—1938 年间, 科罗廖夫和其他的航空工程师们在约瑟夫 · 斯大林(Joseph Stalin)政治肃反运动高潮期间被关入监狱。

科罗廖夫最初几个月是在西伯利亚大铁路和马加丹州(Magadan)监狱车辆的押送途中度过的。此后在可怕的古拉格集中营科累马河(Kolyma)金矿待了 1 年。然而, 斯大林认识到航空工程师在准备与希特勒即将到来的战争中非常重要, 于是他召回了关押中的科罗廖夫和其他技术人员。他推断这些犯人能够通过开发新式武器帮助红军。于是, 利用在押的人才成立了监狱设计局(Prison Design Bureaus)。高级航天飞机设计师谢尔盖 · 图波列夫(Sergei Tupolev)也是一名囚犯, 他亲自请求科罗廖夫在监狱设计局服务, 设计 TsKB-39 型飞机, 因此保全了科罗廖夫的性命。

第二次世界大战后, 科罗廖夫从监狱中释放出来, 被任命为远程弹道导弹开发总建造师。科罗廖夫一直在准备 R-11 型火箭的首次发射, 直到 1953 年 4 月 1 号, 他得到苏联部长会议(Council of Ministers)的批准, 要求其开发世界上第一枚洲际弹道导弹 R-7。为了集中精力开发 R-7 导弹, 科罗廖夫的其他工程项目转交给了一个新的设计局。这个设计局位于第聂伯罗波得罗夫斯克(Dnipropetrovs'k), 由他的助手米哈伊尔·库兹米奇·扬格尔（Mikhail Kuzmich Yangel）领导，该局也是从科罗廖夫工作中分离出来的几个设计局中的第一个局。科罗廖夫研制的R-7正是1957年10月4日发射"斯普特尼克1号"人造卫星的洲际弹道导弹。这一历史性的发射震惊了美国，使得美国担心苏联会有能力使用弹道导弹核武器攻击美国。20世纪60年代初，科罗廖夫还游说政府要把苏联宇航员送上月球。

在用"月神1号""月神2号"和"月神3号"对月球初步勘测后，科罗廖夫确立了3个独立的基本努力目标，要在美国人之前实现苏联人首先登上月球。第一个目标是证明人类太空飞行是可能的（"东方号"和"上升号"宇宙飞船的发射）；第二个目标是开发出能在月球表面软着陆的月球车，以保证宇航员不会沉入由于受陨星撞击而堆积长达40亿年之久的灰尘之中；第三个目标，也是最难实现的目标——开发出一个巨大的加速器，以便能把宇航员送上月球。从1962年起，他的设计局开始了N-1型发射器的研究。N-1型发射器相当于美国的"土星5号"（Saturn V）火箭。这个巨大的火箭能够发射最大5万千克的负荷进入低地球轨道。虽然这个计划一直继续到1971年，但N-1型发射器从未取得过一次成功。

1966年1月14日，科罗廖夫在莫斯科一家医院做常规手术时由于感染去世，享年58岁。科罗廖夫对空间技术的一些贡献包括：强大而又传奇般的R-7型火箭（1956）；第一颗人造卫星（1957）；先驱性的月球飞船任务（1959）；第一次载人太空飞行（1961）；去往火星的航天器（1962）；第一次太空行走（1965）。科罗廖夫死后，苏联政府掩盖他的身份，在公开场合称其为"航空母舰火箭和航天器总设计师"。虽然官方不允许他出名，但现在人们已公认科罗廖夫是一位宣告太空时代到来的天才火箭工程师。

◎约翰·肯尼迪和飞往月球的竞赛

冷战时期，面对苏联众多的空间技术成就，1961年5月25日，美国总统约翰·肯尼迪向美国国会联席会议提议，美国国家航空航天局应把宇航员送上月球，以表明美国在空间技术方面相对苏联所具有的优势。1963年11月22日，肯尼迪遭到暗杀，未能看到成功的"阿波罗登月计划"（1969—1972）。这是一项辉煌的技术成就，是大约10年前肯尼迪总统的远见卓识和领导才能使这项计划付诸行动的。

1917年5月29日，肯尼迪出生于马萨诸塞州的布鲁克林。1940年，他从哈

"东方号""上升号"和"联盟号"飞船

"东方号"飞船是第一艘由苏联人驾驶的宇宙飞船。这种飞船可以搭载1名宇航员,它有一个直径大约2.3米的球形太空舱,固定在双锥形的一个仪器舱上。"东方1号"飞船于1961年4月12日发射,载有第一位在太空飞行的宇航员尤里·加加林。加加林做了一个环地球轨道大约108分钟的飞行。因为"东方1号"飞船没有进行软着陆的制动系统,所以当太空舱在进行伞助降落时,加加林在距离地球大约7 000千米高空从飞船弹射出来,用降落伞完成了余下的历史性旅程。

几年后,当苏联官员透露加加林在降落时曾经从"东方1号"飞船弹射出来,并且没有乘坐同一艘飞船降落时,一些国际航空协会(FAI)的官员们对于官方所说的第一次太空飞行记录提出了学术性质疑。成立于1905年的国际航空协会是一个在航空学和太空航空学领域内负责制定标准和管理记录的世界性组织。1961年,国际航空协会规定宇航员必须随飞船一起降落才可以认为其进行了一次值得写入国际航空协会记录的官方太空旅行。在加加林执行太空任务时,苏联官员坚持要宇航员随"东方1号"飞船一起降落以使国际航空协会承认这次飞行。尽管后来国际航空协会根据组织规定从学术上对加加林的飞行记录提出质疑,但加加林的飞行任务和辉煌成就仍然被公认为是第一次人类太空飞行。

1961年8月,苏联宇航员盖尔曼·蒂托夫(Gherman S. Titov, 1935—2000)成为第二位绕地球轨道飞行之人。他乘坐的"东方2号"飞船绕地球17圈。在此期间,他成为众多太空旅行者中第一位经历航天综合征之人。宇航员瓦伦蒂娜·特雷斯科娃(Valentina Tereshkova, 1937—)则享有了首位外太空旅行的女性这一殊荣。1963年6月16日,她乘坐"东方6号"飞船进入轨道,完成了这项壮举。她完成了绕地球48圈飞行。在其返回地球后,获得了"列宁勋章"(Order of Lenin),并且被赫鲁晓夫总理称为"苏联的英雄"。

"上升号"飞船是苏联早期一种能搭载3人的飞船。它由"东方号"飞船发展而来。"上升1号"飞船于

1964年10月12日发射，载有3名宇航员进入太空。这3名宇航员分别是弗拉基米尔·科马洛夫（Vladimir Komarov, 1927—1967）、康斯坦丁·费奥克季斯托夫（Konstantin Feoktistov）、鲍里斯·叶哥罗夫（Boris Yegorov）。他们进行了一天绕地球轨道飞行任务。1965年3月18日，"上升2号"飞船发射，载有两名宇航员，包括进行过世界上第一次太空行走（大约10分钟）的阿列克塞·列昂诺夫（Alexei Leonov）。

"联盟号"飞船是苏联以及后来的俄罗斯联邦现在还一直在使用的一种载人飞船的演进飞船家族。它能执行各种太空任务。第一艘"联盟号"飞船名叫"联盟1号"，发射于1967年4月。不幸的是，返回地面时，一个降落伞未能很好地打开，结果飞船撞到地面被摧毁，宇航员弗拉基米尔·科马洛夫殉难。科马洛夫是一名空军军官，他是进行两次太空之行的第一人。由于1967年4月24日灾难性的降落，他还成为从事太空旅行而殉职的第一人。他乘坐的"联盟1号"飞船在最后一个返回阶段时，回收伞缠在了一起，致使"联盟1号"飞船以高速撞到地面上，他当场死亡，被给予英雄国葬。

第二次苏联太空悲剧发生在"联盟2号"飞船执行任务结束时（1971年6月）。当时，当飞船与"联盟1号"空间站分离时，配气阀发生了故障，使得空气全部从飞行组员舱逸出。这种早期的"联盟号"飞船没有充足的空间使机组人员在返回期间穿上加压服，结果3名宇航员窒息而死。他们被俄罗斯搜救人员发现时已经死亡。

1975年7月，"联盟19号"飞船宇航员阿列克塞·列昂诺夫和瓦列里·库巴索夫（Valery Kubasov）在"阿波罗-联盟对接试验计划"（Apollo-Soyuz Test Project）中成功地使用了"联盟19号"飞船。"阿波罗-联盟号试验计划"是一项国际飞船会合和对接任务计划。"联盟19号"这种多用途飞船下一个主要型号是联盟T型（"T"代表"Transport"，为"交通"的意思）。于1979年12月首飞。联盟TM型是联盟T型的现代版本。它于1986年发射升空，已经被用于运送机组人员和给养品到运行轨道站，例如，"和平号"空间站以及后来的国际空间站。

联盟TMA-1型飞船是俄罗斯研发的一种乘客自动驾驶的飞船，这种飞船设计为由拜科努尔航天发射场的联盟号发射器发射升空。发射后，飞船会继续自动地与国际空间站会合并对接。与以前的联盟 TM 型飞船相比，联盟 TMA-1 型飞船内部更加舒适。在对接后，联盟 TMA-1 型飞船会保持与国际空间站的连接状态，作为紧急逃离时的飞船，直到另一艘"联盟号"飞船来解救。

例如，2002 年 10 月末，一艘联盟 TMA-1 型飞船从拜科努尔航天发射场发射升空，成功地载着 3 名宇航员（2 名俄罗斯人，1 名比利时人）到达国际空间站。联盟 TMA-1 型飞船自动与国际空间站对接。在进行了 10 天的微重力试验后，3 名到访的宇航员使用先前停靠在那里的联盟 TM-34 型飞船离开了国际空间站。载着他们到达太空的联盟 TMA-1 型飞船则留在那里作为国际空间站永久机组人员的救生船。

佛大学毕业。随后，他在第二次世界大战期间担任美国海军委任军官。战后，他成为第十一届马萨诸塞州国会选区的民主党代表，1946—1952 年担任这一地区众议院的议员。1952 年，他参加了美国参议院议员的竞选，击败了对手共和党领袖小亨利·卡伯特·洛奇（Henry Cabot Lodge）。在 1960 年总统选举中，肯尼迪以微弱优势击败了共和党对手理查德·M.尼克松（Richard M. Nixon），成为美国第 35 任总统。

1961 年 1 月 20 日—1963 年 11 月 22 日，在其短暂的在任期间，肯尼迪总统必须不断地处理与由赫鲁晓夫领导的苏联的冲突。肯尼迪面临的挑战包括在古巴和柏林问题上的冲突，以及国际社会感到美国已经丧失在技术方面相对苏联的优势。肯尼迪总统在任期间，

1961 年 5 月 25 日，肯尼迪总统在其对美国国会联席会议的历史性咨文报告中宣布："在接下来的 10 年间，我认为美国应当致力于实现把人送上月球并安全返回这一目标。"背景左为副总统林登·B.约翰逊，右为国会议长萨姆·T.雷伯恩（Sam T. Rayburn）。（美国国家航空航天局）

苏联领导人不断地炫耀其国家的空间技术成就，表明苏联共产主义优于西方资本主义。肯尼迪总统努力使美苏两国对世界政治的影响范围保持平衡。尽管肯尼迪本身并非一名空间技术迷，他还是认识到了民用空间技术成就正使苏联在世界政治中获得巨大影响力。受当时政治形势的驱使，肯尼迪总统在任期采取了应对这种挑战的各种措施。

1961年的春天，肯尼迪作为自由世界的领导人，他需要某种特殊的东西恢复美国的全球形象。空间技术是美苏两个超级大国一个新的、极为明显的竞技场。1961年4月12日，苏联把人类首位太空飞行之人宇航员尤里·加加林送入绕地轨道。对此，美国进行了温和的回应，在1961年5月5日，让"水星计划"宇航员艾伦·B.谢泼德完成了亚轨道飞行任务。

1961年5月中旬，肯尼迪咨询了他的顾问们并且和当时领导国家航空航天委员会的副总统林登·B.约翰逊（Lyndon B. Johnson，1908—1973）一起回顾了许多已取得的太空成就。经过深思熟虑后，肯尼迪选择了登月计划。肯尼迪这么做既不是为了促进太空科学的发展，也不是为了彰显他个人长久有的太空探索方面的远见卓识，而是因为这个任务是一个真正的大胆计划，它代表着美国的力量，代表着在与

"阿波罗8号"宇航员弗兰克·博尔曼、詹姆斯·亚瑟·洛威尔和威廉·安德斯在月球后面看到的地球升起时的壮丽景象（1968年12月）。（美国国家航空航天局）

苏联白热化的冷战竞赛中所具有的技术优势。肯尼迪总统在其对美国国会咨文报告中宣布了月球登陆计划："在接下来的 10 年间，我认为美国应当致力于实现把人送上月球并安全返回这一目标。对整个人类或者长期的空间探索来说，没有哪个空间计划会如此伟大，这个计划将使一切变得如此简单……"

这一演讲授权了美国国家航空航天局扩大并加速"水星计划"，同时对自身进行调整，通过"阿波罗计划"来实现所谓"不可能的事情"。当肯尼迪做出这项决定时，美国尚未成功地把人送入环地球轨道。肯尼迪的授权演说推动了美国空间计划的进展，汇集了各方面的人力和财力。科学历史学家经常在困难程度、复杂性和国家的花销上把美国国家航空航天局的"阿波罗计划"比作"曼哈顿计划"（第二次世界大战原子弹计划）或者"巴拿马运河建设计划"。

由于肯尼迪大胆的远见卓识，3 名美国宇航员〔弗兰克·博尔曼（Frank Borman）、詹姆斯·亚瑟·洛威尔（James Arthur Lovell）、威廉·安德斯（William Anders）〕成为人类首批脱离地球引力吸引并绕月球旅行之人。1968 年 12 月，他们的历史性周游月球之旅与大约一个世纪前儒勒·凡尔纳预言的环月球旅行惊人的相似。他们是由布劳恩研制的一种强大的"土星 5 号"火箭送上去的。"阿波罗 8 号"

飞船上的宇航员以一种人类从未经历过某事物的方式回头凝视着地球。"阿波罗 8 号"飞船任务使美国在超级大国的太空竞赛中获得了急需的那种广泛宣传的胜利。但此次胜利只是在把人送往月球整个竞赛中所跑完的第一圈，而此时距整个胜利仅有几个月之遥了。

美国国家航空航天局"阿波罗 11 号"飞船登陆月球任务的航天员们。从左至右依次为尼尔·阿姆斯特朗（指挥）、迈克尔·科林斯（指挥舱驾驶员）和埃德温·奥尔德林（登月舱驾驶员）。1969 年 7 月 20 日，阿姆斯特朗成为首位在月球上行走之人。几分钟后，奥尔德林也踏上了月球表面。而科林斯则负责驾驶阿波罗指挥舱和"哥伦比亚"服务舱沿着轨道在上方盘旋。（美国国家航空航天局）

1969 年 7 月 16 日，全世界都在观看美国国家航空航天局"阿波罗 11 号"飞船上的 3 名宇航员驶向月球。1969 年 7 月 20 日，两名"阿波罗 11 号"飞船上的宇航员尼尔·阿姆斯特朗和埃德温·奥尔德林踏上了月球表面，成功地完成了肯尼迪大胆的事业。

遗憾的是，冷战时期发起最为大胆的太空探索计划的年轻总统却没能亲自目睹它的胜利。1963 年 11 月 22 日，得克萨斯州达拉斯的一名暗杀者用子弹结束了肯尼迪的生命。美国国家航空航天局的肯尼迪航天中心（Kennedy Space Center）——人类离开地球去探索月球的发射区三十九（Launch Complex 39）所在地，永远记住了肯尼迪的名字。

1969 年 9 月 9 日，美国政府发行了这枚航空纪念邮票，以庆祝"阿波罗 11 号"宇航员在同年 7 月 20 日成功地登陆月球。世界上众多人民见证了这一技术里程碑。大多数人通常把这一事件看成是全人类的辉煌胜利。（约瑟夫·A. 安吉洛）

由于登月成功消息的耀眼光辉，肯尼迪总统的其他一些重要空间技术事业往往被人们忘记。例如，1961 年 5 月 25 日，他在历史性的演讲中呼吁加速"旅行者"（Rover）核动力火箭计划，以此作为更具有雄心的太空探索任务的准备工作（由于各种太空计划优先性上的巨大变化，1972 年，尼克松政府取消了该项计划）。

肯尼迪还请求给予额外资金，以便加速通信卫星的使用，增强世界范围内的通信。他同时呼吁加速使用卫星观测全球范围的天气。这些都很快演变成现在服务国际社会的主要太空技术。

在回应苏联空间技术挑战中，肯尼迪总统满足了古往今来太空先驱们的梦想，在他大胆而又坚定的领导艺术和继任总统林登·B.约翰逊坚定不移的支持下，人类首次实现了星际旅行和在地球以外的世界行走。

美国赢得了去往月球的竞赛，展示了太空技术方面明显的优势，民族自豪感高涨。但是，由于政府预算变化无常，政治变幻莫测，技术上的巨大成功并不一定能产生新的机会。当数百万民众为胜利登月宇航员们欢呼时，尼克松政府已经在开始削减太空计划的投入。"阿波罗计划"代表了人类目前探险宇宙所能达到的最远距离。"阿波罗计划"取得成功后，困扰美国国家航空航天局的其中一个问题是如何成功地回答这样一个难题："在'阿波罗计划'把人送上月球后，美国太空计划该继续走向何方？"

由于飞船的惯性轨道抵消了地球的引力，环绕着轨道运行的飞船和其内部物体都接近一种自由降落的状态。在这种自由降落的状态中，在飞船内部一切物体都出现了失重现象。

艾萨克·牛顿爵士的万有引力定律表明，任何两个物体都有相互间的吸引力，两物体间引力的大小与两物体的质量成正比，与两物体间距离的平方成反比。同样有趣的是，一个飞行高度在 400 千米的绕地飞船与其在地表距离地球中心相比要偏离 6%。按照牛顿的定律，物理学家们发现在这一特定高度的地心引力只比在地球表面的地心引力少 12%。换句话说，一个绕地飞船和它所有的内部物体都完全处于地球引力的影响之下。因为在轨道上运行的飞船和它内部的物体处于一种持续的自由落体状态，所以产生了失重现象。

阿尔伯特·爱因斯坦的等效原理表明在自由落体过程中一个系统内部的物理状态与在一个远离其他发生重力影响物体的系统内部的物理状态是完全一样的。因此，零重力一词常被用来描述在环绕地球（或其他主要天体）运行轨道上的自由降落系统（及其内部物体）。

那么质量和重量之间的区别是什么呢？例如，为什么人们说"失重"而不是"失量"？根据传统物理学的定律，质量是一个物体的物质——它在宇宙任何地方的数值都是相同的。而重量，根据牛顿第二运动定律，即 $F=ma$，则是物体质量和物体所在地重力加速度的产物。例如，一名"阿波罗号"宇宙飞船的宇航员在月球上的重量只有他在地球上的 1/6，但他在两地的质量保持不变。

零重力的环境实际上是一种在绕轨道运行的飞船中永远也无法完全达到的理想环境。宇宙飞船气体的排放，在低空轨道上由稀薄的地球残留大气所产生的极微小的拖拽，甚至是飞船上宇航员们的运动都同样对人们或物体产生几乎难以察觉的作用力。这些极微小的作用力统称"微重力"。在微重力环境中，宇航员和他们的设备

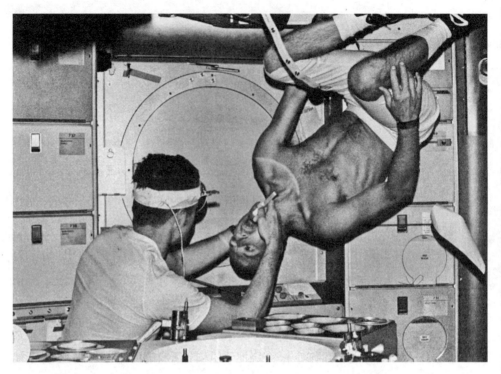

在地球之外出诊，"2 号天空实验室"（Skylab 2）中的宇航员、医生约瑟夫·P.科文（Joseph P. Kerwin）医学博士给宇航员查尔斯·皮特·康拉德（Charles Pete Conrad）进行一次牙科检查（1973年 6 月）。在没有检查椅的情况下，康拉德利用了空间站太空实验室的微重力环境，将他的身体翻转成头朝下的位置以方便处置。如图所示，在进行常规检查和急救时，绕轨道运行的飞船中的医疗护理不仅具有特殊的挑战性，而且也给人们带来了难得的机会。（美国国家航空航天局）

都几乎（但并不是完全地）处于失重状态。

◎ 在持续的微重力状态中生活

　　微重力对宇宙航行人员来说是一种有趣的经历。然而，在微重力环境下的生活却未必比在地球上的生活容易。例如，生活在微重力状态下的人们所需的卡路里量（食物摄入量）与生活在地球上人们的需要量相同。生活在微重力状态下还需要特殊的设计技术。例如，敞开式容器内的饮料会黏附在容器的内外壁上，如果晃动的话，饮料就会变成自由飘浮的小滴或液体小球离开容器。这些自由飘浮的小滴不仅仅会造成不便，还会使宇宙飞船上的工作人员感到恼火，而且，这些小滴还对船上的某些设备，尤其是那些敏感的电子仪器和计算机构成实实在在的威胁。

因此，在微重力环境下，水通常是由一个特制的通过挤压和松开扳柄来打开和关闭的自动装置来供应。其他饮料如橙汁，往往装在可以插入塑料吸管的密闭容器中。当人们不吸饮料的时候，吸管就完全夹紧闭合。

微重力生活也需要对固体食物有特殊的考虑。易碎的食物只以一口能吞下的小块来供应，以避免碎屑在太空舱到处飘浮。肉汁、酱以及调料一般都有能防止它们完全飞离食物盘的黏性（层）。常用的太空食物盘都装有磁铁、夹具和双面胶带

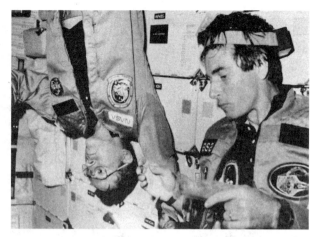

美国宇航员约翰·W. 杨（John W. Young）和德国物理学家乌尔夫·默博尔德（Ulf Merbold）正在 STS-9 飞船飞行期间的"哥伦比亚号"太空舱的中间舱里用餐。杨担任这次太空飞行任务的指挥官，默博尔德是一位有效负载专家，在装载在飞船载货舱里的由欧洲建造的太空实验室的第一次绕轨道飞行中代表欧洲航天局。由于在微重力条件下没有上下的概念，宇航员可以固定在一个地方并且朝着一个舒服的方位用餐。默博尔德的头籁是一个测试用的仪器，用来监测在这 10 天的绕轨道飞行任务中宇航员清醒时的状态。通过这次太空实验室飞行，默博尔德成为首位乘坐美国飞船飞行的非美国公民。（美国国家航空航天局）

来固定金属、塑料以及其他器皿。宇航员们都备有刀叉。然而，如果他们期望那些固体食物能待在餐具里的话，他们就必须学会不能突然开始或停止用餐。

在微重力环境中，个人卫生也是一个有点儿棘手的问题。因为受宇航员所在的太空舱内的空间限制，飞船上的宇航员不得不擦澡，而不能淋浴或普通的洗浴。对于持续时间较长的飞行，例如在美国前空间站，空间实验室的宇航员可以使用特殊的微重力洗浴设施。在现在的国际空间站里，宇航员必须使用特制的洗浴或淋浴设施来保持个人卫生（在微重力环境中，水黏附在皮肤上，尤其在过度活动的时候，汗水是很让人讨厌的）。在微重力环境中，废物清除是另一个设计难题。特殊的厕所装置使宇航员保持在原处（防止他们飘走），他们的排泄物则由一个机械切碎装置和一股气流冲掉。

在微重力环境中睡觉也是一个有趣的经历。例如，当在轨道上时，飞船和太空站上的宇航员们可以平躺着或者是直立着睡觉。他们的防火睡袋与硬脚踏板相连以

这是"3号太空实验室"(Skylab 3)宇航员杰克·洛斯马(Jack R. Lousma)在空间站实验室的宇航员生活区洗完热水澡后正在擦干的图像(1973 年 7 月)。在微重力条件下,洗澡和控制小水滴是很棘手的难题。要使用这种特殊的洗浴装置,太空实验室的宇航员们要先把帘从地面拉到棚顶。洗澡水从一个与一根可伸缩的软管相连的喷头(如图中洛斯马左手所拿的)中流出来。在这个装置里用过的洗澡水由一个真空系统抽走。(美国国家航空航天局)

作为支撑。但宇航员们实际上是"飘在空中"睡觉。在飞船上,宇航员可以睡在指挥员、飞行员的座椅上,或是睡在床铺上。在宇航员的起居舱只有 4 个铺位。因此,在执行载有 5 个或更多宇航员的飞行任务时,其他的宇航员不得不睡在与他们座位(或就近的舱壁)相连的睡袋里。

在国际空间站有两个小小的宇航员起居舱。每个起居舱只能容纳一个人,有一个睡袋和一个向外望向太空的大窗户。当太空站每次都有另外一个宇航员在这里待几个月会发生什么情况呢?这名额外的宇航员在哪里睡觉呢?如果国际空间站的航行指挥官允许的话,只要他们把自己和睡袋与什么东西连在一起,这第三名宇航员就可以在空间站内他所喜欢的任何地方睡。否则,人们会发现他们不是在梦游,而是在空间站内到处梦飘。例如,在国际空间站进行第二次考察时,美国宇航员苏珊·海尔姆斯（Susan Helms）睡在巨大的"命运"（Destiny）实验舱，而她的工作伙伴俄国宇航员尤里·乌萨切夫（Yury Usachev）和宇航员詹姆斯·福（James Voss）则睡在对面 52 米长（当时）的"星辰号"（Zvezda）服务舱内。

一般来说，按规定，宇航员们在每个工作日最后有 8 个小时的睡眠时间。然而，与在地球上的人们一样，他们也可能会半夜（也就是说，在他们的规定睡眠时间段内）醒来上厕所，或他们可能只是有些烦躁不安，决定晚睡一会儿以便可以看看窗外。宇航员们报告说，他们在睡眠期间也会做梦甚至做噩梦。有几个人报告说他们在太空中打呼噜。

太空旅行的兴奋或者太空病（太空适应综合征）很容易打乱宇航员的睡眠规律。而且，在一个密闭的地方睡觉是很具有干扰性的，因为宇航员们很容易听见彼此发出的声响，空间站上机器的嗡嗡声，微小的陨石颗粒偶尔撞击空间站外部结构时发出的闷响。在宇宙飞船的上层（宇航员起居

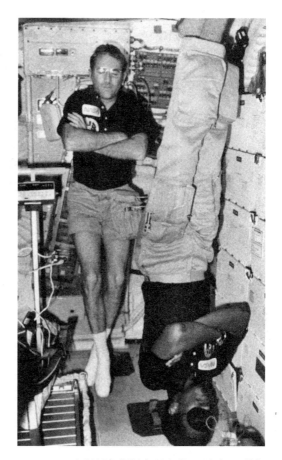

STS-8 飞行任务指挥官理查德·迪克·特鲁利（Richard Dick Truly）和飞行专家古伊昂·勃鲁夫得（Guion Bluford）演示了宇航员是如何在太空中睡觉的。在这幅图中，他们静静地飘浮在"挑战者号"太空船中层的存放衣帽和通道一侧墙前休息（1983年 9 月）。特鲁利头朝上睡着，勃鲁夫得则戴着一个睡眠面罩（眼罩）头朝下睡着。微重力环境使得在绕地运行飞船的内部这种特殊的睡眠形式成为可能。（美国国家航空航天局）

舱的驾驶舱区域）睡觉也是很困难的，因为在飞行期间，太阳大约每隔 90 分钟"升起"一次，进入驾驶舱窗户的太阳光线和热很容易使不戴睡眠面罩睡眠的宇航员受到干扰。

当到了宇航员该醒的时候，美国国家航空航天局在得克萨斯州的休斯敦飞行控制中心（MCC）向飞船上的宇航员播放唤醒音乐。通常，飞行控制中心的人员会每

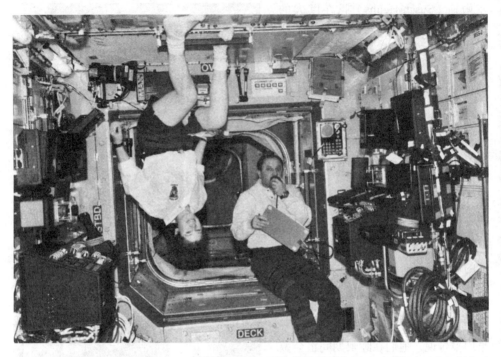

宇航员苏珊·海尔姆斯（左）工作后在休息，而俄罗斯宇航员尤里·乌萨切夫（右）则在对美国实验舱内（"命运"空间站）机上的麦克风讲话，这个实验舱是国际空间站的一个组成部分。这一情景是由一台数码相机在 2001 年 4 月 25 日的第二次飞行探险期间拍摄到的。[美国国家航空航天局 / 约翰逊航天中心（JSC）]

天为不同的宇航员选择一首歌曲。有时候宇航员的家属会请求为宇航员播放他最喜欢的歌曲，这会给他们在轨道上的至爱亲人带去意外的惊喜。唤醒音乐的选择取决于宇航员。选择的曲目包括古典音乐、摇滚乐、西部乡村音乐、现代轻音乐，甚至当有俄罗斯宇航员在的时候，飞船上还会播放俄罗斯音乐。然而，只有宇宙飞船上的宇航员会每天在轨道上接收到唤醒音乐，空间站的工作人员则使用闹表。

在微重力环境中行走需要使用特殊的工具（如不需扭转的扳手），可以抓牢的东西以及可以固定住脚部的东西。这些设施用来平衡或抵消反作用力。如果不使用这些设施的话，宇航员就会发现自己只能无助地围着一个工作物打转。当宇航员在宇宙飞船舱内或是空间站适于居住的增压舱内工作时，他们通常穿着舒适的日常服装，并且他们通常可以自由选择颜色。但是当宇航员在飞船外或空间站外工作时，他们在进行舱外活动时就必须穿上太空服。

　　置身于微重力环境也可引起各种生理（身体）变化。例如，因为脸部浮肿，太空旅行者的眼睛好像变小了。他们的面颊发红，前额和脖子上的血管膨胀。他们甚至会比在地球时高一点，因为他们身体的质量不再将他们的脊柱压弯。另外腿部肌肉萎缩，人体各个器官也会相应发生变化。宇航员往往以一种头和胳膊朝前的略微下蹲的姿势向前移动。

　　有些太空旅行者患上了暂时性的类似运动病的疾病。这种疾病叫太空病或太空适应综合征。而且，鼻窦充血导致一种类似感冒的症状。

　　许多这些由微重力造成的生理反应似乎都是因液体由身体的较低部位流向较高部位造成的。如此多的液体流向头部以至于大脑可能错误地认为身体里有太多的水，这就导致尿液增多。

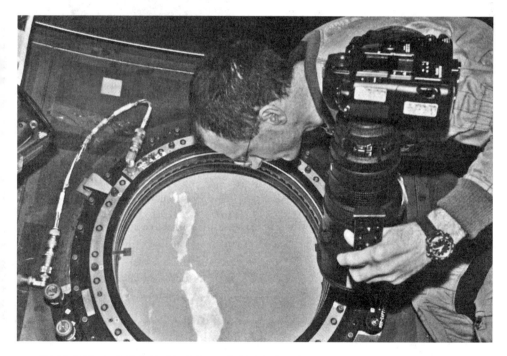

　　美国宇航员、国际空间站"探索者6号"科学部官员唐纳德·佩蒂（Donald R. Pettit）手持相机通过国际空间站上"命运"实验舱的天窗向外观望（2003年1月）。靠近摩洛哥海岸的大西洋中加那里群岛（Canary Island chain）的兰萨罗特岛（Lanzarote）和福特弯图拉岛（Fuerteventura）清晰可见。从飞行轨道上回望地球是一项很受宇航员欢迎的活动，这项活动既提供了一个进行地球科学观测的机会，也给每一位太空旅行者一段放松和思考的"安静时间"。（美国国家航空航天局）

太空船外的活动

太空船外的活动（EVA）被解释为宇航员在他们的宇宙飞船、太空车或空间站等保护环境之外进行的太空活动。在美国的太空计划中，宇航员爱德华·H.怀特（Edward H. White Ⅱ）在1965年6月3日进行了第一次太空行走，当时他离开了"双子座4号"（Gemini 4）太空舱的保护，冒险进入了太空（由一条空间生命线约束着）。从那次历史性的示范开始，在美国和苏联的各种飞行活动中，太空行走被成功用于进行重要的修理、检查、帮助捕获和重新修整不能工作的人造卫星、清理光学望远镜表面、布置设备以开展试验等活动中。"太空船外的活动"一词（如宇宙飞船和空间站所用）包括诸如宇航员穿上太空服、带上生命维护装置、离开绕轨道运行飞船的船舱去进行货舱内部或外部操作的所有活动。

美国宇航员、STS-88飞行专家杰瑞·罗斯（Jerry L. Ross），在"奋进号"（Endeavour）航天飞机为期12天的飞行任务中共进行了3次太空行走。1998年12月进行的这次任务支持了国际空间站的首次轨道会合。这次任务的专家、宇航员詹姆士·纽曼（James H. Newman），站在位于"奋进号"遥控操作器臂的末端处拍下了这一图像。可以从罗斯的头盔反射中看到纽曼。俄罗斯为国际空间站建造的"曙光号"舱提供能源的太阳能电池板位于图片的右侧。（美国国家航空航天局）

过长时间待在微重力环境中，容易使心脏收缩，降低红细胞的数量，使白细胞的数量增加。被人们称作"消散"的变化过程就出现了。从骨骼和肌肉滤去的重要矿物质及其他化学物质（如钙、磷、钾和氮）流入到体液中然后以尿的形式排出。这种矿物质和化学物质的流失会产生有害的生理和心理反应。而且，长期置身于微重力的环境中会造成骨质流失和骨质疏松。

　　然而在微重力环境中相对短暂的逗留（如 7 至 70 天）被证实对大多数太空旅行者来说都是无害的，长期的飞行任务（如 1 年至几年），比如人类到火星的探险，则需要使用人工重力（通过缓慢旋转宇宙飞船的起居舱产生）来避免长期置身于微重力环境所产生的严重的健康问题。当巡游至火星时，这种人工重力环境也将会帮助宇航员适应在火星表面的活动。在那里，他们将又一次经历一个星球引力的"拉拽"。

　　长期与其他几个人被关在一个相对狭小的生活空间内会对宇航员造成有害的心理影响。产生这样的心理压力的因素包括超负荷的工作、一成不变的日程表、与家人和朋友身体上的分离、单调的食谱、噪声和整个飞机不断的振动以及睡眠干扰或睡眠不足。所有这些因素都能导致宇航员在一个不允许犯错的环境中犯下一个简单但可能是致命的错误，并且可能引发焦虑、沮丧、精神崩溃或者其他的行为问题。

"3 号天空实验室"科学家宇航员欧文·K.加里欧特（Owen K. Garriott）正在美国太空站天空实验室的工作和实验区检测下身负压装置（LBNPD）（1973 年 8 月）。LBNPD 提供有关在长时间的宇宙飞行期间宇航员对微重力的心律适应性的数据。这种仪器也可以提供飞行中的数据，这些数据可用于预测宇航员返回地球上正常的重力环境中可能出现的直立耐受不能和体质上不同程度的损伤。出现在图片中右侧的自行车测力计是天空实验室宇航员在轨道上用于身体锻炼的器材。（美国国家航空航天局）

◎太空服

　　外太空是一个非常恶劣的环境。如果宇航员要想生存的话，就必须随身带着地球的部分环境。太空旅行者不得不被一个有可以呼吸的空气、适宜的气压以及适宜的温度的壳包围起来。这可以通过以个人为单位向宇航员提供一个巨大的、密闭的结构或环境，并把宇航员装在叫"太空服"的一个有弹性的、保护性的囊状物中来实现。

从"水星计划"直至"阿波罗-联盟对接试验计划",美国国家航空航天局在以前的飞行任务中所使用的太空服一直为美国宇航员提供了有效的保护。然而,某些设计问题成为太空服的缺陷。这些太空服是按照宇航员的具体尺寸量身定做的。为了制造出尺寸合适的太空服,有些太空服款式需要量取宇航员 70 多个不同部位的尺寸。结果,太空服只能是一次性的。这些早期的太空服硬邦邦的,即使诸如抓住物体这样简单的动作也会很快耗光宇航员的体力。穿上太空服是一个耗力费神的过程,这个过程要持续一个多小时,并且需要助手的帮助。

"水星计划"中所穿的太空服,是美国海军高空喷气式飞机驾驶员所穿压力服的改良版。它由一个涂有聚氯丁烯尼龙纤维内层和一个涂铝的尼龙外层构成。在肘部和膝部织入太空服内的断线以方便关节活动。但是即使有这些断线,穿着者也很难克服太空服内的压力作用弯曲胳膊或腿。当胳膊或腿部关节弯曲时,太空服的关节处就自动折进去,这样就减少了太空服内部的容积并且增大了压力。"水星计划"太空服穿着"柔软"或者是没有压力,只是用作可能出现的宇宙飞船船舱压力减少时的备用品——这种情况从来没有发生过。

当为"双子星计划"的双人宇宙飞船研制太空服时,美国国家航空航天局的太空服设计者们采用了美国空军的办法设计灵活度更大的太空服。"双子星计划"中的太空服有个当受压时可以使整个太空服变得柔软的气压囊和网状限制层的结合体,而不是"水星计划"太空服的纤维关节。

人形的气密压力气囊由涂有聚氯丁烯的尼龙制成,并且覆盖着用涤纶和特氟纶绳织成的承重网。这个网格层比压力气囊略微小一点儿,当有压力时能减小太空服的硬度并且用作一种结构壳。"双子星座号"宇航服由于采用了多层设计方式,大大增强了胳膊和肩部的灵活性。

在月球表面行走又给太空服的设计者提出了一系列的新难题。为"月球行走者"所设计的宇航服不仅要保护宇航员不受犬牙交错的岩石和月球白天酷热的伤害,而且还要有足够的柔韧性以便"阿波罗号"宇航员能够俯身弯腰从月球上采集样品以及使用月球车在月球表面上进行运输。

另一个危险是从太空深处不断向月球表面抛掷的小流星体,要求"阿波罗号"宇航服的外部保护层能将其阻隔。一个背携式生命保障系统可以为历时 7 小时的月球行走提供呼吸所用的氧气、为太空服增压以及通风。

　　通过在肩膀、肘部、臀部和膝盖部使用风箱状的、具有可塑性的橡胶贴合关节，"阿波罗号"宇航服的灵活性较早期的太空服有了很大改善。为"阿波罗号"飞船第十五次至第十七次飞行任务所做的太空服腰部的改进，可使宇航员坐在月球车上变得更加容易。

　　从贴近皮肤的最里层向外，"阿波罗A7LB"太空服从一件由宇航员穿在身上的液体冷却服开始，这件液体冷却服类似于一条把由面条状管子构成的织网缝到纤维上制成的长内裤。在管内循环流动的冷却水把新陈代谢产生的热量从宇航员的身体传送到背部装置，在那里这些热量被散发到太空。接下来是一层由轻便尼龙制成的穿着舒适度改善层，然后是涂有聚氯丁烯的尼龙或风箱状、可塑的关节部件，一个防止气囊鼓胀的尼龙限制层，一个由聚酰亚胺薄膜和玻璃纤维布料制成的轻便的超级热绝缘交替层，由聚酯薄膜和垫片材料制成的几层，最后是由涂有特氟纶的玻璃纤维布料制成的外部保护层。

　　"阿波罗号"宇航帽由高强度的聚碳酸酯制成，由一个以压力密封的颈与太空服连在一起。与"水星计划"和"双子星计划"所使用的，可以随着宇航员的头部活动的紧身宇航帽不同，"阿波罗计划"中的宇航帽是固定的，宇航员的头部可以在里面自由活动。在月球上行走时，"阿波罗号"宇航员在聚碳酸酯宇航帽上戴着一个外部的面罩装置以保护眼睛免受紫外线辐射的伤害，并使头部和脸部保持较舒适的温度。

　　月球手套和靴子使"阿波罗号"太空服成为一个整体。这两者都是为应对艰苦的勘探任务而设计的。这种手套还能调适精密仪器。月球手套由内置的限制和压力气囊构成，这种手套按照宇航员的手部模型塑造而成，并且覆有多重隔热层和磨损保护层。在拇指和指尖部分紧包着硅胶以使其具有"感觉"和敏感度。

　　月球靴实际上是"阿波罗号"宇航员在与宇航服连为一体的压力靴上穿的套鞋。太空靴的外层除了鞋底由有螺纹的硅酮胶制成外，其余均由金属织物制成。鞋舌部分由涂有特氟纶的玻璃纤维布料制成，鞋子的内层也由涂有特氟纶的玻璃纤维布料制成，接着是由聚酰亚胺层和玻璃纤维布料交替制成的25层厚的轻便的有效隔热层。

　　在"天空实验室计划"（1973—1974）和"阿波罗-联盟对接试验计划"（1975）期间，人们也使用了"阿波罗号"宇航服的改良版。

为航天飞机时代的宇航员研制的一种新型宇航服在舒适度、便利性和灵活性方面较以前的型号有了许多改进。这种实行舱外作业时穿着的宇航服是按照标准化部件组合成的，已有许多可替换的部件为主要特色。躯干、裤子、胳膊以及手套都有几种不同的规格，可以为每次飞行任务进行适当的组合，以适应不同个体的男女宇航员的需要。这种设计方法是非常经济的，因为这些太空服可以再利用而不再是定制的。

这种航天飞机宇航服叫"舱外机动装置"（Extravehicular Mobility Unit，缩写为EMU），它由3个主要部分组成：活衬里、压力容器和基础性的生命保障系统。这些部件通过饮用水袋、通信设备以及太空帽等装配组件得以完善。

在宇航服的设计中，人体排泄物的盛放是一个重要的问题。在航天飞机时代的宇航服中，基础性的生命保障系统处理宇航服内空气里的气味、二氧化碳和人体废气。这种基础性的生命保障系统是由背部装置和放置在宇航服胸部的控制和显示装置组成的。尿液排放需要一套独立的系统，科学家设计了两套不同的小便排放系统以适应男女宇航员的不同需要。因为在飞船舱外进行活动的持续时间很短，因此粪便的盛放被认为是没有必要的。

载人机动装置（Manned Maneuvering Unit，缩写为MMU）是一个单人的由氮驱动的背部装置，它被锁在载人机动装置宇航服的基本生命保障系统上。宇航员使用既可旋转又可移动的手动控制器能精确地在飞船的货物湾里或周围飞行，或者去往附近的载荷或船体，它可以到达飞船外面许多无法到达的区域。穿着载人机动装置的宇航员可以部署、服务、修理以及取回卫星载荷。

载人机动装置被称为"世界上最大的可重复使用的太空飞行器"。它的推进物可以从飞船再次充电。载人机动装置的可靠性由双并列系统而不是备份备援系统得到保障。一旦其中一个并列系统发生了故障，系统会被关闭，那时要使用另一系统使载人机动装置返回到飞船的货物湾。载人机动装置包括一个35毫米的静止摄像机，它由在太空工作的宇航员操作。

航天飞机时代的宇航服在29.6千帕斯卡时被增压，而航天飞机机舱的压力保持在101千帕斯卡。因为宇航服内的气体是纯氧气而不是地球大气层中20%的氧气，身着宇航服的宇航员比在高度为3 000米甚至在海平面高度、不穿宇航服的情况下有更多的氧气可吸。然而，在离开飞船到太空执行任务前，宇航员必须要花上几个小时吸纯氧。这个过程（被称为"预先吸氧"）很必要，它可以除掉溶解在体液中的氮，这样就可以防止压力减小时氮以气泡形式释放出来，这种情况通常被称为"减压病"。

除了新式太空行走工具以及由宇航员帮助组装国际空间站的新理念，进行太空行走的美国宇航员还有一套增强型宇航服。航天飞机宇航服最初是为地球上娴熟的专家们在两次飞行间隔期间进行上胶和维护而设计的。结果证明这种维护和翻新活动对空间站上的宇航员来说即使有一点可能性也是很难的。

航天飞机宇航服已经被改进并用在国际空间站上了。现在这种宇航服可以存在轨道上，并确保能 25 次用于舱外活动，之后必须把它送回地球进行翻新。宇航服可以调整以适应不同宇航员的需要，而且在空间站上每进行下一次舱外活动前都易于清洗和翻新。改进型的宇航服内部有容易替换的部件，可以重复利用的二氧化碳清除筒，在飞行中对宇航服进行调节以适合不同宇航员的金属胶料环，高度灵活的新式手套以及带有更多信道能允许 5 人同时进行通讯的新式无线电接收装置。

由于在轨道运行所致的黑暗和飞船部件造成的阴影，在太空站上的组装工作常常在比在大多数航天飞机上执行舱外活动温度低得多的环境下进行。与航天飞机不同，在宇航员进行舱外活动时，国际空间站无法被转向以便提供适量太阳光线来缓和温度。于是采用其他各种改进措施使航天飞机宇航服更适于在空间站上使用。提高温度的措施包括指头加热器和关闭宇航服制冷系统的能力。为了有助于在阴暗环境中进行组装，宇航服具有新式的安在头盔上的泛光灯和聚光灯。它还有一个称作"生命夹克"的喷气背包，以便使无系绳的宇航员在紧急情况下飞回空间站。1994 年，作为 STS-64 太空任务的一部分，宇航员迈克 · 李（Mark Lee）进行了一次舱外活动，试验一个新的名为"舱外机动辅助装置"（Simplified Aid for Eva Rescue，缩写为 SAFER）的迁移系统。这个系统类似于载人机动装置，但体积要比它小，操作更简单。

在联合密封舱［称为"寻找"（Quest）］到来前，作为 STS-104 在国际空间站执行任务（2001 年 7 月）的一部分，空间站处的太空行走只能使用俄罗斯宇航服，除非当时有航天飞机在。"星辰号"服务舱的设施使基于空间站的舱外活动仅局限于那些穿着俄罗斯奥兰（Orlan）宇航服的宇航员。但现在已接在国际空间站上的"寻找"舱，使空间站内的宇航员能够穿着俄罗斯或美国设计的宇航服开展飞船舱外活动。预先吸氧协议和宇航服设计上的差异将不再限制空间站上的宇航员进行舱外活动。

宇航员穿白色宇航服有若干实际的原因。也许最重要的技术原因是白色可以反射掉太阳辐射（热）避免宇航员太热。尽管在飞船舱外活动期间穿着宇航服，宇航员有时可能仍然感到寒冷，但这种情况通常限于手部。美国国家航空航天局的工程师们在宇航服的手套里放入了加热器以防止手指冻僵而影响重要的舱外活动。美国太空漫游者们穿着白色宇航服的另一点原因是在外太空深黑的背景映衬下，白色非常明显。白色宇航服使其他宇航员容易看到正在太空行走的宇航员。宇航员们将会多次成对地在飞船舱外工作。在这种情况下，其中一个白色宇航服会在 4 个不同地方带有红色条纹以便使其他宇航员容易把一个太空漫步者与另一个太空漫步者区分开来。

◎太空旅行和工作的危险性

人类目前在太空的活动主要是单个或几个宇航员们在低地球轨道上的操作。然而，建立永久性月球基地、3 年或更长时间的火星探险以及建设大规模太空定居点都将需要人类在太空更广泛的活动，而在这里没有地球磁层提供给在低地球轨道上的旅行者的保护。单个人在太空度过的最长持续时间现在有几百天，而经历过加长时间的太空旅行的人们通常代表着数目极少并受到严格训练和鼓励之人。

到国际空间站探险正在丰富着人类太空飞行的经验,但是航天飞机"哥伦比亚号"（Columbia）失事（2003 年 2 月）却造成宇航员大大缩减、宇航员轮换以及科学和生物物理实验的开展。

现在所能得到的技术数据库基本上只局限于低地球轨道的太空飞行，尽管如此，这个数据库还是表明如果有适当的保护，人们是可以在太空安全、长期地生活和工作，并且返回地球后享有健康的身体。尤其是来自下列的数据很好地回答了人们（少量而又孤独的人们）能否在太空限定而孤立的生存环境里一起有效地生活一年多这样一个重大问题。这些数据包括：3 名宇航员在"天空实验室"执行任务时的数据；多次在"和平号"空间站执行任务的数据；前 14 次到国际空间站探险的数据。从搜集到的在国际空间站进行长期探索的有关宇航员的数据为我们提供了如下思路：即人类如何准备用长达 1 年时间建立月球表面基地，或用 3 年时间到更加遥远的火星探险？

太空旅行具有危险性是一个挥之不去的问题。在美国太空计划中曾发生过 3 起主要事故："阿波罗 1 号"起火（1967 年 1 月 27 日）、"挑战者号"事故（1986 年 1 月 28 日）、"哥伦比亚号"事故（2003 年 2 月 1 日）。这些事故已经使国家意识到太空旅行是而且将会在很长一段时间内继续是一项非常危险的事业。下面看一下与太空旅行者健康、安全相关的一些主要因素。这些因素中有许多都要求当前的医疗、安全和职业分析方面得到更新，从而实现能够容纳大量太空旅行者和永久性居民的太空技术。

健康和安全方面的一些问题包括：避免发射失败，防止太空飞行、太空会合和建设方面的事故；防止生命保障系统发生故障；防止太空飞行器和生存环境受到太空残骸和流星的撞击；防止宇航员在外太空受到电离辐射；提供生存环境和优质的生活条件以最大限度地缓解宇航员的心理紧张。

如果人们要生活在地月之间并且最后在以太阳为中心的太空定居，必须解决由下列因素所造成的 3 个生物医学效应：当离开和返回地球时的加速和减速运动；长期在没有重力（微重力）的环境中生活、工作；长期暴露于太空辐射。

宇航员已经适应了长期生活在太空的微重力环境并且已经经历了达到地球引力 6 倍（6g）的最大加速力。从这些经历中还未观察到明显的操作问题、永久的生理亏空或者对心脏血管系统、肌肉与骨骼系统的健康造成的有害影响。然而，宇航员们已经遇到如下一些问题：短期的身体障碍，如太空适应综合征（或称为"航天运动病"）、偶尔出现的心理问题（如感到孤独和焦虑）以及在长期的执行任务后需要不同时间的恢复期。特别担心的一个问题是长期处于微重力环境下，导致身体减少了对肌肉的需要。在长期的星际飞行后，会造成肌肉力量和耐力的巨大丧失，使太空探索者们变得虚弱，从而无法在目的地星球例如火星表面上生活和工作。

在"天空实验室"空间站、"和平号"空间站和国际空间站进行长期的太空探索任务期间或之后，科学家观察到美国宇航员和俄罗斯宇航员生理上的偏差。宇航员在执行太空任务期间或者执行任务后不久，受到影响的生理参数值回到正常范围，这些观察到的影响似乎大部分都与微重力环境的适应性有关。到目前为止，还未观察到或报道过有持续的不良后果。不过，如果在太空长期执行太空任务——如大约 3 年到火星的远征、反复长期地穿行于在地球和月球之间的拉格朗日点 4 或者 5 的空间会合设施处；或者在重力（只有地球重力的 1/6）极其小的永久性月球表面基地环境中，这些生理上的偏差可能会变成慢性病而导致严重的健康隐患。由于微重力造

这幅照片真实地记录了 1986 年 1 月 28 日"挑战者号"发射升空时的致命事故。这次事故摧毁了人造卫星并使航天飞机上 7 名宇航员全部丧生。在 STS 51-L 任务期间，当"挑战者号"点火升空后 78 秒，"挑战者号"左翼、主要发动机（仍在燃烧的推进剂残余物）和前机身（工作舱）突发大火。（美国国家航空航天局）

成的生理偏差通常会在宇航员返回地球后几天或几周内恢复正常。然而，在长期太空任务后，骨骼钙质的流失似乎需要长期的恢复。

科学家不断研究克服这些失重生理效应的方法。可以应用食疗法，也可以应用下身负压来限制体液变化。治晕船药物对于预防暂时性晕船也很有效。适当补充含有矿物质的营养物质和定期锻炼身体似乎也可以使所观察到的失重生理效应得到缓解。当然，从长远看，解决这个问题的方法还是在较大的太空基地和在轨道上运行的太空定居点上提供可接受的人造重力更好一点。事实上，大型太空定居点很可能会为居民提供广泛多样的重力标准，范围从微重力到正常的陆地上的重力水平，即 1 个重力单位。选择这种多重力标准，不仅可以使太空定居点的生活方式比地球上的多样，而且还为行星定居者生活在新世界做了准备或者帮助其他太空旅行者逐渐适应返回地球时的重力。

太空工作人员和太空旅行者遇到的电磁辐射以电子、质子和高能原子核为主。在低地球轨道，电子和质子被地球磁场捕获而形成地球捕获辐射带（又称冯艾伦带）。低地球轨道上的电离辐射量随太阳活动而有所不同。当太空工作人员从低地球轨道变轨到了静止地球轨道或者月球表面基地，捕获辐射带令人担心。在静止地球轨道地区，太阳粒子事件成为太空工作人员主要的电离辐射威胁。整个地月空间和星际空间无法受到地球磁层的保护，太空旅行者还受到银河宇宙射线的轰击。银河宇宙射线是高能微粒子，包括质子、氦原子核和重原子核（带有两个以上微粒子的原子核）。应该使用防护罩、太阳耀斑预警系统以及性能优良的辐射放射量测定设备，防止太空旅行者受到超过在太空执行任务或居住所要求的电离辐射量。月球表面基地将需要大型的辐射防护罩。由于异常大太阳粒子事件（ALSPE）造成的严重但是又无法预测的危险，当月球表面工作人员冒险离开具有良好防护的基地一段距离时，他们

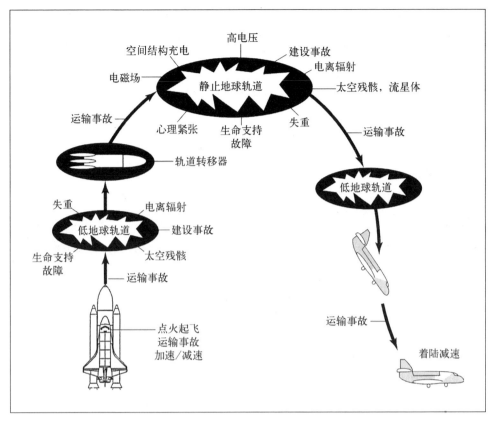

此图描述的是与太空旅行、工作时的健康和安全相关的其中一些主要因素，这些因素都是太空旅行者和工作人员在低地球轨道或者静止轨道上进行建设时可能遇到的。（美国国家航空航天局／美国能源部）

将需要一个临时的"辐射风暴躲避小间"（Storm Cell）。同样，任何一个载人火星探险飞行器也需要大量的辐射防护罩以防止在漫长的星际旅行途中长期暴露于银河宇宙射线之下。飞行器必须也要提供额外的紧急防护措施（或许是某种防辐射房间），以便宇航员能躲避几小时，避免来自异常大太阳粒子事件的强烈辐射。

火星探险人员和月球表面基地工作人员可能也会产生各种各样的心理障碍，包括"唯我论综合征"（Solipsism Syndrome）和"流罪综合征"（Shimanagashi Syndrome）。"唯我论综合征"是一种精神状态，在这种状态中一个人感到一切都是梦，一切均不真实。在一切都是人工或人造的环境里（例如一个狭小的太空基地或者受限制的太空远征飞行器）很容易产生这种心理疾病。"流罪综合征"是一个人感到被抛弃的孤独感，尽管其生活很舒适。精心设计的居住房间以及与地球保持良好通讯应该可以缓解或预防此类心理疾病。保持国际空间站宇航员们的心理健康和愉快的各种方法，为确保月球基地工作人员或远征火星探险人员的心理健康提供了一些有价值的人为因素。

21 世纪在太空生活和工作将会是一种有趣的挑战，但也有至今一直存在的风险。对于太空先锋的个人来说，地球之外的生活方式之好处将远远大于风险。

◎太空食品

吃是人的基本生存需要。为了使太空成为一个较为舒适的工作地以及让宇航员顺利完成任务，宇航员要获得食物保障。宇航员吃的太空食品必须要有营养、安全、重量轻、容易准备、食用方便、需要较少储藏空间、不需要冷藏以及心理上让人（尤其是执行长期太空任务的宇航员）可以接受。

20 世纪 60 年代人类开始太空飞行以来，吃在太空尽管有着另一套不同标准，但它已成为很自然并且类似地球上的行为。在太空飞行中吃饭已经由从牙膏管里挤压类似牙膏的食物，发展为坐下来吃一顿具有除了今天宇航员用作剪开行李的剪刀以外全套餐具的正餐。

通常，有 5 种太空食品：复水食品、中等水分食品、热稳定食品、辐照食品以及自然型食品。

复水食品通过冷冻干燥技术使食物脱水。例如，在航天飞机计划中，食物被脱水以适应发射器质量和容积的限制。当宇航员在轨道上运行准备食用这些食物时，再把它们复水。用作复水的水来自轨道飞行器中通过合成氢和氧发电的燃料电池。水只是发电的副产品而已。100 多种不同的食品，如炒鸡蛋和草莓，都会经过这种脱水—复水过程。当一个草莓冷冻干燥后，它的外形仍然保持原来的大小，同时它的颜色、质地和质量完好无损。宇航员在咀嚼时用唾液或者加水把草莓复水。

茶和咖啡等 20 种不同的饮料在太空旅行时也被加以脱水来饮用。但是这些饮料中没有纯橙汁和全脂牛奶。如果往脱水的橙汁中加水，橙汁将硬得像块石头，它们是不能被复水的。脱水的全脂牛奶在复水时不能很好溶解。它会以块状漂浮而且味道不好，所以必须使用脱脂奶。20 世纪 60 年代，通用食品公司开发了一种合成橙汁产品（果珍）替代了橙汁。

中等水分食品是部分脱水食物，如杏干、梨干、桃干。热稳定食品是由中等温度杀死细菌，然后密封在罐里或铝袋中的食物。这种太空食品包括金枪鱼、浓果汁的罐装水果和碎牛肉。辐照食品通过离子辐射使食物得到保存。各种肉和面包都是以这种方式加工的。最后说一下自然型食品，这种食品水分低，以和在地球上同样的形式被带入太空。如花生奶油、坚果、薄脆饼干、口香糖和硬块糖。盐和胡椒以液体形式包装起来，因为盐和胡椒会以晶体形式飘浮于太空舱内，导致眼部刺激或者设备污染。

　　太空中的所有食物都必须按份单独包装，以使在轨道上运行的飞船微重力环境中易于操作。这些包装的食品可以是开袋即食的热稳定食品罐头、软性复合包装袋食品或者是半硬容器包装的食品。

　　在航天飞机计划中，带入轨道的食品种类繁多，宇航员有可以享用 6 天不同的膳食菜谱。典型的一顿饭包括鸡尾酒虾、牛排、花椰菜、米饭、什锦水果、巧克力布丁以及葡萄汁。

　　当国际空间站投入使用后，空间站的长期工作人员由 3 人增加到最多 7 人。他们的食品和其他供应品必须定期补充。空间站工作人员现在使用由美国和俄罗斯给最初的"和平号"空间站共同开发的食品系统分系统。他们的食谱每 8 天循环一次。食品一半是美国的，一半是俄罗斯的。不过，计划准备其他国际空间站合作伙伴国家的食品，包括欧洲、日本和加拿大。日常食谱上食品的包装通常是为单人服务的一次性容器，不仅可免去清洗的麻烦，而且可降解。

　　由于国际空间站的电力是由太阳能电池板而不是液体电池（例如在航天飞机上）产生的，因此空间站上没有多余的水。水是从太空舱里的空气循环利用中来的，但这种方法产生的水不够用于食品系统。因而，航天时代复水食品的占比在下降，而同时热稳定食品的占比上升了。

　　一般说来，国际空间站食品系统中的美国部分类似于航天飞机的食品系统。它使用同样的基本类型食品——热稳定食品、复水食品、自然型食品和辐照食品以及同样的包装方法和包装材料。如同在航天飞机上，国际空间站上的饮料也是粉末状的。但空间站上的水温却是不同的，不像航天飞机，国际空间站上没有冷水。宇航员们只有温水、热水。

　　空间站的宇航员们通常在一起用餐。他们在俄罗斯"星辰号"服务舱的食品加工区准备饭菜。服务舱里有一张可折叠的餐桌，设计为在微重力环境下容纳 3 名宇航员一起用餐。用过的食品包装材料装在袋子里，与其他垃圾一起放到"进步号"供应器中。然后太空机器人在空间站舱外作为垃圾货车执行二次处理任务。它被从国际空间站中投弃出来，在返回地球大气层后燃烧掉。垃圾处理是一个大问题，尤其是当定期安排的食物供给中断或延期时。

人类在地球轨道以外的长时间的探索任务需要能够长时间保存的食品供应。必须扩大膳食种类以保证宇航员的士气和身体健康。永久性月球基地可以有高度自动化的温室提供新鲜的蔬菜和水果（宇航员已在国际空间站进行了若干中等规模的温室试验）。旋转的太空温室（为植物生长提供合适的人造重力）将会陪伴人类到火星和更远的地方远征。永久性火星表面基地很可能会包括一个作为封闭环境生命保障系统一部分的"农业设施"。

◎太空辐射环境

人类要想长期待在外太空，其中一个主要问题是自然的以及人为的电离辐射环境。自然电离辐射主要包括地球捕获辐射带、太阳粒子事件以及银河宇宙射线。由于人类活动造成的电离辐射包括太空核电源（核裂变反应堆和放射性同位素）、地球大气层上部或外太空的核爆炸（这些活动目前已被国际条约所禁止）、太空粒子加速器、用于标定和科学研究活动的放射性同位素。

地球捕获辐射环境在 1 000—30 000 千米处最强烈。最大辐射出现在 4 000—22 000 千米处。在大约 10 000 千米处，大多数捕获粒子相对来说都是低能电子（通常为几百万兆电子伏特）和质子。事实上，在大约 500 千米处只有捕获质子和二次核相互作用，它们成为长期的电离辐射危险。

捕获电子与宇宙飞船外壳的原子发生碰撞产生具有穿透性的 X 射线和对皮肤产生损害的伽马射线（被称为二次辐射）。充满能量的捕获质子能够穿透数克的物质，通常需要 1—2 厘米厚的铝保护层来阻止它们，导致当其与原子核撞击而停止继续穿行时发生了离子化。在低地球轨道上进行的载人宇航任务大部分限制在 500 千米以下高度和大约 60° 倾斜面上，以避免长期暴露于这种辐射之下。

对于在高度 500 千米以下和倾斜不到 60° 的轨道运行，宇航员所遭受的所有辐射主要来自"南大西洋地磁异常区"（South Atlantic Anomaly，缩写为 SAA）。南大西洋地磁异常区是地球的内部辐射带，它位于巴西沿岸的南大西洋东南部上空。穿

知识窗 ────────────────────────────────●

闭合生态生命支持系统

闭合生态生命支持系统是一个通过再利用孤立生活房间或设施的材料以维持生命的系统。这一系统主要靠循环的方式得到实现。在这个循环中，呼出的二氧化碳、排出的尿液以及其他废物通过化学作用或光合作用转化为氧气、水和食物。从宏观规模上看，地球本身就是一个闭合生态系统；从较为中等的规模来说，自给自足的太空基地或太空定居点也是一个闭合生态系统。然而，在第二种情况中，太空基地或太空定居点的封闭程度取决于来自地球的物质供给量。

在生命保障系统中，物质循环可以是物理过程和化学过程，也可以是生物过程，或者把二者结合起来。化学和物理过程系统要比生物过程系统容易设计，但对于变化性的需要缺少灵活性或适应性。而且由于仍然需要再供给食物和处理废物，只是基于物

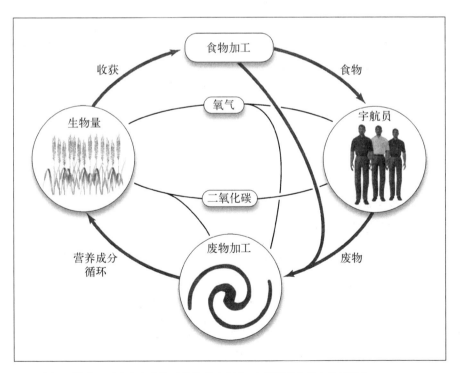

这幅图描述了再生生命支持系统的基本要素。（美国国家航空航天局）

理和化学方法的生命支持系统还是有其局限性。生物再生生命支持系统在生命支持要素的制造、净化和更新中融合了生物要素。植物和海藻被用来制造食物、净化水以及释放氧气。尽管生物的数量和环境间的相互作用非常复杂且具有动态性，但是制造出一个不需要再供应物质（虽然能量可以穿过边界，如太阳光线进入地球生物圈）、完全闭合的生态系统，似乎是可能的，而且对于将来长期在太阳系内的人类居住基地和定居点来说是至关重要的，这种闭合生态系统有时也称为受控生态生命支持系统。

行在南大西洋地磁异常区，对低地球轨道太空旅行者来说，最主要的辐射是长期的天然太空辐射。地球的地磁场通常会保护在低地球轨道的宇航员和宇宙飞船免受宇宙射线和太阳耀斑粒子的辐射。

然而，绕地球椭圆轨道运行的宇宙飞船每天都会通过冯艾伦辐射带。而且，那些在距地球极远高度的飞船——比如大于30 000千米，还会长期暴露于银河宇宙射线和太阳耀斑粒子环境之下。同样，到月球或火星进行星际旅行的宇航员也会暴露在持续的银河宇宙射线和潜在的太阳耀斑粒子（太阳粒子活动）环境之下。

太阳耀斑是太阳色球的明亮爆发，它可能会在数分钟内发生，然后在一个小时内慢慢消失。太阳耀斑的强度和大小变化范围很大。它们喷射出高能质子，给在低地球轨道以外旅行的宇航员造成严重威胁。与太阳耀斑相连的太阳粒子事件可以持续1—2天。"异常大太阳粒子事件"可以释放出潜在致命的带能粒子——甚至能穿进中等程度的飞船防护外壳，如铝表面每平方厘米受到1克粒子的穿透。太阳粒子事件活动中释放出的大部分是带能质子，但也有较重的原子核。

银河宇宙射线来自太阳系外。银河宇宙射线粒子是3种主要自然电离辐射中能量最大的，它包括原子序数1—92中所有的离子。具体讲，银河宇宙射线由下列构成：质子（82%~85%），α粒子（12%~14%）及其游离的重原子核（1%~2%），如碳、氧、氖、镁、硅和铁。比氦重的离子被命名为HZE粒子，意思是高原子序数高能宇宙线粒子。高能粒子似乎主要由铁离子构成。银河宇宙射线能量变化范围为数千万兆电子伏特到数千亿电子伏特，因此很难抵挡。尤其是高能粒子会产生大量的电离粒子径迹，在穿过组织时杀死生物细胞。

宇航员在星际空间或在月球及火星表面上扩大活动的有效太空辐射防护计划应当包括：足够持久的防护罩（宇宙飞船或地表基地居住舱）、在载人飞船或行星表面上应有足够活跃的放射量测定、"太阳风暴掩体"（增强型防护罩保护区）以及监控"异常大太阳粒子事件"的有效的太阳粒子事件预警系统。太空中的离子辐射环境还会破坏敏感的电子设备（如单粒子翻转）和飞船材料。为了解决或抵消太空辐射对飞船——尤其是在低地球轨道运行的飞船所引发的问题，航空工程师们使用设计上预防，操作上计划，

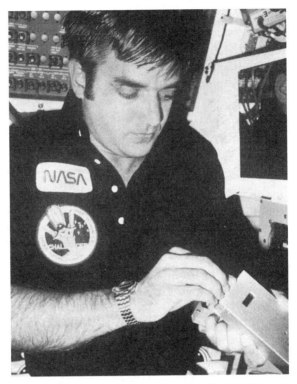

"挑战者号"（Challenger）航天飞机宇航员丹尼尔·布兰登斯坦（Daniel Brandenstein）在"空间运输系统"任务期间在宇航员舱进行射线监控设备实验（1983 年 9 月）。（美国国家航空航天局）

防护上局部化，设备上有冗余，计算机内存使用"表决"程序等策略。

3

宇航黑猩猩、宇航狗和其他太空旅行动物

"宇航黑猩猩"（astrochimp）一词，通常用来指在美国早期的太空计划期间使用的非人类的灵长类动物（尤其指黑猩猩）。在美国国家航空航天局实施"水星计划"之前以及实施这项计划期间，宇航黑猩猩就在人类太空飞行前被用来测试飞船和发射器系统硬件。同样，苏联也使用动物（尤其是狗）来帮助测试和检验宇航员太空旅行时所用的硬件。两国的生命科学家均把各种各样的生物样本送入太空，研究火箭发射时和在轨飞行期间它们受到的影响。在航天飞机时代，一直在继续用生物做实验，但是有着严格的动物使用规则和生物身体实验条约。

在科学研究中使用动物，尤其是高级哺乳动物，是一个备受争议的问题。支持者（如研究人员）指出，使用动物作为生物先锋和人类替代者可以加速科学发展，并最终挽救人类生命。对支持者来说，在研究中使用动物是合理的，尤其是如果动物被给予道德的对待——把痛苦和折磨（包括伤亡）降到最低。反对者（如动物权利支持者）声称，以科学的名义把高等动物（尤其是更为进化的生物，如狗和黑猩猩）置于痛苦和折磨之中，是不道德的和没有必要的。动物权利支持者认为，这种实验常常是在残酷和恶劣的环境下进行的，几乎或根本就没有考虑到动物的健康。他们还指出，动物在这样的实验中并非真正出于自愿，动物们并不关心科学目标有多么高尚。

对于和太空飞行相关的生命科学实验，通常作为生物物理研究实验对象的宇航员理解并且甘愿冒着风险进入外太空。但是正如动物权利支持者所宣称的那样，美国宇航黑猩猩和苏联太空狗盲目地信任了它们的人类主人，并且在科学进步的名义下，无法选择地付出了它们的身体甚至生命。

虽然争论双方都有一定道理，但是解决争论或者表明立场并非本章的写作目的和内容。本章的目的是：尽可能准确地描述作为美国和苏联早期太空计划一部分的高等动物实验。为何要进行这样的实验？绝大多数早期的这些生物实验的首要目的，是为生命科学提供数据，支持宇航员在太空时代之初进行的人类太空飞行任务。

本章总结了知名的动物太空飞行任务的技术状况和结果。不过，本章并不试图宽恕或谴责太空时代早期美国、苏联的科学家和太空任务管理人员所采取的行动。从历史的角度来看，即从将近50年的优势来看，很难完全再现或者正确地理解某些选择和道路是怎样被选择以及为什么被选择的。毫无疑问，在科学界，人们非常担心人类的身体可能无法忍受火箭发射，或在轨道上飞行期间长时间处于微重力（所谓失重）环境中的严酷性。考虑到人类太空飞行具有不可预料的危险和紧迫性，科学家和太空飞行任务负责人正在寻找解决问题的权宜之计，现在看来似乎有争议的或不明智的决定实际上就是由他们做出的选择。

在发展快速、受政治驱动的环境中，用动物在太空进行实验，为人类的太空飞行铺平道路似乎合理而又对人类有利。然而，现代伦理学宣称，无论目标多么高尚都不能使手段合理化。然而，在追求被认为具有重要国家安全意义的技术目标中，科学家使用了令人质疑的实验方法，而冷战时代初期的政治权宜之计似乎已经降低或者削弱了这些研究的严酷性。作为历史参考点，在同一时期（20世纪50年代）由于进行一些大气层核武器实验，数千名美国和苏联军事人员不情愿地被各自政府置于电离辐射的危险之中。今天，这些所谓的原子退伍老兵被认为是冷战期间核武器竞赛中偶然的牺牲品。

毫无疑问，早期的一些太空动物实验，如果放在现代科技条件下以及当代的社会政治环境中进行，就会采取不同的方法。今天，人们似乎有理由要问：美国当时为什么不使用人形机器人而是使用黑猩猩去试验"水星号"飞船？一种回答是，适宜的机器人系统技术（包括微电子和微型计算机技术）在20世纪50年代末还不能够被用来做这样一项精确的工作。这一简单的回答或许能使大多数人满意，但是仍有一些人对这一答案不为所动。

◎对太空动物的研究

第二次世界大战一结束，科学家们就开始想知道人或者其他生物是否能在太空旅行可预见的危险中幸存下来。人们不但十分担心人在火箭进入太空的过程中，在巨大的加速度下是否能够存活，而且也同样在猜想，人体在绕地轨道运行的宇宙飞船内长期的微重力环境下是否能很好地发挥功能。此外，人们对于太空飞行的危险还有许多生物物理方面的担心，如太空辐射环境潜在的致命影响。

对于大部分这些迫切需要解决的问题还无人能够提供合理的技术解答。因此，20世纪40年代末，美国和苏联的科学家开始把小动物放在火箭的头部用缴获后经过翻新的德国V-2型火箭送入太空。冷战时代的其他火箭发射器，例如：美国陆军的"红石"和"木星"弹道导弹，通过把动物送入太空，促进了美国太空生命科学的发展。令人遗憾的是，许多用作太空实验的动物都遇到了某种程度的设备故障，从而导致这些太空旅行者们在为人类提供太空旅行的技术数据的行动中死亡。1957年，苏联科学家们发射了第二颗人造卫星"斯普特尼克2号"，上面载有一只名叫"莱卡"的混血雌性狗。"斯普特尼克2号"的这次探索性的轨道飞行表明，一个活体生物能够在微重力（失重）环境中生存。在这次太空任务之后，对太空中动物的研究进入了一个重要的新领域——为工程师验证用于太空飞行器的生命保障系统的安全性提供帮助。

美国国家航空航天局的科学家们仍旧把动物送入太空来进行一些特殊的研究——但只在极少数场合下或绝对必要时才这样做。生命科学家们对研究人体在长期置身于微重力下的反应很感兴趣，不过现在更倾向于用计算机模型或者直接让宇航员进入国际空间站来做研究。国际空间站上的宇航员们可以进行许多有趣的生命科学实验。然而，还有一些实验仍然无法开展，因为研究协议会严重干涉宇航员的其他职责。如许多有趣的生命科学实验要求，对受试动物要进行严格的饮食监控。但是，太空飞行经验表明，宇航员们通常很不情愿每天都在精确规定的时间吃同样、等量的食物。这种被控制的生物实验对宇航员来说是一种负担。因此，研究人员必须用受试动物（如老鼠）进行此类实验，以便于饮食监控。然后，生命科学家把对太空中动物在精心控制下进行的实验期间收集到的数据转化为人类生理行为模式。

出于道德限制和对空间站管理的实际需要出发，研究人员通常会使用被认为适于科学实验的最低等形式的生命。有关蜗牛和鱼的多次实验结果也可以应用于人类。如一些有趣的基因研究就是利用鱼来进行的。这种方法避免了使用高级哺乳动物。尽管实验的数据结果不总是可以一对一的转换，但它们的相似性常常足以使人们获得一些关于长期太空飞行给生命系统造成的影响方面的有用知识。然而，仍有一些与太空旅行有关的生物医学问题需要小型哺乳动物参与实验。

把动物带入太空绝非易事。例如：如果实验室老鼠在国际空间站上飞行，传统的水族箱式的笼子不能提供足够的阻力让老鼠来回跑动。相反，这些太空老鼠需要一些由特殊线绳制成的网状笼子，以使它们的小脚趾能抓住更为粗糙的表面。当然，不能使用木片做它们的"床铺"，因为木片会在微重力下四处飘浮。用于地球上对老鼠进行实验的那种靠自身重力供给阻力的传统水瓶也将不起作用。因此，航空工程师设计了特殊的加压水箱。传统的食物丸也会变得不实用，因为它们也会在笼子四周到处飘浮。取而代之的是科学家们更喜欢使用的压缩食物块。当然，还有一个问题一直困扰着地球上以及太空里的所有动物维护工作人员，那就是动物的废物管理。在微重力环境下收集粪便和尿液是一项非常具有挑战性的任务。幸运的是，美国国家航空航天局的生命科学家们已经设计出了用于小动物（如老鼠和猴子）的废物抑制系统。

太空老鼠喜欢生活在微重力环境下吗？四处飘浮而不是四处跑来跑去真的会使它们感到困扰吗？根据美国国家航空航天局的一些实验结果，老鼠在置身于微重力环境的5分钟内，在受控的生活空间内四处飘浮，并以它们在地球上相同的方式进食和梳理自己的皮毛。

当然并非所有在轨道上受试的动物都能如此快速地适应微重力。在沿轨道飞行的飞船内，没有所谓的上或者下，因此，宇航鱼或者宇航蝌蚪是转圈游泳而不是如同它们在地球上一样按直线游泳。哺乳动物的幼崽在太空中也会遇到困难。其中的一个困难就是，在地球上，它们会聚在一起取暖，但是，当它们在特制的笼子里，在太空飞行中朝四面八方飘浮时，幼小的哺乳动物（老鼠）几乎很难聚在一起。研究人员还观察到，幼年哺乳动物在微重力环境下吃奶很困难，因为它们不能轻易地找到母亲奶头的位置。

现在，当美国国家航空航天局的生命科学家们想把动物送入太空，动物的健康就成为人们关心的首要问题。美国国家航空航天局的官员们必须确保任何一个在太空旅行的动物都能享有道德和人道的照顾。因为人们能够表示同意或不同意，而动物不能，所以当前政府关于在研究中使用动物的规定，比那些关于在研究中使用人的规定更加严格，因此，就存在政府规定代表动物来干涉研究的情况。被送入太空进行研究的动物受到美国农业部的保护，同时还受到美国国家航空航天局内动物照料和使用委员会的保护。

◎灵长目动物——美国首批太空旅行先锋

1948 年 6 月 11 日，经过翻新的从德国缴获来的 V-2 型火箭（命名为 37 号）从新墨西哥州南部的美国陆军白沙导弹发射场（U.S. Army's White Sands Missile Range）发射台呼啸升空至 62 千米。这次在白沙导弹发射场进行的发射是第二次世界大战后一项被称为"赫尔墨斯计划"（Hermes Project）的美国第一项弹道导弹计划的一次尝试。美国陆军把"赫尔墨斯计划"的小组总部设在得克萨斯州的布里斯城堡（Fort Bliss），沃纳·冯·布劳恩和其他的火箭科学家从德国被重新安置在那里，以便他们能和美国的工程师们协同工作，重新组织、翻新、发射从德国缴获的 V-2 型火箭。

刚刚成立不久的"美国空军航天研究发展指挥中心"（U.S. Air Force's Air Research and Development Command，缩写为 ARDC），在一个名为"春蕾计划"（Project Blossom）的高空大气层研究计划下资助了这次飞行。"春蕾计划"的特别之处在于，它需要用降落伞回收有效载荷箱。这项设计被用来携带生物标本，如种子和果蝇。当时，科学家们想使这些生物在高空飞行期间置身于宇宙射线之中，这个有时也被称为"春蕾计划 V-2"的火箭还携带了美国第一只太空猴，这是一只名叫"艾伯特"（Albert）的被麻醉了的猕猴。这只小猕猴被伸展开来，用尼龙网限制在填充有塑料泡沫的一个特制的长沙发上。研究人员把一个热电偶放置在猴子脸上的橡皮面具里。科学家们用这种仪器来监视猴子的呼吸。美国空军生物医学研究人员还在猴子的胸部和一条腿上放置了电极，以便能记录在火箭飞行期间猴子的心电图变化。不幸的是，结果证明火箭飞行对艾伯特来说是致命的，由于科学有效载荷舱的一个设备失灵，艾伯特遭遇窒息。由于载荷舱在下降期间回收伞未能打开，结果载荷舱没能被回收。

1949 年 6 月 14 日，又一枚"春蕾计划 V-2"火箭从白沙导弹发射场发射升空。由于这枚经过翻新的 V-2 型火箭（47 号）到达了 8 3134 千米的最大高度，名为"艾伯特 2 号"（Albert Ⅱ）的灵长类的乘客——另外一只被麻醉的猕猴，成为第一只在太空飞行的猴子。（根据美国太空计划的规定，当人到达 80 千米的高度时，他才有资格处于太空飞行状态。）尽管监控的生物物理数据表明，当火箭进入外太空进行高空飞行时，"艾伯特 2 号"还活着，但是当载荷舱回收系统未能进行使人存活的软着陆时，"艾伯特 2 号"因受到降落时的冲击而死亡。

结果证明，太空旅行对"艾伯特 3 号"（Albert Ⅲ）来说也同样是危险的。"艾伯特 3 号"是由俄亥俄州"莱特-帕特森"（Wright-Patterson）空军基地的"美国空军航空医学实验室"（U.S. Air Force Aero-Medical Laboratory，缩写为 AML）提供的一只猕猴。它于 1949 年 9 月 16 日死亡，当时 V-2 火箭（32 号）发生了故障，在白沙导弹发射场升空到 4.2 千米的高度时发生了爆炸。"春蕾计划"的最后一次载猴 V-2 火箭飞行是在 1949 年 12 月 8 日进行的，当时，V-2 型火箭（31 号）从白沙导弹发射场升空，到达了 130 千米的高度。它搭载的宇航黑猩猩是"艾伯特 4 号"（Albert IV）——另一只美国空军航空医学实验室的猕猴。生物物理监控仪器的监测数据表明，"艾伯特 4 号"的太空飞行非常成功，没有表现出任何不适——直到由于另一次回收载荷舱失灵而导致的致命的、冲击力巨大的硬着陆。作为具有历史意义的记录，关于"艾伯特 3 号"和"艾伯特 4 号"是什么类型的猴子，在美国国防部和美国国家航空航天局内部的历史性记载中似乎存在着微小的冲突。尽管大多数可得到的记载说"艾伯特 3 号"和"艾伯特 4 号"是猕猴，但另一些令人可信的美国国家航空航天局的生命科学参考资料表明，"艾伯特 3 号"和"艾伯特 4 号"是食蟹猴（又称为吃螃蟹的猕猴）。因为没有一只猴子能在太空飞行后幸存下来以证明太空飞行后的生物医学评价，历史性记载上的冲突对于本章整体的写作目的来说，其重要性微乎其微。

1951—1952 年，霍洛曼航空医学研究实验室（Holloman Aero-Medical Research Laboratory）的研究人员以猴子和老鼠为乘客，在白沙导弹发射场做了几次代号为"飞行蜜蜂"的无制导探空火箭发射。这些探空火箭试验的目标是研究宇宙射线和火箭飞行对动物心血管系统的影响。1951 年 9 月 20 日，一只名字叫"尤里克"（Yorick）的经过麻醉的猕猴连同 11 名未经麻醉的老鼠，作为生物实验载荷登上了代号为"飞行蜜蜂"的无制导探空火箭，到达了大约 72 千米的高度。在飞行期间对尤里克进行了心电图、呼吸和血压测量。尤里克和老鼠在探空火箭飞行后都幸存了下来。然而，猕猴在着陆后几小时死亡。因为火箭载荷舱在新墨西哥州南部荒凉的沙漠地区软着陆，但是搜救队却延迟到达了火箭载荷舱，导致猕猴由于长时间暴露于炎热之中而死亡。虽然着陆后死亡，但是尤里克却是从火箭的太空飞行中幸存下来并且被活着搜寻到的第一只美国太空猴子。更确切地说，尤里克到达了大气层上部被称为"近太空"的区域，因为当时火箭能到达的最大高度是在 80 千米以下，这在美国太空计划中通常被认为是太空飞行的最低标准。

1952 年 5 月 22 日，美国空军从白沙导弹发射场发射了另一枚载有生物研究载荷的"飞行蜜蜂号"探空火箭。火箭的前端载着两只名叫"帕德里夏"（Patricia）和"迈克"（Mike）的被麻醉过的菲律宾猴子，菲律宾猴子（菲律宾猕猴）又叫长尾猕猴（Macaca Fasciularis）。为了研究火箭加速度飞行时的生物物理差异，科学家们使帕德里夏处于坐姿（受到头到尾的加速），而迈克处于仰面平躺的姿势（受到胸到背部的加速）。当火箭飞到大约58千米的最大高度时，研究人员观察到了来自载荷舱的信号，信号显示的是在加速运动、减速运动以及失重期间猴子和两只老鼠的生物物理行为。这些动物在经过了太空飞行以及后来的通过内置降落伞式进行的火箭前部的软着陆后存活下来。根据美国国家航空航天局的一项历史记载，帕德里夏和迈克随后被允许退役，并被安置在华盛顿特区的国家动物园内。两年后帕德里夏死在那里，而迈克则在公园一直活到1967年。

1957年11月初，苏联成功地把一条名为"莱卡"的狗送入太空。莱卡在苏联"斯普特尼克2号"卫星上存活了若干天。这些都重新激发了美国生物医学研究人员把其他狗作为人类太空旅行的探路者送入太空的兴趣。首先，美国陆军和海军进行合作，让一只或者更多只猴子搭乘着从卡纳维拉尔角试火起飞的"木星"导弹升空。"木星"是美国陆军研制的中程弹道导弹，它是冯·布劳恩及其V-2型火箭研制小组的智慧结晶。这个移民过来的火箭科学家小组，现正在亚拉巴马州（Alabama）亨茨维尔的美国陆军弹道导弹所工作。

知识窗

美国空军黑猩猩

为何新成立的美国空军在20世纪40年代末对猴子如此感兴趣？原因之一是俄亥俄州的"莱特-帕特森"空军基地的航空医学实验室的研究人员很关心高速高空飞行对生理和心理的影响。没有人能够确定如果喷气式飞机更快、更高飞行时，人类飞行员会怎样？灵长类动物西非黑猩猩在危险的军事航空实验中是令人十分感兴趣的人类的替代品。20世纪50年代中期，航空医学的研究范围扩大了，人类的飞行远景也包括在内。作为航空医学的新兴学科，一些研究人员把黑猩猩看作一种方便的活体实验对象，用来进行有关高速弹出设备以及后来的飞船生命保障系统的极其危险的实验。

为应对这些生物医学研究的挑战，美国空军在新墨西哥州的霍洛曼空军基地建立了一座新领域实验设施。很快这个新设施就以"霍洛曼航空医学研究实验室"为名。在这里，使用例如曾是一名美国空军医官的约翰·保罗·斯塔普（John Paul Stapp）这样的人类志愿者进行了各种探索性的生物动力学研究，许多实验都涉及验证火箭在做水平航行时高速加速和突然减速所造成的生物生理影响。其他一些实验围绕着当高空气球飞入平流层期间，人体对压力的巨大改变（从海平面到接近真空）的忍耐力。在霍洛曼航空医学研究实验室进行的一些军事航空实验中，研究人员使用了包括猪、熊和黑猩猩在内的大型动物。

20世纪50年代初，美国空军获得了65只在非洲捕获的年轻黑猩猩和幼年黑猩猩。这群黑猩猩是一项捕获动物饲养计划的补充，它们将在霍洛曼空军基地进行的军事飞行研究计划中为更加危险的实验持续提供活体标本（人类替代品）。从20世纪50年代中期起，这些黑猩猩就被用作活体标本，试验加速力和减速力高速运动所造成的生物生理影响，包括那些危害或者阻止人类太空旅行的各种环境所

造成的生物生理影响。"水星计划"一出炉，就对几只由美国空军管理的黑猩猩进行特殊训练，其中非常出名的是汉姆和以挪士，以便在宇航员飞行前帮助美国国家航空航天局证明"水星"飞船的合格性。

当美国成功地进行了第一次载人轨道飞行（约翰·赫歇尔·格伦，

这幅图片1961年1月初摄于卡纳维拉尔角，黑猩猩汉姆在正式飞行前进行试验期间，正舒适地坐在特制的生理讯号撷取系统发射沙发里。这只黑猩猩为野生，出生于西非，捕获时处在幼年，然后被送往新墨西哥州霍洛曼空军基地的黑猩猩群。它的名字是从美国空军霍洛曼航空医学研究实验室获得的。这只宇航黑猩猩被借给美国国家航空航天局，1961年1月31日，由美国陆军"红石号"火箭送入太空。汉姆成功地完成了亚轨道太空飞行任务，这增强了工程人员的信心，"水星计划"飞船将适合人类宇航员使用。（美国国家航空航天局）

1962年2月），人们便失去了使用宇航黑猩猩实验太空飞行设备的兴趣。当数百万欢欣鼓舞的美国人庆祝美国国家航空航天局成功地进行了"水星计划"的一次人类太空飞行时，灵长目太空探索者的重要作用不是被完全忽略，就是被迅速忘记，因为不再需要用它们来进行太空飞行研究。霍洛曼航空医学研究实验室的官员们在危险的军事航空相关的实验中，再次使用剩下的、捕获的野生黑猩猩及其后代作为活体标本进行危险的与军事飞行有关的实验，例如在以极高的速度弹射出来的头盔和束缚性能实验中模拟宇航员。到20世纪70年代中期，美国空军已不再使用黑猩猩作为实验标本，接着，作为节省成本的进一步措施，选出大多数存活下来的黑猩猩，把它们租给其他生物医学研究机构。遗憾的是，黑猩猩一旦被租借，就有研究机构针对黑猩猩进行小型官方调查，结果，其中一些非军事研究机构最后被美国农业部指责为违反了《动物福利法案》（*Animal Welfare Act*，缩写为AWA）。

"木星"弹道导弹是一种燃烧液体氧和RP-1（实际上是一种提炼的煤油混合物）的液体推进式火箭。"木星"导弹装有一台能产生66.7万牛顿推进力的发动机，最大射程达2 415千米。1956年11月，美国国防部内部做出一项决定，把"木星"中程弹道导弹计划从美国陆军移交给美国空军。但是这种计划上的移交并没有减少美国陆军对"木星AM-13"和"木星AM-18"的两次"木星"导弹生物医学研究发射的参与。

1958年年末和1959年中期，从卡纳维拉尔角进行了两次"木星"导弹生物医学研究发射，这两次发射携带着猴子进入太空并在处于亚轨道的高空弹道上飞行。"木星AM-13"于1958年12月13日发射。美国陆军提供了"木星"导弹，美国海军航空医学学院（U.S. Navy's School of Aviation Medicine）提供了一只名为"高得"（Gordo）的经过训练的南美松鼠猴（Saimiri Sciureus），高得（又叫"老可信"）作为这次导弹试验任务的一部分，被允许进行不加以人为干涉的飞行。但是，因为装备有导弹试验仪器，在"木星"导弹前部只有一小部分空间可用。因此，高得的生命保障空间只有12 290立方厘米。生命保障空间内有各种仪器为研究人员提供舱内温度、压力以及辐射水平指示。美国海军医生和兽医还为高得配备了各种仪器，并把它固定在一张特制的发射长沙发上。配备的各种仪器可以使研究人员在飞行期间对没有经过麻醉的猴子进行例如心率、心音和体温等生物医学遥测。

"木星"火箭从卡纳维拉尔角发射升空，飞行良好，载着进行太空旅行的高得沿发射方向到达了480千米的最大高度。这次在"木星 AM-13"飞船上进行的生物医学实验的初步目标是，证明飞船是否提供了充分的生命保障系统，受试动物在经过高速、高加速度的弹道导弹飞行后是否会安全无恙。科学家们把这次实验看作是决定人类是否可以参加太空旅行的重要一步。这次试验的第二目标是，设计、建造、测试并且验证适合于火箭飞行并最终适合于人类太空旅行的生命保障系统。其他次要目标包括：验证火箭进入太空后在大海上搜寻到活体实验标本的能力，并且验证遥测原则的实际运用情况，研究人员依据这些原则可以观察受试动物在整个飞行任务期间的生理特点和行为状况。

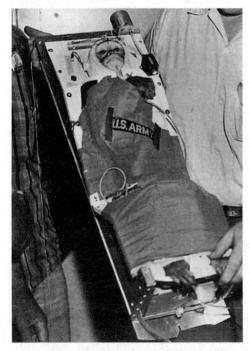

作为卡纳维拉尔角飞行前测试的一部分，发射人员准备把雌性猕猴艾堡安置在美国陆军的"木星 AM-18"火箭前部的特殊舱内。如照片（摄于 1959 年 5 月 18 日）中所示，这只由美国饲养的猴子被束缚在一个特制的发射长沙发上，身上到处都安装了内置的医学电极。（美国国家航空航天局）

在这次飞行中，生命保障系统运行良好，生物医学遥测显示，高得从这次飞行中幸存了下来，并无明显不良反应。不幸的是，这只猴子未能被找到——它在大海上失踪了。因为火箭前部的漂浮设备发生了故障，在美国海军搜救飞机到达飞船溅落地点之前，高得已随着火箭前部沉入了大海的波涛之中。

1959 年 5 月 28 日，"木星 AM-18"发射升空。生物医学载荷包括 2 只猴子：1 只是在美国出生的雌性猕猴，名叫"艾堡"（Able）；另 1 只是雌性的南美松鼠猴，名字叫"贝克"（Baker）。美国陆军的医学研究小组提供了艾堡，海军航空医学中心提供了贝克。就像在"木星 AM-13"飞行期间从高得身上收集数据一样，两只猴子均被配备了各种仪器，进行相似的生物医学测量。然而，结果证明，把两只猴子和生命保障设备放入"木星"导弹的前端对发射人员来说绝对是一个挑战。在发射前3天，艾堡被安置在导弹前端的生物包长沙发上，然后在腹膜内给其喂食，体内废物则堆积在尿不湿里。

"木星"中程弹道导弹成功地从卡纳维拉尔角发射场的发射台点火起飞，从卡纳维拉尔角沿着目的地方向飞行大约2 400千米，到达了480千米的最大高度，时速超过1.6万千米的最大速度。两只猴子都能经受超过正常地球重力38倍的引力，并且成功忍受了大约9分钟的失重。在导弹前端溅落后，艾堡和贝克安全无恙地从大洋表面被搜救到，然而，几天后（6月1日），当兽医给艾堡动手术摘除感染的、植入的生物医学电极时，艾堡死于麻醉的副作用。结果证明，贝克是一个坚强得多的太空旅行者。在从高重力、高速亚轨道火箭飞行中幸存下来后，贝克从太空猴子中退役，被安置在动物园内展览。贝克活到27岁，1984年11月2日，它在亚拉巴马州的亨茨维尔的美国太空和火箭中心死于肾衰竭。

◎ "水星计划"猴子的使命

1958年10月7日，新成立的民用太空机构美国国家航空航天局宣布，开始进行一项全面计划以证明人类可以在太空旅行。尽管在亚轨道飞行（如美国猴子艾堡和贝克）或者沿轨道飞行（苏联狗莱卡）期间，美国和苏联的一些动物存活下来，美国的航空医学专家们仍然表示出极大的担忧。对于宇航员在"水星计划"任务中可能会经历的由太空旅行引起的高度紧张，从而导致生物物理综合效应，目前还知之甚少。因此，许多医学专家敦促，作为"水星计划"的一部分以及在美国宇航员进行首次太空飞行前，再进行载猴太空飞行。

由于这些争论和持续不断的担忧，美国国家航空航天局的官员们同

贝克（一只雌性的南美松鼠猴）的一张照片（摄于1959年5月29日），旁边是一个"木星AM-18"发射器的小型模型。1959年5月28日，"木星号"火箭（美国陆军弹道导弹，经过改良后用于太空发射）把它与同伴（一只名叫艾堡的雌性猕猴）从卡纳维拉尔角送入高空抛物线轨道而进入太空。两只猴子乘坐在火箭前端的特制舱内，被安然无恙地从大西洋找回。（美国国家航空航天局）

意，在"水星计划"之内，成立一个动物方案。这个方案由两个阶段组成：第一阶段，涉及小型灵长目动物（猕猴）乘坐"小乔"（Little Joe）火箭发射器，飞离弗吉尼亚州的瓦勒普斯岛（Wallops Island）；第二阶段，涉及中型灵长目动物乘坐"水星"，首先由"红石号"火箭发射到亚轨道，然后由"宇宙神号"火箭［有时又被称为"大乔"（Big Joe）］发射送至轨道执行飞行任务。使用黑猩猩而不是其他灵长目动物是"水星计划"下动物方案的第二阶段的决定，目的是在缺少人类宇航员的条件下确保最高水准的试验效果。

猕猴：萨姆和萨姆"小姐"

"小乔"火箭发射器是相对廉价的固体推进火箭，它由美国国家航空航天局兰利研究中心（Langley Research Center）的工程师小组设计，专门用于测试"水星计划"飞船在系列亚轨道飞行中的中止飞行系统。这个火箭的有趣名字来自赌博时失败的一掷以及扔出一对带两点的色子。这个新奇的"小乔"火箭构想，要求4个固体火箭发动机中每次点火两个。短而粗的"小乔"火箭有4个大型的起稳定作用的翼，沿着箭体尾部周围均匀排列，两个翼还有助于"小乔"这个火箭名字被长久地记住。

为了保障"水星计划"中动物方案第一阶段的实施，在锅炉钢板飞船里留出了用于"小乔"火箭试验的空间。位于得克萨斯州布鲁克斯（Brooks）空军基地的美国空军航空医学院，负责为实验中使用的两只美国出生的猕猴准备和安装生物包。生物包是一个在适宜生存的环境里为生命体（如昆虫、鱼或小型哺乳动物）提供住处的容器，同时也记录生命体在太空飞行期间的生物活动。"锅炉钢板飞船"一词的意思是，非功能性体积和容积复制品，它与更加复杂昂贵可用于飞行的飞船相对。虽然猕猴乘坐"小乔"火箭进行亚轨道飞行被认为没有后来的黑猩猩太空飞行重要，但它却为"水星计划"在点火起飞时和之后不久的加速度飞行时提供了生物医学评价。"水星"飞船有一个火箭助推的逃逸塔，它被设计为一旦在助推火箭上升到太空期间熄火时，能够迅速地把飞船从爆炸的火箭发射器拉开。

1959年12月4日，位于弗吉尼亚州沃勒普斯试飞基地（Wallops Flight Facility）的美国国家航空航天局的火箭试验人员，发射了"小乔2号"火箭，检验"水星"飞船发射-逃逸系统在高空时的性能。对于这次亚轨道飞行，美国国家航空航天局的官员们还决定，允许美国空军航空医学专家进行所有他们想做的实验。因此，来自位于布鲁克斯空军基地航空医学院的人员还为这位灵长目乘客提供了一个生物包。萨姆(Sam)是一只雄性的小猕猴,它的名字是一名训练员的首字母缩写。在它短暂(大约11分钟)的飞行期间,萨姆飞入"水星"飞船的锅炉钢板舱,并且由生物包生命保障系统保护起来。就在中午前,"小乔"火箭以全足马力腾空而起,在3.05万米的高度烧毁。按照计划的那样,逃逸塔和"水星"飞船分离,逃逸塔的逃逸火箭提供额外的助推力,把飞船及萨姆抛入亚轨道惯性滑行轨道,只差85 365米就到达了天顶。因为错误计算了风的影响,这个峰顶高度实际上比预计的要低30.48千米。由于这个高度上的错误,萨姆仅仅经历了3分钟的失重,而不是原先预计的4分钟。不过,在经历了重返、猛烈的溅落和大洋冲击之后,这只猴子还是活了下来,并在截短了的飞船内的生物包里待了大约6小时后,美国"博里号"(USS Borie)驱逐舰才从大西洋找到它们。飞行后的检查显示,萨姆在进入太空的短暂旅行中显然没有遭受不良影响,于是被送回到受训的猴群。它于1982年11月死亡。

"小乔1-B号"火箭于1960年1月21日发射升空。在试验期间,美国国家航空航天局的官员们想检验一下"水星"飞船发射逃逸系统在最大动态压力点时的性能。"小乔"试验飞行器上的是一只来自美国空军医学院的雌性猕猴灵长目乘客萨姆"小姐"。"小乔"火箭在沃勒普斯岛发射升空,上升到了将近15千米的高度,最大速度达到每小时3 220千米。接着,按照计划,逃逸火箭点火,并迅速地把锅炉钢板"水星"飞船连同萨姆"小姐"从模拟助推火箭熄火点拉开。萨姆"小姐"安全地躺在生物包里,在8分钟半的飞行里身体状况一直良好,最后溅落在离发射地大约18千米的大西洋。这只猴子几乎立即被美国海军陆战队直升机从大洋表面找到,并用飞机送回到沃勒普斯试飞基地。

在试飞期间,逃逸火箭点火后大约有30秒钟,萨姆"小姐"明显颤抖得厉害,并且对测试刺激没有按照它所训练的那样做出反应,否则,这只小猕猴会担当起受过良好训练的灵长目机器人的角色。回顾对萨姆"小姐"的生物遥测,医学专家怀疑,就在逃逸火箭点火后以及溅落后,这只猕猴立即患上了眼球震颤症(眼球痉挛引起的不由自主的运动)。这些状况使人们担心,受到相似损伤的宇航员是否能有效激活某些备份系统。萨姆"小姐"的短暂飞行使"水星"宇航员在受到身体损伤的相似的情况下所使用的备份程序得到了一些修改。这次火箭飞行之后,萨姆"小姐"被送回曾受训的猴群之中。

宇航黑猩猩汉姆

　　动物方案的第二阶段涉及，在美国宇航员使用"水星计划"飞船前，使用黑猩猩来进行飞行以验证飞船的安全性。在猕猴乘坐"小乔"火箭成功地完成飞行任务后，美国国家航空航天局的官员们同来自美国空军陆军和海军的航空生物医学专家们，共同制定了黑猩猩太空旅行计划。主要目标是通过进行黑猩猩太空飞行试验来证明人类太空飞行的可行性。航空医学专家们还想尽可能多地收集太空旅行期间心理和生理活动方面的数据。因为黑猩猩是与人类极其相似的高级灵长目动物，因此，有理由训练一只或更多的黑猩猩去执行一些简单的任务，模仿在亚轨道和轨道的恶劣条件下飞行的宇航员是如何完成这些任务的。

　　来自美国霍洛曼航空医学研究实验室的工作人员负责提供和训练用于飞行的黑猩猩。一位美国国家航空航天局的代表担当协调员，帮助把动物飞行整合到整个"水星计划"的飞行计划中来。在水星动物方案的第二阶段中使用黑猩猩而不是其他灵长目动物的目的是，为没有人参加的飞行提供最高级别的操作。在黑猩猩飞行期间，对它们的限制尽量降到最低，以便可能对其进行简单的精神运动方面的试验。计划和采用与人类宇航员同样的方法，记录黑猩猩的心电图、体温和呼吸运动。

　　虽然霍洛曼航空医学研究实验室拥有黑猩猩兽医和航空生理学家，但它却缺少获得动物行为的测量设施。针对这种情况，霍洛曼航空医学研究实验室与肯塔基大学（University of Kentucky）签订了合同，安排训练一些黑猩猩。在沃尔特·里德（Walter Reed）陆军研究院训练专家的特别帮助下，霍洛曼空军基地的空军小组开始使用由宇航员操作使用标准条件下的设备和特制的固定椅训练 8 只黑猩猩，作为计划的一部分，这群黑猩猩被训练做一些简单的任务，例如在一定时段内推动操作杆，对一定的电光信号做出回应。如果黑猩猩不能对一个操作任务做出正确的反应，就会采用负面强化（或令人不快的反馈）的方式对其做出惩罚，通常是对黑猩猩的脚掌进行一次不舒服的电击。

　　在训练 8 只黑猩猩的过程中，霍洛曼航空医学研究实验室的动物服务部门，还在收集所有未成年黑猩猩的正常基线数据。研究人员还设计和制定了固定黑猩猩的方法。为了完成黑猩猩发射椅系统的设计，研究人员还进行了一系列的模拟飞行（使用离心机），以确定加速度和震动对黑猩猩造成的影响。

　　1961 年 1 月 2 日，6 只黑猩猩（4 只雌性、2 只雄性），随同霍洛曼空军基地的

20 名医学专家和动物训练员，进入佛罗里达州卡纳维拉尔角的研究设施中。为防止疾病在整个猴群中传染，黑猩猩被分成了单独的两组。训练员带领黑猩猩进行日常的训练和完成一些精神运动表现方面的任务，为黑猩猩的第一次乘火箭飞行做准备。为使每一只候选宇航黑猩猩都能做出正确的反应，训练员用香蕉作为奖赏并用轻微的电击作为惩罚。每个训练馆还提供了一个"水星"模拟飞船。1 月 29 日，6 只候选的宇航黑猩猩都已感到厌倦，但是都已经能很好地拉动操纵杆。剩下的唯一问题，就是选出一名主要的宇航黑猩猩和一名替补宇航黑猩猩，在美国陆军"红石号"火箭上进行实际飞行。

　　成为美国第一只太空黑猩猩的竞争是很激烈的。这个荣誉最后由一只 17 千克重的黑猩猩汉姆获得，它的名字是根据霍洛曼航空医学研究实验室来命名的。按照最后筛选委员会的兽医的说法，汉姆"极其活泼、幽默"。汉姆出生在西非，在它出生后不久就被捕获，1959 年 7 月被带到位于霍洛曼空军基地的航空医学研究实验室。筛选小组挑选了一只雌性黑猩猩作为汉姆的替补。在发射前 19 小时，汉姆及那只雌性替补宇航黑猩猩开始食用低渣质饮食，带上生物医学感应器，然后，在特制的发射椅里（即生物包，功能上相当于一个加压的生命保障舱）接受最后检查。发射前90 分钟，尽管汉姆被束缚在生物包内，但它仍然活泼，充满活力，它登上发射场里火箭塔架上的电梯，进入与"红石"导弹顶部相连的"水星"飞船。

　　发射器出现了一些令人讨厌的问题，推迟了汉姆的这次被美国国家航空航天局正式命名"水星-红石 2 号"（MR-2）的飞行任务，1961 年 1 月 31 日 16 点 55 分，"红石"火箭终于从发射台轰然起飞，载着宇航黑猩猩汉姆从卡纳维拉尔角沿着目的地方向飞去，开始了短暂而重要的亚轨道飞行。汉姆对于发射推迟处理得非常好，点火起飞时，它尽职而正确地操作着操纵杆，避免了由于操作错误或精神不集中而受罚（对它的脚底进行电击）。

　　行为科学家在黑猩猩的发射椅腰部位置放置了一个类似仪表板的仪器。仪表板上有两个灯和两个需要用力压下的操纵杆。由于在飞行前受过训练，汉姆懂得怎样避免受到一系列的电击而舒服地待着，每成功地操作一次右手边的操纵杆，就会有白色警示灯提示把下一次预定的电击延迟 15 秒钟。同时，汉姆还得在蓝色灯闪烁后5 秒钟内推动左手边的操纵杆，以避免使它的脚掌再一次受到电击。蓝灯大约每 2 分钟左右闪一次。

1961 年 1 月 31 日，宇航黑猩猩汉姆在做了亚轨道飞行后，伸手去够一个苹果。这幅照片是黑猩猩和"水星"飞船从大西洋被找到几分钟后在"唐纳号"舰艇上拍摄的。汉姆在 16.5 分钟的亚轨道飞行期间表现良好，它这次探索性的飞行为宇航员艾伦·谢泼德在 1961 年 5 月 5 日所做的历史性的亚轨道飞行铺平了道路。大多数人把汉姆的表情理解为"微笑"，但现代灵长类学家珍妮·古道（Jane Goodall）表示，这只黑猩猩的表情实际上是一种巨大的恐惧。（美国国家航空航天局）

在"水星-红石 2 号"火箭飞行期间，火箭助推控制器超性能运行，在撤掉中止飞行压力感应器前半秒钟，耗尽了所有推进燃料。发射器的中止飞行系统发现火箭发动机提前关闭，于是中止了"水星"飞船的飞行，汉姆乘坐的火箭遇到了严重的问题。这次超常的中止飞行的速度，连同逃逸塔火箭加大的推进力，把载有黑猩猩的飞船远远地抛在预定搜寻区域之外。按照设计，火箭中止飞行时还会向搜救队发送求救信号，搜救队会立即做出反应，并朝着计算出来的飞船撞击大洋地点驶去。

因为发射器超性能运行以及逃逸塔火箭加大的推进力，汉姆乘坐的"水星"飞船的最大速度达到每小时 9 400 千米，而原先预想的最大速度为每小时 7 000 千米。在太空漫游的飞船还到达了 250 千米的最大高度，而原先计划的高度为 185 千米。宇航黑猩猩的太空飞行总计持续了 16.7 分钟，比预计长 2.4 分钟，飞船从发射地点沿着轨道朝目的地方向飞行了 670 千米，比计划多飞行了大约 209 千米。

汉姆的飞行不仅仅经受了巨大的火箭引擎推进力，而且就在启动中止飞行程序（点火起飞后大约 2.3 分钟）前，还经历了飞船里的舱内压力从每 6.45 平方厘米 37.9 千帕斯卡到 6.9 千帕斯卡的突降。幸运的是，汉姆穿的宇航服和包裹着的生物包，使它避免了由于飞船迅速降压而受到伤害或丧命。飞行后的研究表明，飞船的空气进口管道阀存在问题。虽然无意地打开阀门对黑猩猩来说不会造成致命灾难，但在飞船溅落大洋后，却可能会使海水迅速涌入飞船内，差点淹死这位类人太空旅行者。尽管存在机械故障，但汉姆在整个飞行期间表现得非常好，当信号灯进行提示时，它会按照训练时所教的那样顺从地拉动操纵杆。

汉姆乘坐的飞船溅落到大西洋后大约 27 分钟，美国海军搜救飞机发现了宇航黑猩猩乘坐的飞船在海水中上下浮动，因为所有的主要搜救船只离得太远，美国海军决定从"唐纳号"（USS Donner）派遣援救直升机到达飞船降落地点。当直升机到达现场时，搜救人员看到飞船倒向一侧在海面上漂浮，海水不断向里面灌入。直升机上的搜救人员把汉姆乘坐的飞船拉出水面，在经历了备受煎熬的亚轨道飞行后，汉姆身体状况看起来仍然良好，并且欣然接受了一个苹果。

由于发射器超性能运转，汉姆朝目的地方向飞行了大约 679 千米，到达了 253 千米的最大高度，经历了大约 6 分钟的失重状态，并且忍受了返回时高达 14g 的减速度（比计划的几乎要大 3g）。这位黑猩猩宇航员对它历史性的火箭飞行会作何反应呢？即使是 4 名彪形大汉也无法再把汉姆带回到"水星"飞船让摄影师拍几张飞行之后的相片。汉姆再也不想回到"水星"飞船上去了。

"水星-红石 2 号"飞行任务后，汉姆小有名气，甚至荣登 1961 年 2 月 18 日的《生活》杂志的封面。它的这次探索性飞行，为美国宇航员艾伦·谢泼德在 1961 年 5 月 5 日乘坐"水星-红石 3 号"火箭进行第一次亚轨道飞行铺平了道路。这两个航天史上重要的里程碑似乎使在轨道飞行的宇航员尤里·加加林的光彩暗淡了一些，他于 1961 年 4 月 12 日成为第一位乘飞船从轨道观测地球之人。

汉姆在完成了乘火箭在太空的飞行之后，从宇航黑猩猩退役，然后，被送到华盛顿特区的国家动物园生活。虽然汉姆很有名，并且对美国太空计划作出了巨大的贡献，但在余下的 17 年中，它一直生活在孤独之中。1981 年，在灵长类学家的敦促下，汉姆有了新家，这一次是在北卡罗来纳州的动物园，在那里，它可以有其他黑猩猩的陪伴。汉姆死于 1983 年 1 月 19 日。为了向汉姆对太空旅行作出的巨大贡献表示敬意，它的尸体被埋葬在位于新墨西哥州南部城市阿拉莫戈多（Alamogordo）市"国际航空名人展厅"（International Space Hall of Fame）的一个极为显眼的墓地中。

黑猩猩宇航员以挪士

黑猩猩宇航员以挪士是霍洛曼空军基地黑猩猩群中的另一只雄性黑猩猩。这只黑猩猩出生在西非，1956 年 8 月，幼年的它被捕获，1960 年 4 月由霍洛曼航空医学研究实验室从迈阿密珍稀鸟类农场（Miami Rare Bird Farm）购买。霍洛曼空军基地的动物训练员以希伯来语中的单词"Enosh"（意思是"人"）为这只黑猩猩取名。以挪士和其他几只黑猩猩在霍洛曼空军基地和肯塔基大学完成了 1 250 多小时的行为训练，来为"水星计划"飞船的轨道飞行试验做准备。以挪士接受了比汉姆更多的强化训练，因为它所做的轨道飞行任务将会更加复杂，并且将更长时间地处于失重状态。

"水星-宇宙神 5 号"（Mercury Atlas 5，缩写为 MA-5）是在美国宇航员约翰·赫歇尔·格伦进行轨道飞行前，"水星计划"飞船所做的第二次也是最后一次符合轨道飞行条件的飞行。1961 年年末，在美国国家航空航天局内部就是否有必要用宇航黑猩猩进行太空飞行任务进行了一场大辩论。同年年初，宇航黑猩猩汉姆（1 月 31 日）、宇航员艾伦·谢泼德（5 月 5 日）以及维吉尔·伊万·格里森（Virgil Ivan Grissom）（7 月 21 日）进行的亚轨道飞行已经证明，"水星"飞船是有效的，至少它在进入太空执行非常短暂的飞行任务如此。而且，苏联宇航员尤里·加加林（4 月 12 日）和格曼·蒂托夫（Ghermann Titov）（8 月）所进行的轨道飞行也清楚地表明，如果具有功能良好的生命保障系统，人类是可以在太空旅行中存活下来的。最后，保守派占了上风，美国国家航空航天局决定对"水星计划"采取更为保守的工程行动，安排宇航黑猩猩以挪士来执行一项开拓性的太空飞行任务，以此证明"水星"飞船在轨道飞行任务期间能够很好地工作。

1961 年 11 月 29 日，"宇宙神号"火箭从卡纳维拉尔角升空，把载有宇航黑猩猩的"水星"飞船送入近地点 158 千米，远地点 237 千米的环地球轨道。以挪士乘坐的飞船在 32.5°倾角的绕地轨道上飞行，飞行周期为 88.5 分钟。在飞行期间，尽管由于某些设备出现故障而导致即使以挪士正确地操作了操纵杆也受到了负面反馈（即电击），但是这只体重为 17 千克的黑猩猩还是按照它在训练时那样，继续进行各种精神运动活动。

飞船的其他一些硬件问题也干扰着这次飞行任务，致使美国国家航空航天局的工程师们在第二圈轨道飞行后就取消了原定计划，终止了这次飞行任务。燃料供应线上的一个小金属片使飞船的高度控制系统出现问题，导致无法进行滚转反应喷流。这个设备故障使以挪士乘坐的飞船飘离正常高度 30°，后来，自动制动系统又把飞船从这个高度带回到正常高度。设备失灵和自动纠正这一整个过程使"水星"飞船在每一次轨道飞行中多消耗 0.45 升宝贵的高度控制推进燃料。除了过多的推进燃料消耗，逆变器里也出现了问题，对飞船的电力系统造成损坏，导致飞船内温度升高。飞行中的这两种异常情况本来可以由宇宙飞船上的人类宇航员纠正过来，但由于以挪士没有受过纠正飞船异常情况的训练，美国国家航空航天局的太空任务控制人员决定，在飞船第二次绕地球轨道飞行后把飞船降落下来。

　　整个飞行任务耗时大约 3 小时 21 分钟，最后飞船溅落在百慕大东南部 410 千米的大西洋中。当它降落到 1 525 米的高度时，一架美国海军搜救飞机发现了正在下降中的飞船，于是美国官方立即派遣搜救船只到达飞船降落的区域。在飞船降落到大海中大约 75 分钟后，"斯托姆斯号"（USS Stormes）搜救船上的人员把船停靠在宇宙飞船旁边，并把它打捞出水面。当搜救人员一打开飞船的门插，他们就知道了以挪士在经历了这次飞行之后还活着，尽管经受了发射和返回时的重力以及大约 3 小时的失重，它还能在船的甲板上四处蹦跳，看起来身体状况依然良好。来自搜救人员的报告还说，快乐的黑猩猩四处跑动，和那些把它从飞船中释放出来的搜救人员握手。以挪士的成功飞行解决了美国国家航空航天局管理层内所有剩余的争论的问题，并且为宇航员约翰·赫歇尔·格伦在 1962 年 2 月 20 日驾驶"友谊 7 号"（Friendship 7）飞船执行历史性的轨道飞行任务铺平了道路。

　　尽管以挪士做出了开拓性的成就，但是它很快就在"水星计划"的历史中成为被人遗忘的一章。没有什么大张旗鼓的宣传，以挪士被送回霍洛曼空军基地的黑猩猩群。在那里，大约在它历史性的太空飞行后的一年，由于志贺氏属杆菌痢疾对抗生素产生了抗药性，以挪士于 1962 年 11 月 4 日去世。在它死前的两个月，霍洛曼航空医学研究实验室的生物医学小组对以挪士进行了细心的观察和悉心的照料。在尸检报告中，实验室的动物病理学家做出这样的结论：这只宇航黑猩猩的致命性疾病与其轨道飞行无关。没有为它的死举行任何仪式，也没给这位勇敢的宇航黑猩猩一处显眼的墓所。

◎俄罗斯宇航狗

　　虽然本章的主题主要集中在美国太空计划中使用的灵长目动物，但如果不提及狗在苏联太空计划中所起的开拓性作用，对人类通向太空飞行道路的叙述则是不完整的。就像美国太空计划中所使用的灵长目动物一样，狗在苏联的人类太空飞行中起到了生物先锋的作用，并且随着 1961 年 4 月 12 日宇航员尤里·加加林乘坐"东方 1 号"飞船进行的历史性的轨道飞行而达到了高潮。

　　第二次世界大战后，火箭工程师谢尔盖·科罗廖夫获得苏联政府许可制造 R-1 型火箭，R-1 火箭基本上是在第二次世界大战后，苏联工厂内制造的德国 V-2 型火箭的复制品。为了促进这种火箭的生产，苏联人使用了在战争即将结束时红军在占领佩纳明德（Peenemünde，德国在波罗的海上的火箭试验场）和各种 V-2 型火箭制造设施时所缴获的零部件和文件。科罗廖夫还对 R-1 型火箭做了重大改进，到 1949 年，已经能试射这种改良型火箭，科罗廖夫把它命名为 R-2 型火箭。

科罗廖夫和他的生物医学专家小组注意到了美国人在"赫尔墨斯计划"和"春蕾计划"中用所缴获的 V-2 型火箭在白沙导弹发射场所取得的成果，他们开始用 R-1 型火箭携带老鼠、兔子之类的小动物单程飞行进入上层大气层。这些火箭飞行基本上是美国"春蕾计划"的一个翻版，试图收集关于生物是否可以在太空旅行的一些基本生物物理数据。随着苏联计划的成熟和更强大的火箭（如 R-2 型火箭）的推出，科罗廖夫的生物医学研究小组转移了他们在其他活体生物方面的兴趣，开始使用小狗进行火箭飞行试验。

根据苏联的一些零星的历史记载，在 1951—1952 年间，在卡普斯京亚尔导弹发射中心（Kapustin Yar）进行的以生物医学研究为目的的 R-1 型火箭系列飞行中，共有 9 条狗参与，其中 3 条狗实际上飞行过两次。卡普斯京亚尔导弹发射中心是一个小型发射场，位于伏尔加格勒市附近的伏尔加河岸边。建造这个发射场最初是为了实施苏联早期的弹道导弹试验计划，其中包括对 R-1 型火箭和 R-2 型火箭进行的试验。1947 年在这个发射场进行了第一次导弹发射。从 1951 年开始，R-1 型生物医学火箭携带着两条狗进行飞行，两条狗位于火箭前端的加压舱内，之后降落伞使它们得以逃生。

与他们的美国同行一样，苏联的生物医学研究人员和航空工程师们也在期待着人类太空飞行的可能性，他们需要来自活体标本的数据，以帮助设计人类驾驶的飞船及其生命保障系统。

苏联的研究人员在成功地用小型哺乳动物老鼠进行了火箭飞行测试之后，他们选择了狗而不是猴子，因为他们觉得狗比猴子更易于做试验。为了获得更加精确的结果，他们决定在每个火箭飞行器上使用两只动物。苏联科学家还喜欢使用雌性狗，因为他们感觉雌性狗的排泄废物更容易处理。

第一次载狗 R-1 型火箭飞行于 1951 年 8 月进行，两条宇航狗黛兹克（Dezik）和驰刚（Tsygan，吉卜赛语）被成功搜救。第二次 R-1 型火箭飞行在 1951 年 9 月初进行，这次黛兹克和它的同伴利萨（Lisa）失踪了，飞行器上的生物医学数据记录器却侥幸保存了下来。报告显示，丧失两条爱犬对十分珍爱自己的宠物狗的科罗廖夫来说打击很大。不久，苏联人发射了"勇敢"（Smelaya，意思为 Bold）和"第一"（Malyshka，意思为 Little One）。第三次火箭飞行很成功，搭载的狗都被找回。第四次发射失败了，又造成两条宇航狗伤亡。第五次发射很成功，两条宇航狗被找回。第六次发射在 1951 年 9 月 15 日进行，火箭到达了 100 千米的高度，两条宇航狗都成功地返回了地球。

　　遗憾的是，关于早期这些宇航狗中哪些狗乘坐什么火箭飞行器，可得到的有关记载很不完整。而且，这些早期生物医学实验期间采用的实验协议，或许也不像后来的协议那么严格，可以使人们获得包括宇航狗的名字在内的更可信的资料。例如：据报道，在第六次 R-1 型飞行器所使用的一条狗的名字叫"ZIB"，这是俄语中"替换失踪的犬 Bobik"的首字母缩略词。显然，Bobik 是原先安排用于这次火箭飞行的两条狗中的一条，但是它却逃走了。因此，匆忙间找了另一条狗替代。这条狗是一条小流浪狗，它在发射地食堂附近寻找食物时被科学家发现。苏联科学家给这条活泼的杂种狗取名为"ZIB"。那条失踪的狗 Bobik 由于逃进了卡普斯京亚尔导弹发射中心周围的荒野之中而失去了为太空飞行历史做贡献的机会。

　　1957 年 10 月 4 日，苏联发射了世界上第一颗绕地球轨道飞行的人造卫星"斯普特尼克 1 号"，从而打破了国际上认为美国拥有绝对技术优势的看法。"斯普特尼克 1 号"重 83.5 千克，中空，钢板球形，内有电池和一个无线电发射机。不到一个月后，1957 年 11 月 3 日，苏联人又发射了一颗重达 508 千克的卫星"斯普特尼克 2 号"，更增强了这一科技震动。这颗更大的新型卫星，是送入绕地球轨道的第二艘宇宙飞船。与发射"斯普特尼克 1 号"之前一样，科罗廖夫也从苏联领导人那里获得许可，使用 R-7 型洲际弹道导弹把"斯普特尼克 2 号"送入轨道。"斯普特尼克 2 号"从拜科努尔航天发射场成功发射后，进入了近地点 212 千米，远地点 1 660 千米，倾角为 65.3° 的地球轨道，飞行周期为 103.7 分钟。除了体积庞大（在当时）以外，"斯普特尼克 2 号"飞船还是世界上第一个生物飞船或者生物卫星。

　　这艘飞船有一些小隔间用来放置无线电发射器、遥测系统、编程系统、工作舱的发电和温度控制系统以及一些科学仪器。"斯普特尼克 2 号"飞船还有一个单独的密封舱，里面载有一条名字叫"莱卡"的雌性狗。莱卡是第一条乘坐宇宙飞船在轨道上绕地球飞行的活体动物。

发射时,这条有着部分萨莫耶血统的猎狗的体重大约是 6 千克。"斯普特尼克 2 号"飞船的加压舱用软物填充,并为这条小狗提供了充足的空间使它能够躺下或者站着。空气再生系统为其提供氧气,水和食物则是以胶状形式供给的。莱卡被套上挽具,带着一个收集排泄废物的袋子和在轨道飞行期间监控它的重要生命体征的电极。据报道,早先的遥测显示莱卡虽感到焦躁不安,但还是进食了。因为"斯普特尼克 2 号"飞船是在苏联太空计划早期建造的,它还没有能力把莱卡安全地送回地球。苏联科学家原先预计,在轨道上飞行大约 10 天后,莱卡的氧气供应将会耗尽。然而,这条宇航狗很可能在轨道上飞行了一两天后就死了,因为飞船的温度控制系统(舱内加热)出现了问题。莱卡成为国际上公认的"太空先锋",莱卡为苏联科学家提供了在绕轨道飞行的飞船内的微重力条件下,世界上关于生物行为的第一手生物物理资料。1958 年 4 月 14 日,在轨道上飞行了 162 天后,"斯普特尼克 2 号"飞船性能逐渐减弱,重返到地球大气层。

在莱卡开创性的使命之后,苏联科学家又进行了一系列把其他狗送入太空进行实验的发射。每条狗所执行的任务都提供了更多的生物医学数据,并增强了科学家在飞船设计上的信心。这些验证性飞行最终使尤里·加加林成为第一位在太空旅行并安全返回地球的人类宇航员。

1960 年 7 月 28 日,当助推火箭上升进入太空时发生了爆炸,在名为"斯普特尼克船号"(Korabl Sputnik)飞船上的两条小狗"山猫"(Bars)和"小狐狸"(Lisichka)死亡。报道显示,这艘飞船是后来苏联首次载人太空飞行所使用的"东方号"飞船的工程典范。下一次太空狗发射在 1960 年 8 月 19 日进行。这一次,苏联人成功地把一颗被称为"斯普特尼克 5 号"的重达 4 600 千克的卫星,送入大约 306 千米高度的轨道,轨道倾角为 65°,运行周期为 90.7 分钟。"斯普特尼克 5 号"又称为"斯普特尼克船 2 号",搭载两条狗:"斯特莱卡"(Strelka)和"贝尔卡"(Belka),还有 1 个电视系统和其他科学仪器。在轨道上飞行一天后,飞船的回收舱返回,进入地球大气层,飞船飞行状态良好,两条小狗安全着陆。斯特莱卡和贝尔卡成为两个首批绕地球轨道飞行并安全返回地球的生物。斯特莱卡在执行太空任务后不久,生下一窝小狗。在冷战时期作为表达良好祝愿的一种不寻常的姿态,苏联总理赫鲁晓夫把其中的一只小狗作为礼物送给了肯尼迪总统的小女儿卡罗琳(Caroline)。

"斯普特尼克 6 号"飞船(又称为"斯普特尼克船 3 号")执行了苏联的下一个

载狗太空飞行任务。1960 年 12 月 1 日，一个改进型 SS-6 弹道导弹从拜科努尔航天发射场点火起飞，并成功把重 4 560 千克的卫星送入近地点 166 千米，远地点 232 千米，倾角为 65°，运行周期为 88.5 分钟的轨道中。在"斯普特尼克 6 号"飞船上有两条狗："小蜜蜂"（Pchelka）和"小苍蝇"（Mushka）。飞行持续了一天，在轨道上情况良好。在飞船试图回收期间，返回至大气层时，生命保障系统烧毁，两条狗死亡。

1960 年 12 月 22 日，苏联研究人员计划发射另一艘载有两条名为"小妇人"（Damka）和"美女"（Krasavka）的小狗的"斯普特尼克船号"飞船。在火箭从航天发射场起飞，即将进入太空期间，上级火箭出现故障，导致整个飞行计划被迫中止。然而，两条狗被安全地找回，短暂的无计划的亚轨道飞行并没有使它们受到明显的伤害。

下一个执行苏联宇航狗飞行任务的是 1961 年 3 月 9 日发射升空的"斯普特尼克 9 号"。这颗又称为"斯普特尼克船 4 号"（Korabl Sputnik 4）的重达 4 700 千克的卫星，载有一条叫"小黑"（Chernushka）的狗和一名"哑巴"宇航员（一个仿照真人的身材和重量制成的木头人体模型）。"斯普特尼克 9 号"飞船绕地球飞行轨道的特点是：近地点 173 千米，远地点 239 千米，倾角 65°，飞行周期为 88.6 分钟。飞船只进行了一个轨道周期的飞行，然后连同上面载着的宇航狗和木制人体模型宇航员一起被成功收回。

最后一次宇航狗"斯普特尼克号"飞船任务在 1961 年 3 月 25 日进行。"斯普特尼克 10 号"卫星重达 4 695 千克，载着一条名叫"小星星"（Zvezdochka）的狗进入轨道。这条小狗也有一名"哑巴"宇航员作为同伴。改良型 SS-6 洲际弹道导弹发射器把这颗又称为"斯普特尼克船 5 号"（Korabl Sputnik 5）的卫星送入近地点 164 千米，远地点 230 千米，倾角为 65°，运行周期为 88.4 分钟的轨道。在绕轨道飞行一周后，载有"小星星"和"伊凡·伊凡诺维奇"（Ivan Ivanovich，人体模型宇航员的绰号）的飞船安全地返回地球。这是为使加加林乘坐"东方号"飞船进行历史性的轨道飞行，苏联火箭工程师所需要的最后一次试飞验证。由于有了这些宇航狗的开创性的轨道飞行，1961 年 4 月 12 日，人类迎来了太空飞行时代的曙光。

◎1961年后的动物太空飞行任务

1961 年，当人类成功地进行了太空旅行，航空医学专家马上把研究重心转向了长期太空飞行和置身于微重力环境对生物的生物物理影响。虽然宇航员是大部分生物医学研究的实验对象，但仍有一些实验以生命科学研究的名义，把包括小型哺乳动物在内的其他生物送入太空进行研究。

美国"生物卫星计划"，是美国国家航空航天局利用地球轨道飞行任务进行与太空中基本生物过程有关的科学研究的首次重要尝试。从科学方法的角度来看，先前的探空火箭飞行以及轨道飞行期间的实验标本控制系统通常都不适用。结果，科学家们常常发现很难把在太空飞行后对生物标本进行观察所得到的结果与原因联系起来。随着美国国家航空航天局"生物卫星计划"的推出，专门进行精心操控的生物实验的飞行任务，现在可以在无人驾驶的绕地球轨道飞行的飞船内进行了。

"生物卫星3号"是美国太空计划的最后一次飞行任务。这个飞船重达1 545千克，由"德尔它号"（Delta）火箭从卡纳维拉尔角发射升空，被送入到近地点221千米，远地点240千米。倾角为33.5°，飞行周期为92分钟的绕地球轨道。"生物卫星3号"任务的主要目标是研究一只名为"波尼"（Bonnie）的6千克重的雄性豚尾猴在30天的绕地轨道飞行中的行为。研究人员用4只同样装有仪器，行动受到限制的恒河猕猴在地面进行对照实验。然而，在轨道上飞行仅仅8.8天后，这只猕猴健康状况恶化，于是，美国国家航空航天局的生命科学家中止了这次飞行任务。在返回舱被回收后8小时，这只猕猴死于由脱水而引发的严重的心脏病，死时体重仅为4.4千克。一些研究人员认为，猕猴体重减轻是为了满足实验要求而使食物丸极其不可口造成的。科学家还猜测,猕猴的死很可能是因为受到长时间的束缚和身上配备过多的仪器，而不是微重力的影响造成的。这种假想似乎很合理，因为随后苏联和美国共同在宇宙生物卫星计划中对猕猴进行了实验，结果受试的猕猴在5—14天的轨道飞行中存活下来，而在飞行结束后不久，其中两只身上配备着同样仪器和同样被束缚的用作地面控制标本的猕猴也死了。

1966年开始，随着"宇宙110号"（Cosmos 110）飞船的发射，科学家们进行了一系列的生物卫星飞行任务，这些飞行任务把众多的领域与空间生命科学学科结合起来。这个雄心勃勃而又成功的计划，使包括从美国和许多欧洲国家邀请来的专家在内的科学家们从许多不同的分类学角度对生物体进行了研究。

"宇宙110号"是一颗重达5 700千克的绕地球轨道飞行的卫星，1966年2月22日，由改良型SS-6洲际弹道导弹从拜科努尔航天发射场发射升空。这颗生物卫星在近地点 190 千米，远地点 882 千米，倾角为 51.9°，飞行周期为 95.3 分钟的轨道上绕地球飞行。这次任务的主要生物标本是两条名字分别叫"微风"（Veterok）和"小块煤"（Ugolyok）的狗。在太空飞行 22 天后，返回舱载着两条狗和其他实验标本安全地返回地球。

苏联的生物卫星计划从"宇宙 605 号"（Cosmo 605）开始使用小型哺乳动物（如老鼠）。"宇宙 605 号"又称为"生命 1 号"（Bion 1），是所发射的系列生物卫星中的第一颗。这些生物卫星从位于苏联西北角阿尔汉格尔市的普列谢茨克（Plesetsk）航天发射场发射升空。1973 年 10 月 31 日，改良型 SS-6 洲际弹道导弹把"宇宙 605 号"飞船送入近地点 220 千米，远地点 424 千米，倾角为 62.8°，飞行周期为 90.7 分钟的绕地轨道。"宇宙 605 号"飞船的设计建造是为了进行长期的太空实验并把生物实验对象送回地球。这颗生物卫星的着陆舱是一个复杂的自动操作的小间，能够为生物标本和试验对象提供住所。

20 世纪 90 年代中期，美国参与了 8 项以"宇宙"命名的生物卫星任务（"宇宙 782 号""宇宙 936 号""宇宙 1129 号""宇宙 1514 号""宇宙 1667 号""宇宙 1887 号""宇宙 2044 号"和"宇宙 2229 号"）。"宇宙 782 号"又称为"生命 3 号"（Bion 3），于 1975 年 11 月 25 日发射。这颗生物卫星是第一颗美国和苏联联合进行生物医学研究的飞行器，实验对象包括白鼠和乌龟。

作为美国和苏联联合生物研究计划的一部分，猕猴被成对地带入地球轨道，在下列飞船中执行任务："宇宙 1514 号""宇宙 1667 号""宇宙 1887 号""宇宙 2044 号"和"宇宙 2229 号"。"宇宙 1514 号"（"生命 6 号"）飞船于 1983 年 12 月 14 日由"联盟号"火箭从普列谢茨克航天发射场发射升空，被送入低地——大约 257 千米，高倾斜度 82.3° 的绕地轨道。这艘飞船（以俄罗斯的天空侦察卫星为基础）搭载着名叫"众心归你"（Abrek）和"生命"（Bion）的两只猕猴和 18 只受孕的白鼠作为生物标本。科学家使用白鼠来研究微重力和辐射对怀孕期间的小型哺乳动物的综合影响。"宇宙 1514 号"的任务于 5 天后结束，经过太空旅行的老鼠产下正常的幼子。

"宇宙 1667 号"［"生命 7 号"（Bion 7）］生物卫星于 1985 年 7 月 10 日发射升空，卫星上搭载着两只猕猴，名字分别叫"忠诚"（Verny）和"光荣"（Gordy），它们在 7 天后被找回。"宇宙 1887 号"［"生命 8 号"（Bion 8）］生物卫星于 1987 年 9

月 29 日从普列谢茨克航天发射场发射升空。这艘飞船搭载着两只猕猴，分别叫"困倦"（Yeroska）和"不修边幅"（Dryoma），它们在轨道上旅行了 13 天。在飞行期间，"困倦"部分地从束缚中挣脱出来，尽管处于失重状态，它还是试着在这个轨道上飞行的牢笼里看来看去。"宇宙 2044 号"［"生命 9 号"（Bion 9）］生物卫星携带两只名字叫"扎肯亚"（Zhakonya）和"麻烦制造者"（Zabiyaka）的猕猴进入轨道。尽管其他乘坐同一艘飞船的生物标本由于飞船温度控制系统发生故障造成温度升高而死亡，但这两只猕猴在轨道上飞行了 14 天后安全返回。

重达 6 000 千克的"宇宙 2229 号"［"生命 10 号"（Bion 10）］卫星，于 1992 年 12 月 29 日由俄罗斯的"联盟号"火箭从普列谢茨克航天发射场发射升空。做一个有趣的比较，"斯普特尼克 2 号"（世界上第一颗生物卫星）的重量仅为 508 千克。"宇宙 2229 号"飞船上搭载着两只名为"细小"（Krosh）和"伊娃莎"（Ivasha）的猕猴以及其他一些生物标本。按照计划，它进行了为期 12 天的绕地飞行。就像在以前的宇宙生物卫星飞行任务中，猴子被训练激活食物和果汁分发器一样，为了这次任务，它们被训练操作几个脚踏板，以便研究人员能研究飞行时它们的肌肉反应。为了适应飞行中的前庭神经测试，这些猴子还被训练对视觉刺激做出手脚和头部运动的反应。由于飞船的温度控制出现了问题，导致舱内温度过高令人难以忍受，这些猴子和其他生物标本比计划提前两天返回。着陆后，两只猴子接受脱水治疗，随后恢复健康。"宇宙 2229 号"是宇宙系列卫星飞行任务中的最后一次任务。俄罗斯太空总署（Russian Space Agency）决定把以后的生物卫星简单地以数字标记为"生命"系列卫星。

1996 年 12 月 24 日，俄罗斯太空总署用"联盟号"火箭从普列谢茨克航天发射场发射了"生命 11 号"（Bion 11）生物卫星。"生命 11 号"飞船内的生物标本包括两只分别名为"拉皮科"（Lapik）和"漫画"（Multik）的猕猴。轨道飞行持续了 14 天。当飞船返回地球，被回收后仅仅一天，"漫画"就在着陆后的医学检查和手术（除掉身上的电极）中死亡。在现代信息时代，随着这个消息迅速传遍各国，"漫画"之死使人们重新对在太空生命科学研究中继续使用灵长目动物的道德性提出质疑。

美国国家航空航天局的科学家们使用航天飞机轨道飞行器，在某些航天飞机的飞行任务中用"天空实验室"（欧洲宇航局的太空研究舱）来进行生命科学实验。"天空实验室"以各种不同的编队形式驶入隐藏在航天飞机巨大的货物港口内的轨道中。

拯救黑猩猩——社会运动、法律反对和道德尝试

20 世纪 80 年代，全球文明社会对捕获灵长目动物的福利的关注大大增加。1985 年，美国国会对《动物福利法案》作了修正，除了其他的条款以外，还包括保证美国那些被捕获的不论是动物园里的、娱乐场所的，还是研究实验室中的非人类灵长目动物心理健康的条款。

一段时期以来，灵长目动物心理健康的概念和"环境要素丰富"与"环境改善"是同义的。负责 1985 年《动物福利法案》修正的国会代表，计划为捕获的灵长目动物提供更多的运动、娱乐和社会交往。1989 年，美国农业部动植物健康监察局（Animal and Plant Health Inspection Service，缩写为 APHIS）根据灵长目动物专家的建议，起草了《环境要素丰富法规》，对新的《动物福利法案》修正案作出了回应。法规对非人类灵长目动物的社会居所、无生命的环境要素丰富内容以及运动作出了要求。在对这个法规作了一些修改后，1991 年，美国农业部动植物健康监察局提议使这些法规成为《美国联邦规则》（Code of Federal Regulations）的一部分。为了帮助颁布和实施这些法规，美国农业部"动物福利信息中心"（Animal Welfare Information Center）准备了一个促进发展的文件，名为《非人类灵长目动物环境要素丰富资源指南》（ Environmental Enrichment for Nonhuman Primates Resource Guide），2006 年 3 月发布了最新版本。

1997 年 6 月，美国空军决定放弃所有用于研究的黑猩猩。20 世纪 50 年代以来，这些高级灵长目动物在美国空军生物医学研究院所（如位于新墨西哥州的霍洛曼航空医学研究实验室）里一直用作人类的替代品进行各种危险试验，来支持与军事航空航天飞行相关的研究。如美国国会授权和预想的那样，公众也要求军方放弃对黑猩猩的研究，在这种情况下，美国空军要么把黑猩猩送给研究所，要么让黑猩猩退役到动物收养所。

尽管美国国会明确表示了对捕获的灵长目动物的担心，美国空军官员们还是决定把大部分黑猩猩赠给研究所，包括那些被美国农业部指责为违反《动物福利法案》（例如漠视黑猩猩之死）的机构。动物权利组织抗议这一决定，于是漫长的法律之战开始了。

"拯救黑猩猩"（Save the Chimps，缩写为 STC）是一个灵长目动物的保护组织，1997 年为了对美国空军宣布要放弃用于研究的黑猩猩作出回应而成立。当美国空军把大部分黑猩猩赠送给"卡尔斯通基金"（Coulston Foundation，位于新墨西哥州阿拉莫戈多的一家生物医学研究实验室）后，"拯救黑猩猩"保护组织向联邦法院提起法律公诉，对空军的决定表示疑义。1999 年 10 月，在经过 1 年的法律较量之后，"拯救黑猩猩"保护组织和"卡尔斯通基金"研究实验室达成一项协议，根据这项协议，"拯救黑猩猩"组织对 21 只黑猩猩具有永久的法律监护权，这 21 只黑猩猩是 20 世纪 50 年代在非洲捕获的，后来在"水星计划"中由美国空军进行训练，作为宇航黑猩猩的幸存者及其后代提供给美国国家航空航天局。今天，这 21 只黑猩猩已经"退休"，在佛罗里达州皮尔斯城堡（Fort Pierce）由"拯救黑猩猩"保护组织为其特别设计的灵长目动物收养所里愉快地生活。

关于美国空军黑猩猩的故事，还有一段有趣的结尾。2002 年 9 月，"拯救黑猩猩"组织取得了对新墨西哥州"卡尔斯通基金"机构的拥有权，并接收了那里的全部 266 只黑猩猩。从此，"拯救黑猩猩"组织的工作人员改善了黑猩猩在阿拉莫戈多的生活条件，并且鼓励这些黑猩猩形成一些社会群体。这些初步的努力是"拯救黑猩猩"组织全面战略性计划的一部分，这个计划还包括扩大它们在佛罗里达州原先的宇航黑猩猩收养所。在接下来的 10 年间，新墨西哥州 266 只黑猩猩全部被重新安置在佛罗里达州扩建后的灵长目动物收养所，它们在那里将拥有一个宁静而且环境丰富多彩的永久家园。用英国剧作家威廉·莎士比亚一句具有远见卓识的话来说，那就是"皆大欢喜。"

作为"天空实验室 3 号"（SL-3）飞行任务的一部分。1985 年 4 月 29 日，两只成年的雄性鼠猴由"挑战者号"航天飞机搭载着进入太空。在 STS-51B 航天飞机飞行任务期间，每只猴子都在它自己特制的猴笼中进行不受束缚的绕轨道飞行。笼子有一扇坚固的可拆装的窗户，通过这扇窗户宇航员能够看到里面的动物。这扇坚固的窗户下面的打孔窗形成一个可以接触到里面动物的入口。每个笼子都有一个应急的限制系统，万一出现紧急情况可以被激活以保护处于飞行状态中的猴子。一股气流穿过笼子把尿和粪便吹入笼子格栅式底板下有吸收功能的可移动托盘中。科学家通过安装在笼子两侧的两盏红外线灯和两个活动传感器来监控每只猴子的活动。研究人员还定期对猴子进行录像以判断它们对太空飞行的反应。美国国家航空航天局的生命科学家还通过"天空实验室3号"对猴子进行的实验来判断，与在地球上的室内动植物研究所的住所相比，太空中用于固定研究动物的设备的性能如何。

STS51-B/SL-3飞行任务在1985年5月6日顺利结束。在太空中飞行了7天之后，两只猴子都状态良好地返回了地球。在它们置身于微重力环境中长达几周之后，又都很快适应了正常的重力环境。飞行后的报告特别提到，在飞行中，两只猴子都比在地面时吃得少并且也不那么活跃。一只猴子很快就适应了微重力环境，而另一只猴子则出现了太空适应综合征的症状。在前4天的太空飞行中，这只患病的猴子没有进食，只喝了一点点水。当飞行进入到第5天时，在宇航员用手给它喂了一些香蕉丸之后，这只猴子的行为就变得和另外一只差不多了。出于某种目的，美国国家航空航天局的官员没有给"天空实验室3号"飞行任务中的任何一只猴子起名字，这两只猴子只是被正式确认为"3165号"和"384-80号"受试标本。

4
小飞船与「水星计划」

1958 年 10 月 7 日，仅仅在苏联发射世界上第一颗无人卫星"斯普特尼克 1 号"后的 1 年零 3 天，美国国家航空航天局制定了"水星计划"（Mercury Project，有时航天文献中也会使用"Project Mercury"一词），这项计划是美国把人类送入地球轨道所做的探索性努力。"水星计划"包括 6 次系列飞行——2 次亚轨道飞行和 4 次轨道飞行。整个计划的设计是为了证明人类能够经受得住火箭发射时的高速加速度、长期的失重状态和在重返地球大气层时的急速减速。

美国国家航空航天局选拔最初 7 名"水星计划"宇航员是在 1959 年 4 月一次全国范围内喷气式飞机飞行志愿者的招募活动之后进行的。艾森豪威尔总统为这次全国性的选拔工作大开绿灯，允许军队为这项计划提供美国宇航局所需的高素质的飞行员。被选中的宇航员是（按字母顺序）：马尔科姆 · 司各特 · 卡本特（Malcolm Scott Carpenter，1925—2013）、利罗伊 · 戈登 · 库伯（Leroy Gordon Cooper，1929—2004）、约翰 · 赫歇尔 · 格伦、维吉尔 · 伊万 · 格里森、沃尔特 · 斯基拉（Walter Schirra，1923—2007）、艾伦 · 谢泼德和唐纳德 · 肯特 · 斯雷顿（Donald "Deke" Slayton，1924—1993）。每一位入选者都必须通过严格的体格筛选和一系列严格的心理测试。他们都是在喷气式飞机高空飞行中有丰富飞行经验的超级飞行员。随着"水星计划"的进行，7 名首批宇航员已普遍被公众认为是有着专业知识和钢铁意志的喷气式飞行员中的骨干精英。

除了唐纳德 · 肯特 · 斯雷顿，所有早期的"水星计划"宇航员都驾驶了小型宇宙飞船（由美国在 20 世纪 60 年代初研发和成功飞行的首个适于人使用的载人飞船）。斯雷顿原计划被安排执行"水星-宇宙神 7 号"飞行任务（第二次载人轨道飞行任务），但是由于在 1959 年 8 月医生发现他有一个小小的心脏问题（心律不齐），他被解除了这次任务。因为决心要进行太空飞行，他一直待在美国国家航空航天局的宇航员团队中，最终作为参加 1975 年"阿波罗-联盟对接试验计划"的美国宇航

"水星计划"最初的 7 名宇航员正仔细察看"水星-宇宙神 7 号"发射器的模型。坐在前排（从左到右）的是：维吉尔·伊万·格里森、马尔科姆·司各特·卡本特、唐纳德·肯特·斯雷顿、利罗伊·戈登·库伯。站在后排（从左到右）的是：艾伦·谢泼德、沃尔特·斯基拉、约翰·赫歇尔·格伦。这张照片 1959 年 4 月摄于美国国家航空航天局的兰利研究中心。（美国国家航空航天局）

员中的一员，进入地球轨道飞行，这项计划是世界第一次国际合作的太空会和对接飞行任务。

在太空时代开始后不久就开始进行"水星计划"。人类以前从未在外太空飞行过，一些医生和生命科学家对人类是否能在长期的微重力环境（零重力）中生存深表怀疑。因此，美国国家航空航天局的航天工程师们在设计一种保护人类免受伤害的航天器时面临着巨大的挑战。这些危害许多是可以预见的，然而却不能完全量化（包括极端温度、真空环境以及最新发现的弥漫于近地空间的捕获射线环境）。除了这些技术难题以外，还需要在飞船喷着火焰高速重返大气层时，使宇航员保持凉爽。由于美国早期适合人使用的太空发射器（最初是改进后的军事弹道导弹）的推进力相对有限，"水星计划"的工程师们想出了一个后来证明很适合这项任务的无翼航天舱的设计方案。他们的设计努力最终制造出了小型的单人"水星计划"航天器（或宇宙飞船），这种飞船的最大轨道飞行质量大约为 1 454 千克。从艾伦·谢泼德的"自由 7 号"亚轨道飞行开始（1961 年 5 月 5 日），允许"水星计划"的宇航员们为自己驾驶的飞船命名，为了感谢最初的 7 名宇航员为特色的团队工作，每个人都在自己飞船的名字上加了一个"7"。

这架小小的飞船形状有点像一个铃铛或一块口香糖，尾部只有 189 厘米宽，约 2.7 米高。由一枚固体燃料火箭驱动的宇航员逃逸塔又给飞船增加了 5.2 米，到发射时整个飞船的长度大约是 8 米。这座逃逸塔会猛地把飞船及其飞行员推离失灵的助推火箭，并把飞船送到足够的高度以便降落伞能够展开，然后把宇航员安全地送回地球。"水星号"飞船较钝的一端，涂有一层防护性烧蚀壳，以保护飞船及其乘员（宇航员或宇航黑猩猩）免受重返地球大气层时灼热的伤害。

科学家们选用了两个助推器：为亚轨道飞行选用的是具有 346 944 牛推进力的美国陆军"红石号"中程弹道导弹；为轨道飞行选用的是具有 1 601 280 牛推进力的美国空军"宇宙神号"洲际弹道导弹。在载人飞行之前，美国国家航空航天局进行了几次无人助推器和飞船试验，包括黑猩猩汉姆和以挪士的宇航黑猩猩飞行。

◎水星-红石3号

1961 年 5 月 5 日，美国国家航空航天局用"红石号"助推火箭将载有宇航员艾伦·谢泼德的飞船从卡纳维拉尔角空军 5 号发射台发射升空。这次飞行是美国的首次载人太空飞行任务。谢泼德为他的飞船起名为"自由 7 号"。

尽管这只是一次仅持续了 15 分钟多的短暂的亚轨道飞行，但谢泼德的这次飞行证明了宇航员能够从太空飞行中存活下来。这次具有历史意义的飞行，也向观看了从卡纳维拉尔角通过电视进行发射现场直播的约 4.5 亿美国人民表明了，美国已经真正地进入了载人航天飞行领域。由于苏联在不到 1 个月以前已经将宇航员尤里·加加林送入绕地球轨道，冷战时期的空间竞赛正在升温。

谢泼德驾驶他的"自由 7 号"飞船进行的飞行，实质上是一次"炮射"。发射以后，谢泼德从卡纳维拉尔角沿着弹道轨道飞行，并且溅落在离发射地点约 486 千米的下航区的大西洋中。在这次短暂的亚轨道飞行中，他达到了 187 千米的最大高度，达到每小时 8 260 千米的最大时速，并且在这次飞行任务的助推器加速期间经历了最大值为 6g 的推动力。

尽管有一些振动，但"红石"助推火箭在发射期间表现非常好。"自由7号"飞船在与助推火箭分离之后，谢泼德通过使用手动操纵杆来操控飞船，使飞船在小小的推进器的推动下俯冲、翻转和偏航。他发现在太空中驾驶要比预计平稳，并且报告说，他在5分钟的失重状态中没有感到不舒服。尽管"水星计划"的首艘飞船没有窗户，但谢泼德仍能够通过潜望镜观看到大西洋海岸线。他所看到的景象忽明忽暗，因为在发射场等待发射时，他一时疏忽把一块灰色的滤光镜留在了那里。

溅落到大西洋里以后，"自由7号"飞船和驾驶员由直升机找到并送回"张伯伦湖号"（USS Lake Champlain）航空母舰上。就在谢泼德的成功飞行之后3个星期，肯尼迪总统向国会发表了他的具有历史性意义的演说，在这次演说中，肯尼迪总统为美国制定了要在20世纪60年代末以前把美国宇航员送上月球并使他们安全返回地球的目标。

◎水星-红石4号

1961年7月21日，另一枚"红石号"助推火箭把宇航员维吉尔·伊万·格里森和他乘坐的"自由钟7号"（Liberty Bell 7）飞船送入到第二次也是最后一次亚轨道飞行中。尽管"自由钟7号"飞船有了一点小小的改进,包括改进了的手动操纵器、一扇窗户和一个一爆炸即激活的侧舱口，格里森的亚轨道飞行实质上是谢泼德飞行的一次翻版。宇航员们要求增加一个借受控爆炸力操控的侧舱口，以使万一出现紧急情况从飞船逃脱变得更容易些。

从谢泼德过于忙碌的亚轨道飞行中吸取教训，美国国家航空航天局的飞行任务管理人员有意减少格里森的任务，并且给他更多的时间在短暂的飞行期间眺望地球。格里森的飞行历时15分37秒，飞船达到了最高每小时8 270千米的时速以及189千米的最大高度。在这次亚轨道飞行任务结束时，"独立钟7号"飞船溅落到了距离卡纳维拉尔角航天发射场483千米的下航区的大西洋中。

从"红石号"助推火箭的发射到飞船重返地球大气层,格里森的"水星-红石4号"飞行任务的操作过程与谢泼德的首次亚轨道飞行非常相似。就像谢泼德一样，格里森报告说，他遇到的5分钟的失重状态未产生什么不良影响。这次飞行期间最主要的异常情况发生在飞船成功地溅落到大西洋之后。当格里森在漂浮着的飞船中等待着搜救直升机来将他救起时，"自由钟7号"的侧舱口过早地开启，这艘小飞船开始灌进海水。格里森安全地从飞船中出来,在水中等待着直升机的到来。正当他的宇航服开始进水的时候,他被搜救人员从海水中捞了出来并被毫发无损地送回了"伦道夫号"(USS Randolph)航空母舰回收船。不幸的是,尽管另一架直升机的救援人员尽力挽救"自由钟7号"飞船,它还是因灌进海水而沉没。

如果不去考虑在飞行后期损失了"自由钟7号"飞船,美国国家航空航天局的官员们认为,格里森的飞行又一次成功地完成了任务,并且把首位美国宇航员送入绕地轨道的计划向前推进了一大步。然而,飞船沉船事件导致了搜索程序的改变。宇航员现在被要求一直要等到搜救直升机的钩子牢牢地钩住飞船,搜救的绳索绷紧以后,才能打开舱口的发射安全阀塞。

经过1992、1993、1999年的一连串的打捞失败之后,在1999年7月20日,一个搜寻探险队终于成功地将"自由钟7号"从大西洋底打捞上来。这次成功的深海打捞是在大特克斯岛(Grand Turk Island)830千米处进行的。与飞船还连在一起的是1961年直升机上的机组人员为防止"自由钟7号"沉入海底所用的搜救绳索。在飞船内部发现的物件中还有格里森的一些飞行装备和几枚作为这次飞行的纪念品而带入太空的印有墨丘利头像的10美分纪念币。

◎水星-宇宙神6号

在两次成功的亚轨道飞行之后,美国国家航空航天局的飞行任务管理人员把"水星计划"推进到下一个重要阶段,即"水星-宇宙神"系列轨道飞行任务。1962年2月20日,美国民用空间计划达到了一个重要的里程碑阶段,宇航员约翰·赫歇尔·格伦驾驶着"友谊7号"飞船绕地球飞行了3圈,成为首位绕地球轨道飞行的美国人。

"水星-宇宙神6号"任务是美国首次载人飞船轨道飞行。驾驶员约翰·赫歇尔·格伦是美国海军陆战队军官、飞行员,他为自己的飞船命名为"友谊7号"。美国国家航空航天局的设计人员为这次具有历史意义的飞行任务制定了几个目标:第一个目标是评价一下这艘适合人使用的新型宇宙飞船,在绕地轨道飞行3圈的任务中的表现;第二个目标是评估一下几个小时的太空飞行对人所产生的影响;第三个目标是取得宇航员对"水星"飞船的适应性及其为其他更广泛的载人飞行任务而配置的支持系统的个人评价。

"水星-宇宙神6号"任务最初定于1962年1月下旬发射,后被推迟了两次,一次(在

1962 年 2 月 20 日,"水星-宇宙神 6 号"火箭从佛罗里达州的卡纳维拉尔角空军基地发射升空。坐在"友谊 7 号""水星计划"飞船内的是约翰·赫歇尔·格伦——首位乘坐飞船绕地球旅行的美国人。(美国国家航空航天局)

6月27日）是因为不利的天气条件；一次（在1月30日）是因为"宇宙神"火箭燃料泄漏。最后，2月20日，"宇宙神号"火箭成功地从卡纳维拉尔角发射升空，并将"友谊7号"飞船送入绕地轨道，与此同时，约有6亿人通过现场电视新闻报道观看了这次发射。在这次飞行期间，飞船取得了每小时超过2.8万千米的最大时速，到达了大约260千米的轨道高度。

格伦的轨道飞行持续了差不多5个小时，在此期间他绕地球飞行了3圈，并且观察到了从澳大利亚的城市灯光到非洲的大尘暴的一切景象。他是第一位从太空的优越位置看到日出和日落的美国人。由于他的主动努力，他也成为首位从太空拍摄地球的太空旅行者。他在佛罗里达州可可海滩的当地药房购买了一架35毫米的照相机，然后在飞行中一直带着这架相机，完成了这次精彩的拍摄。

在格伦的轨道飞行之前，太空医学专家一直担心，长时间处于失重环境及置身于宇宙射线之中可能会对宇航员产生生理影响。格伦报告说，他所经历的微重力环境在完成指令任务时是"非常灵便"的。他也把他将近5小时的失重描述为"一次令人欢欣鼓舞的经历"——也许除了他品尝那些不太可口的太空食物的那一刻。他飞行后的医学评价表明，他只受到了不到预计一半的电离辐射量。这个重要的事实表明，"水星"飞船的外壁能够抵挡相当数量的射线——至少是在短期的地球低轨道飞行期间。

格伦在飞行期间还观察到了一个奇特的现象。当他进入轨道日出的那一部分时，他报告说看到了在飞船外有他描述为"萤火虫"的东西。这种奇特的景象在"水星-宇宙神7号"飞行任务之前一直都是一个谜。在那次飞行期间,宇航员马尔科姆·司各特·卡本特偶然间用手敲了敲"曙光7号"（Aurora 7）飞船的内壁。卡本特的举动弄飞了一群所谓的"萤火虫"。美国国家航空航天局的工程师们很快就意识到，产生这种有趣的现象的源头只是飞船的反应控制喷口的霜。

在格伦的飞行期间也发生了几个主要问题。首先是一个偏航姿态控制喷口被堵，迫使宇航员为了顾全手动电子遥控自动驾驶仪系统和手动机械系统，不得不放弃使用自动控制系统。其次是隔热电路板上的信号显示，固定隔热装置的夹子过早地松开，这引起了极大的担忧，表明当宇航员还在轨道上旅行的时候，飞船的隔热装置就松散了。松脱的隔热装置经受不住重返地球大气层时的酷热，那么这次飞行任务就会以一场灾难而告终。作为一种安全防护措施，负责这次任务的指挥人员指示，格伦在操作重返地球大气层之前，不要抛弃减速火箭配备的硬件。万一在飞行中隔热装置真的松脱了，这个办法会固定住隔热装置。当飞船冲入大气层时，减速火箭装置的主体燃烧着飞过窗口，格伦看到了犹如焰火表演般的壮观景象。有一刻他甚至认为他的隔热装置也正燃烧并掉落。但幸运的是，这一切并没有发生。对飞船后阶段飞行情况的调查显示，一个错误的转换操作产生了这个错误的隔热装置报警信号。

当飞船重返地球俯冲进入大气层时，格伦尽力不让飞船的后部颠簸，最后因为操作飞船的姿态控制系统而耗尽了燃料。尽管有这些困难，他还是安全地溅落在百慕大东南约 1 300 千米的大西洋中，离它的既定目标区域只差约 64 千米。在水中浮动了大约 21 分钟后，"友谊 7 号"飞船及其舱内的驾驶员被直升机从大洋中拽出，并被送回到"诺亚号"（USS Noa）驱逐舰上——执行飞船回收任务的最近的水面舰艇。因为完成了"水星计划"这次轨道飞行任务的主要目标，格伦成为民族英雄。

1965 年 1 月 1 日，格伦从美国海军陆战队退役，1974 年 11 月在美国俄亥俄州的议会选举中获胜，一直在美国的议会中任职到 1999 年 1 月。在他具有历史意义的"水星-宇宙神 6 号"飞行的几十年后，格伦作为有效载荷专家，登上了执行 1998 年 10 月 29 日—11 月 7 日期间的 STS-95 飞行任务的美国国家航空航天局"发现号"航天飞机，重返太空。因为这次太空飞行任务，格伦成为 20 世纪在太空旅行的年龄最大的宇航员。

◎水星-宇宙神7号

1962 年 5 月 24 日，宇航员马尔科姆·司各特·卡本特驾驶"曙光 7 号"飞船完成了绕地轨道 3 圈的飞行。"水星-宇宙神 7 号"执行"水星计划"的第二次载人轨道飞行任务。美国国家航空航天局本来是挑选唐纳德·肯特·斯雷顿作为执行这次飞行任务的驾驶员，然而，在对斯雷顿进行体检时发现他有些心律不齐之后，马尔科姆·司各特·卡本特接到了这个任务。

卡本特的这次飞行任务的目标与约翰·赫歇尔·格伦（"水星-宇宙神 6 号"）任务目标相似。既然格伦的飞行已经证明了在"水星"飞船中人类太空飞行的有效性，美国国家航空航天局的管理人员决定增加一些科学实验作为卡本特 5 个小时的"曙光 7 号"飞行任务的一部分。卡本特的飞行计划包括：对在绕轨道飞行的飞船中微重力条件下的液体形态的首次研究，宇航员拍摄地球照片，通过气球的膨胀与展开来测量地球剩余大气的拖拽力，处于地球低轨道时来自太阳的压力对物体的影响。气球实验失败了，因为仪器在操作时没有有效膨胀，但是关于液体的实验如人们普遍期望地进行了。因为有了这次飞行，美国国家航空航天局把宇航员拍摄的地球照片作为美国载人太空飞行项目的一个组成部分。

在飞行中，"曙光7号"飞船达到了每小时超过2.8万千米的最大时速和约267千米的最大高度。卡本特只遇到过一次严重的部件失灵的情况。给飞船的高度控制陀螺仪提供参照点的水平扫探器的电路出现了故障。美国航空航天局的飞行任务指挥人员还对姿态控制推进剂的过度消耗表示担心，这主要是由于宇航员大量使用大推进力来控制火箭及出于疏忽同时使用两种控制系统造成的。为了弥补这种情况，美国国家航空航天局的飞行指挥人员允许"曙光7号"飞船在飞行计划规定的时间之外再以姿态控制的形式飘行77分钟。

当第三圈也是最后一圈的轨道飞行进入日出的那一部分时，卡本特在不经意间用手锤击了一下"曙光7号"飞船舱壁的内侧，解开了格伦在上一次轨道飞行中看到的所谓的"萤火虫"的谜团。由此，出现在太空飞船外的明亮的雨点般的小颗粒——格伦所说的"萤火虫"，被证明不过是从飞船外侧震动脱落的小冰粒罢了。

一部分是因为他观看所谓的"萤火虫"分散了注意力，一部分也是因为他的飞行日程表排得太满，卡本特飞过了原计划所定的重返标识而溅落到了超过计划所定着陆点约400千米的大西洋中。在飞船的减速火箭点火以后，美国戈达德航天中心（Goddard Space Flight Center）的计算机成功地预测出了飞船溅落的区域，海军舰艇和飞机被迅速调集并赶往波多黎各东北约200千米的新的降落点。

大约在"曙光7号"飞船溅落大西洋39分钟后，一架美国海军水陆两用飞机成为第一个与飞船建立可视联系的搜救飞机。"法拉盖特号"（USS Farragut）驱逐舰是第一艘到达着陆点的水上舰艇。在水中待了差不多3小时以后，卡本特从漂浮着的"曙光7号"飞船中被解救出来并被直升机送回"无畏号"（USS Intrepid）航空母舰。宇航员没有因为这次飞行而受到有害的生理或生物医学影响。"曙光7号"飞船直到大约6个小时以后才被收回，当时"约翰·皮尔斯号"（USS John R. Pierce）驱逐舰到达溅落点，使用特殊的机上设备把飞船从大西洋上收回。

◎水星-宇宙神8号

通过绕地球轨道飞行 6 圈，宇航员沃尔特·斯基拉把美国在太空的飞行时间增加了一倍。他把"西格马 7 号"(Sigma 7)飞船降落在预定的太平洋回收区,结束了"水星-宇宙神 7 号"的飞行任务。以前所有的"水星计划"飞船都是在大西洋进行水上着陆。

"水星-宇宙神 8 号"飞行原定在 1962 年 9 月上旬发射，后被推迟了两次，以便美国国家航空航天局的工程师们有更多的时间进行飞行准备。在经过了卡本特的美中不足的重返之后,"水星计划"的飞行重点重新回到了宇宙空间的机械操作任务,而不是科学实验上来。为了突出重新恢复的对机械操作的强调重点,斯基拉将他驾驶的飞船命名为"西格马 7 号"——"Σ"代表机械和数学符号。10 月 3 日,美国国家航空航天局从卡纳维拉尔角成功地发射了斯基拉乘坐的飞船,开始了这次飞行任务。这是向西欧的电视观众首次进行现场转播［通过"电星"(Telstar)通信卫星］的飞船发射。

美国国家航空航天局的工程师们对斯基拉的"西格马 7 号"飞船进行了两处重大的改进以克服前两次运行期间遇到的困难。第一个重大改进是"水星"飞船反应控制系统的交替使用,来解除高推进力喷射器的威力,并且只有在手动操作的时候才允许使用低推进力喷射器。这个改变有助于在轨道飞行期间节省姿态控制系统的推进剂。第二个改进是增加了两根高频天线(安装在飞船的减速火箭部件上)以帮助保持整个飞行期间飞船和地面的通信联系。

这次绕地轨道 6 圈的飞行任务历时 9 小时 13 分钟,在此期间,斯基拉主要把时间花在他称之为"黑猩猩配置"(Chimp Configuration)上了。他是指一种用来检验"水星"飞船的自动驾驶仪系统的自由飘浮飞行模式——就像在 1961 年 11 月用宇航黑猩猩以挪士作为乘员进行的轨道飞行测试期间那样。斯基拉试图通过星星来给"西格马 7 号"飞船掌握方向,但他发现那样做是非常困难的。他也使用一架带有各种滤光镜的 70 毫米的哈苏(Hasselblad)摄像机从太空拍摄地球的各种画面。在他的这次飞行之后,美国国家航空航天局的科学家们开始把这些图像汇集到由宇航员搜集的地球照片目录中,与由绕地球轨道飞行的无人驾驶飞船所获得的相似的图像进行对比。

在斯基拉的飞行期间,"西格马 7 号"飞船达到了每小时 28 092 千米的最大时速和大约 283 千米的最大高度——这是"水星计划"所达到的最大高度。在完成了绕轨道 6 圈的飞行之后，"水星"飞船重返地球大气层，并溅落在中途岛（Midway Island）东北约 440 千米处的太平洋中。斯基拉把"西格玛 7 号"飞船着陆在离主回收舰艇"奇尔沙治号"（USS Kearsarge）两栖攻击舰只有 8 千米的水域，完成了他几乎成为后来飞行样本的飞行任务。

◎水星–宇宙神9号

1963 年 5 月 15—16 日，宇航员利罗伊·戈登·库伯驾驶"信心 7 号"飞船完成了绕地球 22 圈的飞行任务。他的飞行为美国第一个人类太空飞行计划画上了一个圆满的句号。由于库伯的太空飞行进行得如此顺利，所以"水星计划"的官员们决定取消原定的第七次载人飞行而继续实施由双人驾驶的宇宙飞船进行的"双子星计划"。

为了使库伯能执行长期的飞行任务，美国国家航空航天局的工程师们对"信心 7 号"飞船做了许多改动。这些改进措施包括：增加了生命保障系统配置的容量，如增加了氧气和水，增加了尿液收集装置的容量以及去除凝结装置的容量。飞船还配备了更多的姿态控制推进剂和两个容量更大的电池。在将飞船的总体质量严格控制在限定范围之内的同时，为了适应由于这些额外的设备而带来的质量上的增加，美国国家航空航天局的工程师们去掉了几个他们认为对这次飞行任务来说没有必要的背部装置。

在"水星–宇宙神 9 号"飞行任务期间，库伯成为第一位在太空睡觉的宇航员。当飞船环绕地球运行的时候，他还放出了一颗极小的微型卫星——一个用来测试宇航员在太空中视觉追踪物体能力的发光的信号灯。库伯还参加了另外一项关于视觉获取和感知力的研究，在这项研究期间，他能够确定一盏从地面射向他的强力达 4.4 万瓦的氙灯的位置。

当飞船绕地球飞行到第 19 圈时，发生了"水星–宇宙神 9 号"任务中的第一个重大故障，当时，一台能灵敏察觉飞船微重力水平细微变化的仪器指示灯错误地亮了起来。这盏灯正常情况下只有在轨道飞行进入重返大气层阶段才会亮起来。库伯立刻检查了飞船的其他仪器。绕轨道飞行的其他一切都显示正常。此外，所有"信心 7 号"飞船通过遥测装置发送给地面上飞行任务援助人员的数据都表明，库伯的飞船正在正确的轨道上运行，因此，美国国家航空航天局的飞行任务管理人员断定，那个指示灯发出的是一个错误的信号。然而，由于这台仪器的故障，美国国家航空航天局的工程师们推断，存在飞船重返大气层的自动控制系统部分或者全部失灵的可能性。因此，他们建议库伯使用手动操作模式重返大气层。他成为第一位只使用了这一种方法重返地球的宇航员。

在这次飞行期间，飞船达到了每小时 2.81 万千米的最大时速和 265 千米的最大高度。在完成了绕轨道 22 圈的飞行之后，"信心 7 号"飞船在人类驾驶员的手动控制之下重返地球大气层。库伯把飞船降落在中途岛东南约 130 千米的太平洋中。"信心 7 号"飞船溅落在距离主回收舰艇"奇尔沙治号"两栖攻击舰大约 6 千米的大洋中，证明了宇宙飞船驾驶员库伯的高超技术。

本章总结了美国国家航空航天局"双子星计划"(1964—1966)的主要活动和取得的主要成就。"双子星计划"是美国的第二个载人航天计划,也是复杂的人类太空飞行的开始。1962年1月3日,在"阿波罗计划"已经顺利开展之际,"双子星计划"被公之于众,它拓展并集中展示了"水星计划"的科技成果,并且为把美国宇航员送到月球表面的更为复杂的"阿波罗计划"在技术上铺平了道路。

"双子"在拉丁语中的意思是"孪生"。1961年末,在给飞船(及飞行计划)命名时,美国国家航空航天局的官员们挑选了"双子星座"这个名字以取代"水星"——为随后而至的能够搭载两名宇航员的"水星"飞船所起的称号。这个选择被证明是非常受欢迎的。在天文学里,双子星座是黄道带的第三个星座——一个以"北河二"["卡斯托耳"(Castor)]和"北河三"["波吕丢克斯"(Pollux)]两个双星为特征的星座。在希腊神话中,卡斯托耳和波吕丢克斯是一对不可分离的兄弟,他们答应要一起在地球上度过半生,在奥林匹斯山上与不朽的众神度过他们的后半生,一起分享永恒。

1961—1963年间发射的单人飞船并没有为"阿波罗计划"的载人登月提供足够的太空飞行经验。"双子星计划"增加了第二名太空飞行人员及一架机动的宇宙飞船。该项计划包含以下目标:验证与绕轨飞船交会对接技术、舱外活动或太空行走长时间飞行以及航天再入制导这项计划成为最初证明人类能够在太空旅行和美国宇航员有能力在月球上行走之间的必不可少的技术桥梁。美国国家航空航天局正是从这项计划中,积累了实现肯尼迪总统关于"阿波罗计划"中登月的设想所必需的大部分太空飞行经验。

"双子星计划"的前两个飞行任务是测试飞船系统的无人飞行。1965年3月23日,美国国家航空航天局在佛罗里达州卡纳维拉尔角空军基地发射了第一艘执行"双子星3号"轨道飞行任务的宇宙飞船。在1965—1966年间的20个月的时间里,共发射了10艘双人宇宙飞船,成功地将20名宇航员送上轨道,并把他们安全地送回了地球。作为最后 5 次飞行任务的一部分，"双子星"载人飞船与早已提前作为对接目标而进入轨道的无人驾驶"阿金纳"航天器（Agena Vehicles）交会对接。

与绕轨道运行的飞船进行交会对接所需的必备条件非常苛刻，导致执行"双子星飞行计划"的发射时限非常短暂。限于这样的发射时限，在"双子星计划"期间，美国国家航空航天局肯尼迪航天中心的地面支持指挥所的效率得到了显著的提高。在这次计划期间，美国国家航空航天局的官员们还决定，把人类太空飞行计划控制活动从佛罗里达州的卡纳维拉尔角迁到得克萨斯州的休斯敦。从这项计划伊始，当载人火箭从卡纳维拉尔角的发射场发射升空，美国国家航空航天局立刻将飞行控制权从佛罗里达州肯尼迪航天中心的发射人员手中移交给得克萨斯州约翰逊航天中心的航天任务控制中心的飞船飞行控制人员。

◎ "双子星"宇宙飞船

形状像一个截短了的圆锥体，"双子星"飞船不论从尺寸上还是从容量上，与"水星计划"飞船相比，都有了重大改进。"双子星"飞船全长 5.7 米，最大直径（底部）为 3 米，最大质量约为 3 820 千克，是"水星"飞船实际尺寸的放大版。然而，尽管"双子星"飞船的质量是"水星"飞船的两倍多，它仍然比较狭窄，因为乘员舱的空间只增加了 50% 多，却不得不运载两倍的人员。

"双子星"飞船由两部分组成：一个返回舱和一个对接舱。返回舱主要是容纳两名宇航员的增压舱。它是一个截短了的圆锥体，直径从底部的 2.3 米减少至顶部的 0.9 米。返回舱的顶部还盖着一个很短的液压缸（直径也为 0.9 米），然后是另一个截短了的圆锥体，它平顶处的直径减少至 0.74 米。返回舱的总高度为 3.45 米。

在返回舱的底部，一个弯曲的烧蚀热防护罩把返回舱与对接舱的减速火箭部分分隔开。在返回舱狭窄的顶部装着圆柱形的返回控制系统。工程师们把飞船的交会对接部分（包括返回降落伞）放在返回控制系统区的顶部。压力舱的容积大约是 2.3 立方米，配有两个座位（每个座位都配有紧急情况自动弹射装置）、飞船的仪表板、生命保障设备以及设备高架贮藏箱。另外，增压舱还有两个装有小窗的大舱口。每个座椅的上方都有一个舱口。两个舱口都向外开，以方便在地球上时宇航员的进出和（在某些飞行任务中）当飞船绕轨道飞行时，一名宇航员进行飞船舱外活动。

"双子星"飞船底部是对接舱。它是一个高 2.3 米，底部直径为 3 米，顶端与返回舱底部相接的直径为 2.3 米的截短了的圆锥体。对接舱由底部的设备区和顶部的减速火箭区两部分组成。设备区装有燃料和推进系统。减速火箭区有 4 个以固体推进剂为燃料的火箭发动机，用来把返回舱的宇航员从轨道送回地面。

尽管"双子星"飞船类似于一个放大版的"水星"飞船，然而两个航天器之间还是存在着一些重大差异。"水星"飞船的火箭推动逃逸塔被弹射椅所取代。作为"双子星计划"的一部分，宇航工程师们还给"双子星"飞船设计了更多的存贮空间，以满足宇航员长期飞行任务的需要。为了满足长期飞行中机上的用电需要，美国国家航空航天局的专家们还安装了燃料电池以替代电池组。

工程师们把"双子星"飞船设计得更加实用。这极大地加快了发射前地面保障活动的进行速度。例如机上的氧气、燃料和其他消耗品被装在飞船后部的对接舱里，它们在重返大气层之前被抛掉，这种设计不仅减少了飞船的熟练操作过程和增强了实用性，而且增强了飞行任务结束时的安全性，因为对接舱装载着这些消耗品在火箭着陆时因撞击会造成潜在威胁，而现在对接舱在重返大气层和溅落前就与乘员舱分离了。

"双子星"飞船比以前的"水星"飞船更具有机动性。"水星"飞船只需要在太空中改变一下方向，操纵比较简单，而如果两名宇航员要与另一架绕轨道飞行的飞船进行更精确的交会对接操作时，则需要飞船有更强的操纵能力。"双子星"宇航员不得不驾驶着宇宙飞船在它的轨道上向前、向后和偏向一边飞行，并且改变飞船的轨道。轨道交会与对接操作的复杂性和要求，需要飞船上的两名宇航员都到场。"双子星"宇航员必须得进行比"水星"飞船所需要的甚至是可能需要的更多的领航操作。"双子星"飞船是第一架携带机上计算机的飞船。这些早期的计算机系统在宇航员进行复杂的交会对接操作时，通过计算一些他们所需要的数据来起到促进作用。

"双子星"飞船在强有力的"大力神Ⅱ型"火箭的推动下上升进入轨道。轨道交会的操作目标是一枚"阿金纳"无人上级火箭，通常由一枚"宇宙神"火箭在几天前送入太空。在与"阿金纳目标飞行器"交会之后，宇航员会精确地操纵"双子星"飞船以便把机首插入"阿金纳"特殊的对接环里。

前面曾提到，"双子星"飞船有两个舱口，每个宇航员一个。这种设计使美国宇航员能够尝试首次舱外活动，这项活动的正式名称为"飞行器外活动"，但更普遍的叫法是"太空行走"。结果证明，在"双子星计划"中，这样的太空行走要比预想的

1966 年 7 月 18 日，在"双子星 10 号"飞行计划初期，二级"大力神Ⅱ型"（Titan Ⅱ）火箭从佛罗里达州的卡纳维拉尔角 9 号发射台发射升空。驾驶"双子星 10 号"飞船的宇航员是约翰·W. 杨和迈克尔·科林斯。他们将与两天前从卡纳维拉尔角 14 号发射台由"宇宙神号"火箭发射的"双子星阿金纳无人驾驶目标飞行器"成功交会对接。（美国国家航空航天局）

更加困难和具有挑战性。在宇航员爱德华·H. 怀特成功进行"双子星 4 号"飞船外的单人飞行器外活动之后，直到最后一次双子星飞行任务（"双子星 12 号"）才又一次如所计划那样顺利进行。以后会在这一章里谈论到，其他在绕轨道飞行的飞船外进行单人冒险活动的"双子星"宇航员都遇到了各种各样的问题。在执行"双子星

知识窗 ————————————————————————————————————•

阿 金 纳

"阿金纳"是一枚在 20 世纪 60 年代和 70 年代帮助执行了无数的美国军事和民用太空飞行任务的多用途上级火箭。这枚以液体推进剂为动力的火箭的特色之一,是它的引擎发动机在太空具有重启能力。美国空军原来研制"阿金纳"是用来与"雷神"(Thor)或者"宇宙神"的一级火箭联合使用。"阿金纳 A"是这个上级火箭的第一个版本,第二个版本"阿金纳 B"能携带更多燃料,并且具有能在太空中重启的引擎发动机,后来的"阿金纳 D"是统一规格的、可以为军队和美国国家航空航天局的各种有效载荷提供发射器。例如美国国家航空航天局用"宇宙神-阿金纳"运载火箭,发射大型的绕地卫星以及月球或星际航天探测器;"雷神-阿金纳"运载火箭发射科学卫星,例如轨道地球物理观测卫星(Orbiting Geophysical Observatory,缩写为 OGO)和应用卫星,如"雨云号"(Nimbus)气象卫星。在"双子星计划"中,经过改进的"阿金纳 D"可以适应空间交会对接活动的特殊要求,成为"双子星阿金纳目标飞行器"(Gemini Agena Target Vehicle,缩写为 GATV)。

在"双子星计划"的飞行任务之前,航空航天工程师们把"双子星阿金纳目标飞行器"作为"宇宙神"发射飞行器的上级火箭发射进入地球轨道。一旦它到达预定轨道,"双子星"宇航员们就用"双子星阿金纳目标飞行器"进行交会对接操作。"双子星阿金纳目标飞行器"的前部有一个"双子星"飞船的前端能够插入并且用对接闩固定的对接锥体。"双子星阿金纳目标飞行器"是一个直径为 4.9 米,长为 6 米的圆柱体。一级和二级推进系统与姿态控制气缸和主要推进剂箱一起放在目标飞行器的后端。对接锥体通过减震气阀与"双子星阿金纳目标飞行器"的前端相连。美国国家航空航天局的工程师们在飞行器的前端,安装了太空物质吸入口航行灯和飞行状态指示器,以帮助"双子星"宇航员进行轨道对接操作。在通讯方面,"双子星阿金纳目标飞行器"有一个 2.1 米长的可伸缩的 L 波段小起重杆天线,从靠近前面的圆桶形目标对接器的侧面伸出来。"双子星阿金纳目标飞行器"在跟踪和指挥方面的通讯还由 1 个交会指示灯、2 个螺旋形

> 的 L 波段天线、2 个追踪天线（C 波　　　1 个 UHF 控制天线来辅助完成。
>
> 段和 S 波段）、2 个 VHF 遥测天线和

计划"的长期飞行任务时，宇航员必须学会在拥挤的舱内睡觉和进行舱内事务管理工作，而事实证明，这两个新的人类太空飞行经历都是很困难的。

◎ "双子星3号"飞行任务

"双子星计划"的首次载人飞行任务是"双子星 3 号"计划。执行这项飞行计划的飞船，于 1965 年 3 月 23 日上午 9 点 24 分由一枚"大力神Ⅱ型"运载火箭从卡纳维拉尔角空军基地的 19 号发射台发射升空。"大力神Ⅱ型"火箭将 3 237 千克重的"双子星 3 号"飞船送入近地点 161 千米，远地点 224 千米，轨道倾角 32.6°，运行周期为 88.3 分钟的轨道。宇航员维吉尔·格里森作为这艘宇宙飞船的指挥官执行这次飞行任务，而宇航员约翰·W.杨则担任飞行员。

格里森引用了红极一时的百老汇剧目《琼楼飞燕》（*The Unsinkable Molly Brown*）给"双子星 3 号"起了一个昵称"莫莉·布朗"（Molly Brown）。通过这个名字，他以一种幽默的方式暗指在第二次"水星计划"亚轨道飞行结束时所发生的事情，当时他的"自由钟 7 号"飞船被吹掉了一个舱口，在溅落以后沉入了海底。格里森也在暗示，在这次"双子星计划"的飞行任务结束时不会再重蹈覆辙（作为一个历史性的标记，美国国家航空航天局用罗马数字为"双子星计划"中所有连续的飞行编号，然后用这些罗马编号作为飞船的名字，如"双子星 4 号"飞船。然而，为了清楚和编辑的连贯性起见，本书中使用阿拉伯数字来给双子星飞船编号——这实际上与在美国国家航空航天局的几个当代的数据库和报告中所发现的记录方式是一致的）。

这次飞行任务有几个主要目标，其中最重要的任务是检测和验证美国国家航空航天局的新型双人飞船是否合格。其他的目标包括：检验一下世界范围内的网络追踪系统，飞船的轨道飞行姿态和操作系统，回收过程以及受控重返大气层和（海洋）着陆活动。格里森和杨乘坐"双子星 3 号"飞船完成了 3 次受控绕地轨道飞行任务，然后在第二次绕轨道飞行结束时进行了一次手工操作的重返大气层活动。

大约 19 分钟以后，飞船溅落在大特克斯岛附近的大西洋中。因为飞船在重返大气层期间受到了比预计少的升力，"双子星 3 号"飞船在距离目标地点约 111 千米的地方着陆。这次海洋着陆发生的时间是 3 月 23 日下午 2 点 16 分（美国东部标准时间）。在等待从海里被捞出的过程中，两名宇航员都晕船了。大约在下午 3 点钟（美国东部标准时间）的时候，他们决定脱掉宇航服从正在波涛中剧烈地上下晃动的飞船中爬出来。大约 30 分钟后，一架直升机将宇航员救起，并送往回收船"无畏号"航母。初步的飞行后的体检显示，格里森和杨身体状况良好。当天下午，"双子星 3 号"飞船也被从洋面回收回来。美国国家航空航天局记录"双子星 3 号"飞行任务的绕轨道飞行时间是 4 小时 53 分钟。因为实现了所有主要的目标（除了精确重返和着陆），美国国家航空航天局认为"双子星"飞船的第一次载人飞行是成功的。尽管在重返大气层期间，飞船应该有足够的升力来帮助精确着陆，然而飞行前的风洞预测与实际完全不符。

◎ "双子星4号"飞行任务

"双子星 4 号"任务（美国国家航空航天局也将其编号为"双子星 IV"）是"双子星计划"的第二次载人飞行。宇航员詹姆斯 · A.麦克迪维特（James A. McDivitt）担任飞船的指挥官，宇航员爱德华 · H.怀特是飞行员。3 574 千克重的"双子星 4 号"飞船由一枚"大力神 II 型"运载火箭于 1966 年 6 月 3 日上午 10 点 16 分从卡纳维拉尔角空军基地的 19 号发射区发射升空。"大力神 II 型"将"双子星 4 号"飞船送入近地点 162 千米，远地点 282 千米，倾角 32.5°，运行周期为 88.9 分钟的绕地轨道。

"双子星 4 号"飞船飞行任务有几个主要目标：评估长期的太空飞行生活对人产生的影响；判断飞船及其分系统在更长的飞行时间里（为期 4 天）的运行情况；评定宇航员休息和工作流程、饮食时间安排和实时飞行计划。这次飞行任务还有两个次要的目的：由一名美国宇航员进行第一次飞行器外活动和进行第一次轨道对接的尝试，在这次尝试中以"大力神 II 型"的二级火箭为对接目标，然后开展空间站的维护工作。

入轨之后，宇航员将飞船的轨道高度提升，试图与"大力神 II 型"火箭的二级火箭对接。但是当麦克迪维特和怀特将他们的飞船插向轨道对接目标时，"双子星 4

号"飞船却跑到了更远的地方。在宇航员将大约 42% 的飞船推进剂补给抛掉之后，在第二圈飞行刚开始，这种对接和空间站维护活动就被取消了。尽管尝试失败，美国国家航空航天局的工程师和飞行任务计划人员却获得了关于轨道运行机制的重要的经验教训。在随后的对接任务中，负责追逐任务的飞船宇航员要先下降到一个较低的更快的轨道，然后在适当的时机，将追逐机提升到一个目标所在的更高的轨道高度。

在"双子星 4 号"飞行任务中，接下来的活动则要顺利和壮观得多。大约下午 2 点 33 分，宇航员怀特穿上特制的衣服，将他的宇航服增压到 25.5 千帕斯卡。然后麦克迪维特（也穿着宇航服）将乘员舱增压。1 秒钟之内，怀特打开了他的舱口，两秒钟之后，他站了起来，离开了"双子星 4 号"飞船，成为首位进行飞行器外活动的美国宇航员。怀特使用一个手持式气枪来帮助他在太空行走。他借助一根 8 米长的管缆与飞船连在一起。在气枪的推进剂用完（大约在太空行走进行了 3 分钟）之后，怀特拽住管缆，蜷曲起身体围绕着"双子星 4 号"飞船在太空中进行着谨慎而熟练的操作。这次具有历史意义的飞行器外活动持续了 23 分钟，之后，怀特拽着管缆回到了飞船内。他在关闭舱口时遇到了困难，但是最后与麦克迪维特一起努力，终于把它关好了。在太空行走之后，宇航员再次给船舱增压。然后在接下来的 30 个小时，他们让飞船在飘浮的状态下飞行以节约推进剂。

在绕轨道飞行到第 48 圈时，飞船的计算机出现了故障，使得无法进行原计划由计算机控制的重返大气层活动。因而，在开始第 62 圈的飞行时，宇航员开始进行弹道重返——与在"水星计划"中所使用的重返步骤类似。16 分钟后（在中午 12 点 12 分），"双子星 4 号"飞船溅落在大西洋西部附近。当飞船撞向水面时，它离计划中的撞击点只有 81 千米远。一架直升机很快找到麦克迪维特和怀特，并将他们送到"黄蜂号"（USS Wasp）航空母舰。大约 1 个小时后，"双子星 4 号"飞船也被成功回收。除了与"大力神 II 型"火箭的二级火箭对接和计算机控制下的重返大气层之外，"双子星 4 号"飞行完成了它所有的主要任务。宇航员在 97 小时 56 分钟的轨道飞行中还开展了几项试验。这次飞行大大增强了航天航空医学专家们对人类能够在长时间的太空生活中活下来并保持正常的身体功能的信心，使"阿波罗计划"朝现实又迈进了一步。

　　1965 年 6 月 3 日，宇航员爱德华 · 怀特成为第一个踏出绕轨道飞行的飞船外进行太空行走的美国人。怀特拴在一根 7 米长的管缆上，在"双子星 4 号"飞船外足足飘荡了 22 分钟。为了在飘浮太空时迅速而熟练地操作，他使用了一种手持式"自制手枪"——一个正式名称为手握式自行操作装置的小型推进装置。怀特的旅行伙伴——宇航员詹姆斯 · 麦克迪维特从"双子星 4 号"飞船内拍摄下了这具有历史意义的飞行器外活动。（美国国家航空航天局）

◎ "双子星5号"飞行任务

　　"双子星 5 号"飞行任务（美国国家航空航天局也编号为"双子星 V"）是"双子星计划"的第三次载人飞行。宇航员利罗伊 · 戈登 · 库伯担任飞船指挥官，宇航员查尔斯·皮特·康拉德任飞行员。"双子星5号"飞船于1965年8月21日上午8点59分由一枚"大力神Ⅱ型"火箭从卡纳维拉尔角空军基地19号发射台发射升空。"大力神Ⅱ型"火箭将3 605千克重的"双子星5号"飞船送入近地点162千米、远地点350千米，倾角32.6°，运行周期为89.6分钟的轨道上。

"双子星5号"有几个主要的目标：检测飞船承担对接和地面控制重返任务的导航和驾驶系统；证明长期（8天）载人飞行的可行性；评估长期置身于微重力环境中对人所产生的影响；检验飞船新的燃料电池动力系统以及轨道对接的能力和使用雷达鉴定器（Radar Evaluation Pod，缩写为REP）进行操作的情况。雷达鉴定器是一个34.5千克、计划在以后飞行任务中使用的"双子星阿金纳目标飞行器"的光电复制品。

在第二圈飞行期间（大约发射升空后的2个小时），宇航员抛掉了雷达鉴定器。在开始飞船对接系统的评定大约36分钟时，库伯和康拉德注意到燃料电池的氧气供应箱内的压力在下降。尽管箱内的压力仍在许可的最小范围以内，美国国家航空航天局飞行指挥人员还是指示宇航员取消雷达鉴定器操作并且减少飞船的动力消耗。在约翰逊航天中心的工程师们分析了燃料电池出现的问题以后，美国国家航空航天局飞行任务控制装置指示宇航员开始执行增加飞船动力消耗的程序。当飞船绕地飞行第七圈时，这个程序开始操作。在余下的飞行任务中，燃料电池内的压力缓慢上升，可以为余下的飞行任务提供足够的动力。正如在许多今后的载人飞行当中都会发生的那样，如果飞船遇到控制装置方面的问题，美国国家航空航天局的地面人员就会对相同的飞行任务控制装置进行分析和监测，找出问题，然后飞行任务控制装置向在空间旅行的宇航员发送修理或逐步解决的程序。逐步解决程序是剔除或回避硬件或软件问题，使得飞行任务能够继续进行——有时是按一种降低了的标准进行活动和操作。

在进入太空的第2天（在轨道飞行第14圈时），宇航员进行了对接雷达测试，随后在第3天与一个虚拟的"阿金纳号"飞行器模拟对接。在飞行进行到第120圈时（在8月29日），宇航员发射了飞船的减速火箭（由于受到预定降落区域附近热带风暴的威胁，点火发射程序提前了一个轨道周期进行）。大约28分钟以后，"双子星5号"飞船溅落在离预定目标区域还差大约169千米的大西洋西部。这差的一段着陆距离是由于以地面为基地的计算机程序出了错误。不到90分钟，宇航员库伯和康拉德就安全地登上回收舰艇"张伯伦湖号"航空母舰。大约两小时后,"双子星 5 号"飞船也被回收了。

在执行"双子星 5 号"飞行任务期间,库伯和康拉德在太空中旅行了 190 小时 55 分钟。这次飞行任务的一个重要成果就是证明了人类的身体机能能够适应长期的微重力环境,并且能够再重新适应正常的(地球)重力环境。除了与雷达鉴定器进行轨道对接,所有其他主要的飞行目标也都完成了。

◎ "双子星6A号"飞行任务

"双子星 6A 号"飞行任务(美国国家航空航天局也称之为"双子星 VI-A")是"双子星计划"的第五次载人绕地轨道飞行。美国国家航空航天局在"双子星 7 号"飞船已经进入轨道之后,于 1965 年 12 月 15 日将"双子星 6A 号"飞船发射升空,这样两艘飞船就能够在太空对接并且进行非常接近的轨道飞行。

"双子星 6 号"飞船原定于 1965 年 10 月 25 日发射,但是在发射前 101 分钟被取消了,当时计划中的"双子星 6 号阿金纳目标飞行器"(Vehicle GATV 5002)在空中爆炸消失。美国国家航空航天局决定重新安排"双子星 6 号"飞行任务(重新命名为"双子星 6A 号"飞行任务)的日程并把"双子星 7 号"飞船作为绕轨道飞行的合作目标,以便进行轨道对接和空间站的维护工作。

1965 年 10 月 25 日,美国国家航空航天局用"宇宙神-阿金纳 D 发射器"从卡纳维拉尔角将"双子星 6 号阿金纳目标飞行器"发射升空。在发射升空并且穿过大气层之后,"阿金纳目标飞行器"顺利地与"宇宙神号"火箭分离,所有的遥测

1965 年 12 月 15 日,美国宇航员成功完成了两艘载人宇宙飞船的第一次轨道对接任务。这幅照片是从"双子星 7 号"飞船上拍摄的。图片显示,"双子星 6A 号"飞船正处于地球上空 257 千米的轨道上。一旦编队,两艘飞船就彼此围绕着飞行。两者间保持着 0.31 米之内的间距并且不发生船体接触。这两艘飞船保持了 5 个小时的近距离飞行,对"双子星计划"的主要目标之一——轨道对接做了明确的验证。(美国国家航空航天局)

装置的信号都显示正常。然而在进入飞行状态 376 秒钟的时候，当"阿金纳目标飞行器"试图启动它的初级推进器系统完成入轨任务时，飞行器的遥测装置和雷达指示灯信号停了。所有试图用地面雷达系统与飞行器联系或实施追踪的努力都失败了。就在与"阿金纳目标飞行器"失去联系之前，遥测装置显示，在飞行器的液体燃料箱内的压力明显上升。不久，美国空军雷达系统报告，在本该是"阿金纳目标飞行器"在太空所处的位置上发现了至少 5 片残骸。显然"双子星 6 号阿金纳目标飞行器"是在太空爆炸了，就在宇航员即将被送入太空的几分钟前，美国国家航空航天局的官员们立即取消了"双子星 6 号"飞船的发射。

但是"双子星 6A"飞行任务的传奇故事才刚刚开始。美国国家航空航天局将"双子星 6A 号"飞船的发射重新安排在 1965 年 12 月 12 日。宇航员沃尔特·斯基拉担任飞船的指挥官，宇航员托马斯·P. 斯塔福（Thomas P. Stafford）担任飞行员。但是因为一根电动脐带式管缆过早地飞离开，在发动机点火后一秒钟的时候，他们在发射中途失败了。斯基拉和斯塔福依然保持镇静，并没有从加满了燃料的"大力神 II 型"火箭中弹射出来。后来，斯基拉报告说，即使倒数时钟在嘀嗒作响，他也并没有启动紧急弹射装置，因为他没有感到飞行器在运动，并且他相信自己的感觉，相信所受过的训练以及自己的判断。他的做法是正确的，他的坚定举动使"双子星计划"免于一次重大的延误。3 天以后，这两名勇敢的宇航员正是从同一艘"大力神 II 型"火箭发射器上完美地飞入轨道。

1965 年 12 月 15 日上午 8 点 37 分，"双子星 6A"飞船由"大力神 II 型"火箭从卡纳维拉尔角空军基地 19 号发射台发射升空。"大力神 II 型"将 3 545 千克重的"双子星 6A 号"飞船送入近地点 161 千米，远地点 259 千米，飞行周期 89.6 分钟的地球轨道，轨道倾角为 28.9°。当载着斯基拉和斯塔福的"双子星 6A 号"飞船到达轨道高度时，它追踪了载着宇航员弗兰克·博尔曼和詹姆斯·亚瑟·洛威尔的"双子星 7 号"宇宙飞船 1 900 千米。然后斯基拉和斯塔福进行了 4 次主要的推力点火，"双子星 6A 号"飞船开始追上了"双子星 7 号"飞船。在最后一次刹闸减速之后，两艘飞船完成了对接，并且以 110 米的距离保持了零相对运动。

空间站的维护工作进行了 5 小时 19 分钟。两艘飞船在一点处保持彼此间不超过 0.3 米的距离，但是不能发生船体接触。在这近距离的操作过程中，两艘"双子星"飞船彼此环绕，4 名宇航员（"双子星 6A 号"和"双子星 7 号"飞船上的宇航员）参加了精确编队的飞行行动。在这些空间维护操作结束的时候,"双子星 6A 号"飞船上的宇航员启动推动器,飞离到距"双子星 7 号"飞船约 50 千米的位置。

12 月 16 日,在第 15 个飞行周期快结束的时候,斯基拉和斯塔福发射了"双子星 6A 号"飞船的减速火箭,大约 35 分钟后,两名宇航员成功地溅落在离预定降落位置只有 13 千米的大西洋中。这是美国载人飞行计划中第一次成功地重返预定地点。"双子星 6A 号"飞船及宇航员从海水中被捞出,并被安全地送到"黄蜂号"航空母舰。这两名宇航员在轨道上的飞行记录达到 25 小时 51 分,并且参加验证一次重要的轨道对接活动和太空站维护工作。

◎ "双子星7号"飞行任务

"双子星 7 号"飞行任务(美国国家航空航天局也编号为"双子星 VII")是"双子星计划"的第四次载人飞行任务。宇航员弗兰克·博尔曼担任飞船指挥官,宇航员詹姆斯·亚瑟·洛威尔担任飞行员。"双子星 7 号"飞船于 1965 年 12 月 4 日下午 2 点 30 分由"大力神 II 型"火箭从卡纳维拉尔角空军基地 19 号发射台发射升空。前面已经解释过,实际上,"双子星 7 号"飞船先于"双子星 6 号"飞船发射,并且在交会时充当目标飞船的合适的替代飞船。"大力神 II 型"火箭将 3 663 千克重的"双子星 7 号"飞船送入近地点 161.6 千米,远地点 328 千米,运行周期为 89.6 分钟,倾角为 28.9° 的地球轨道。

与二级发射器分离后,"双子星 7 号"飞船的宇航员立刻开始对已耗尽燃料的"大力神 II 型"火箭进行空间站的维护工作,空间站的维护活动持续了 17 分钟,在此期间,博尔曼和洛威尔使他们的飞船与"大力神 II 型"火箭保持在 6 米到 80 千米的距离。在进行第 3 圈轨道飞行的时候,宇航员发动推进器,将近地点由 161 千米提升到 230 千米。这项操作确保了他们飞船的绕轨道飞行时间至少达到 15 天。

"双子星 7 号"飞行任务有几个主要目标:第一个目标是进行 14 天的绕轨道飞行,并且评估这样长时间的飞行对飞行员所产生的影响;第二个目标是在对接时充当"双子星 6A 号"飞船的交会目标;第三个目标是检验一下在长期的飞行条件下,一种新型的轻便加压服的使用性能。

12 月 6 日,在开始执行飞行任务大约 45 小时以后,宇航员洛威尔脱掉了他的宇航服来体验和评定"双子星"飞船的加压乘员舱内的自然环境。当执行了约 140 小时的飞行任务（在 12 月 9 日）时，洛威尔又穿上了宇航服。随后宇航员博尔曼脱掉了宇航服来评定舱内的自然环境。20 小时以后洛威尔又一次脱掉了宇航服，除了在与"双子星 6A 号"飞船进行交会和重返大气层期间，两名宇航员在完成余下的飞行任务时都没有穿宇航服。

"双子星 6A 号"飞船于 12 月 15 日发射升空，很快就追上了"双子星 7 号"飞船，完成了交会，并且开始空间站的维护工作。在下午 2 点 33 分（12 月 15 日），两艘飞船在彼此间相对零运动的状态下飞行了 110 米。接下来的 5 小时 19 分，每艘飞船上的两名宇航员都轮流驾驶。当绕地球轨道飞行了 3 圈半时，"双子星 6A 号"飞船发动了推进器，并且飞到了离"双子星 7 号"飞船大约 50 千米的轨道位置，此时"双子星 7 号"飞船正处于一种飘浮飞行状态，使博尔曼和洛威尔可以有一段睡眠时间。12 月 16 日，"双子星 6A 号"飞船的宇航员返回地面，"双子星 7 号"的宇航员则继续他们长期的太空飞行。

12 月 18 日，博尔曼和洛威尔在第 208 圈绕轨道飞行结束时，发射了飞船的减速火箭并启动了重返程序。大约 37 分钟后，他们顺利溅落在百慕大西南的大西洋中。"双子星 7 号"飞船的溅落点离目标地点只有 12.2 千米。宇航员博尔曼和洛威尔很快被直升机从大洋中找回并送到"黄蜂号"航空母舰。大约 1 个小时后，"双子星 7 号"飞船也被回收。宇航员在轨道上累计飞行了 330 小时 35 分钟，专家们宣布，在两周的飞行之后，他们的身体状况要比预期的好。这次飞行是"双子星计划"和"阿波罗计划"载人飞行任务中飞行时间最长的。下一章会提到"阿波罗计划"中飞行时长最长的"阿波罗 17 号"飞行任务飞行时长不超过 302 小时，其中包含登月活动的时间。

◎ "双子星8号"飞行任务

"双子星 8 号"飞行任务（美国国家航空航天局也将其编号为"双子星Ⅷ"）是"双子星计划"的第六次载人飞行。宇航员尼尔·阿姆斯特朗担任飞船的指挥官，宇航员大卫·司各特（David R. Scott）担任飞行员。1966 年 3 月 16 日上午 10 点 41 分，"双子星 8 号"飞船由一枚"大力神Ⅱ型"火箭从卡纳维拉尔角空军基地 19 号发射台发射升空。"大力神Ⅱ型"火箭将 3 789 千克重的"双子星 8 号"飞船送入近地点 160 千米，远地点 272 千米，飞行周期 88.8 分钟，倾角为 28.9° 的地球轨道。"双子星8号"飞行任务的主要目标是与"阿金纳目标飞行器"进行交会对接试验。宇航员司各特还要进行一次飞行器外活动。

1966年3月16日，大约在"双子星8号"飞船预定发射前100分钟，美国国家航空航天局用一枚"宇宙神"火箭从卡纳维拉尔角发射了"双子星8号阿金纳目标飞行器"。按照计划，这艘双子星无人目标飞行器进入了一个近乎圆形的300千米高的绕地轨道，等待着"双子星8号"载人宇宙飞船的到来。

从卡纳维拉尔角发射以后，在接下来的6个多小时里，"双子星8号"飞船进行了与"双子星8号阿金纳目标飞行器"交会的操作。交会阶段以两艘飞船相隔约45米并保持相对零运动而结束。阿姆斯特朗和司各特进行了大约30分钟的空间站维护和其他的操作。然后，在第5圈飞行期间，宇航员小心地将"双子星8号"飞船导向"阿金纳目标飞行器"，完成了第一次轨道对接。但是，这成功的一刻很快就变得险象环生，要不是宇航员的迅速行动，差一点就以悲剧告终。

在对接后大约27分钟，连接在一起的飞船开始不停地旋转。对于这种不寻常的情况，宇航员们在约翰逊航天中心的模拟装置中并没有训练到。凭借着全部的飞行经验，宇航员立即退出与"阿金纳目标飞行器"的对接。然而，问题并没有得到解决，相反，变得更加突出和严重。很快，"双子星8号"飞船旋转和颠簸得甚至更快了，达到大约每秒钟一转的速度，使得阿姆斯特朗和司各特开始感到头晕目眩。再过几秒钟他们就会昏厥过去，阿姆斯特朗和司各特意识到，一个高度控制推进器在不断地点火发动，但是，他们无法确定是哪个推进器出了问题（后来确定是8号旋转推进器）。为了活命，宇航员背水一战，他们关闭了整个轨道姿态和操控系统，然后，发动了构成飞船重返控制系统（RCS）的所有16个推进器，来减弱飞船剧烈的颠簸。他们的机智起了作用，飞船重返控制系统使原先失去控制的飞船平稳了下来。

但是这个救命的决定也让他们付出了代价。为了稳定飞船的错误运动，飞船重返控制系统推进器消耗掉了75%的火箭燃料供给。由于过早地使用了重返控制系统，美国国家航空航天局飞行安全条例要求宇航员立即着陆。任何与"双子星8号阿金纳目标飞行器"进一步对接的操作和原计划中司各特的太空行走都被取消了。在进入第7圈轨道飞行的时候，阿姆斯特朗和司各特再一次发动飞船重返控制系统推进器，这次启动了强制性紧急重返程序。大约37分钟后，"双子星8号"飞船安全地溅落在冲绳岛（Okinawa）以西约800千米的太平洋中。尽管启动了紧急重返程序，宇航员还是在离目标地点大约 2 千米的水域着陆。几分钟之内，美国空军人员从一架 C-54 救援机上跳伞空降到这片水域，在飞船周围放置了安全环状浮袋。3 个小时后，"梅森号"（USS Mason）导弹驱逐舰救起了 2 名宇航员。阿姆斯特朗和司各特感到阵阵恶心并且非常沮丧，但是他们毕竟还活着，还可以继续积极投身于太空计划中去。尽管阿姆斯特朗和司各特在这次危险的飞行任务中只在太空中旅行了 10 小时 41 分钟，但是，在短短几年间，他们都在不同的"阿波罗计划"的飞行任务中成为月球漫步者。

"双子星 8 号"宇宙飞船也被从大洋中回收回来。美国国家航空航天局对这次几乎是灾难性的飞行任务进行总体调查，发现"双子星 8 号"飞船的剧烈颠簸是由于 8 号旋转推进器不断地点火发动造成的。为什么这台推进器会出现这样的错误还是一个谜。显然，这台推进器在用来对接"双子星 8 号"和"双子星阿金纳目标飞行器"时发生了短路，并且卡在那里一直开着。由于不停地发动点火，这台推进器使连接在一起的飞行器发生旋转，一旦"双子星 8 号"飞船退出对接，就会使它产生更快、更剧烈的旋转和颠簸。在宇航员把"双子星 8 号"飞船退出与"阿金纳目标飞行器"的对接之后，地面控制人员成功地对"双子星 8 号阿金纳目标飞行器"进行了进一步的测试，然后，将目标飞行器停在一个近似圆形的 380 千米高的地球轨道上。"双子星 10 号"宇宙飞船的宇航员将在 1966 年 7 月以"双子星 8 号阿金纳目标飞行器"作为一个对接目标。

◎ "双子星9A号"飞行任务

"双子星 9A 号"飞行任务（也被美国国家航空航天局编号为"双子星 IX-A"）是"双子星计划"的第七次载人飞行任务。宇航员托马斯·斯塔福担任飞行指挥官，宇航员尤金·A.塞尔南（Eugene A. Cernan）担任飞行员。美国国家航空航天局本来计划在 1966 年 5 月 17 日进行这项任务的发射，当时把它称为"双子星 9 号"飞行任务。但是在发射当天早些时候，一个推进器出现故障而导致"阿金纳目标飞行器"没能完成轨道飞行任务，美国国家航空航天局不得不推迟了发射。6 月 1 日，一个名为"加力目标对接接合器"（Augmented Target Docking Adapter，缩写为 ATDA）的替代对接飞行器从卡纳维拉尔角成功发射。然而，当"加力目标对接接合器"到达轨道以后，遥测结果显示，防护罩没能被正常抛掉，使得任何试图与这个出了毛病的目标飞行器进行对接的努力都将是徒劳的。因此,美国国家航空航天局的任务策划人员修改了已经被推迟了一次的"双子星9A号"飞行任务的目标,去掉了对接任务。尽管"双子星9A号"宇宙飞船准备在6月1日发射,但是由于在发射中至关重要的地面保障设备出了问题,这次飞行一直被推迟到6月3日。

"双子星9A号"宇宙飞船终于在1966年6月3日上午8点39分从卡纳维拉尔角空军基地发射台由一枚"大力神Ⅱ型"火箭发射升空。"大力神Ⅱ型"火箭将3 750千克重的宇宙飞船送入到近地点159千米,远地点267千米,运行周期为88.8分钟,倾角为28.9°的轨道中。现在"双子星9A号"飞行任务的主要目标是与"加力目标对接接合器"进行交会,并且验证模拟计划在"阿波罗计划"期间进行的操作。宇航员塞尔南将进行一次飞行器外活动,验证"宇航员机动器"(Astronaut Maneuvering Unit,缩写为AMU)的使用情况。

在发射后,当绕地球轨道飞行到第3圈时,"双子星9A号"宇宙飞船到达了距离"加力目标对接接合器"不到8米远的地方与其成功交会。宇航员证实,"加力目标对接接合器"的防护罩没有被抛掉,用宇航员斯塔福德的话来说,这使它看起来像一只"愤怒的短吻鳄"。既然与出了毛病的"加力目标对接接合器"对接已经没有可能,宇航员就进行了几次被动的交会操作,包括一次与提升后的宇宙飞船进行的交会操作,这次操作模拟的是在中止月球飞行后,一艘"阿波罗号"指挥舱与一艘月球旅行舱的交会操作。

6月5日,宇航员对飞船乘员舱进行了减压,塞尔南打开舱门,开始了飞船舱外活动,在此期间将包括测试"宇航员机动器"。69千克重的火箭驱动的背包装置安装在"双子星9A号"宇宙飞船对接器的后部。"宇航员机动器"具有一个装配式座椅、45米长的尼龙绳、手动和自动稳定系统、独立的生命保障系统、通信系统以及遥测系统。"宇航员机动器"推进系统由12个小型助推器构成,它安装在各个角上,并且使用过氧化氢作为燃料。按照美国国家航空航天局的飞行任务制定人员有点不切实际的设想,进行太空行走的宇航员将到乘员舱外旅行,并且拿到装置在宇宙飞船末端的"宇航员机动器"背包,然后,宇航员穿戴上这个"宇航员机动器"背包,在使用"宇航员机动器"之前将氧气供给管和与它连在一起的8米长的管缆(从舱中伸出的)分开。在理论上,这是顺利进展的情形。

上午10点2分,塞尔南打开舱门,离开了"双子星9A号"宇宙飞船。为了在这次太空行走中的安全起见，他与 8 米长的管缆以及一根宇宙飞船的氧气管连在一起。在飞船外，他先收回了一个"陨石微粒影响探测器"（Micrometeorite Impact Detector）。但是当安全管缆伸展到最长长度时，他很快就在进行操作和保持方向上遇到了巨大的困难。在拍摄了几张伸开后的管缆的照片后，塞尔南移动到安装在飞船背部的"宇航员机动器"。戴上这个装备需要花费预计的 5 倍的工作量，由于身体活动超出了宇航员的环境控制系统的承受能力，以至于他的宇航服保护罩因为雾气变得模糊不清，严重地限制了他的可见度。而且，"宇航员机动器"的通信系统失灵，发送了错误的信号传输。飞船指挥官斯塔福德确定出现了问题，立即决定取消这次飞行器舱外活动，将塞尔南召回到宇宙飞船的船舱内。下午 12 点 5 分，塞尔南重新回到"双子星 9A 号"宇宙飞船，5 分钟后，宇航员关上舱口，重新给舱内增压。尽管遇到了这些困难，塞尔南还是进行了历时 128 分钟的太空行走，这对人类早期的太空飞行来说是一次伟大的壮举。

在第 45 圈的飞行结束时（6 月 6 日），宇航员通过对飞船的重返控制系统的推进器进行点火启动了重返程序。大约 34 分钟后，他们平安地溅落在卡纳维拉尔角以东 550 千米的大西洋中。在这次精确重返的成功范例中，"双子星 9A 号"飞船降落在离目标地点仅 0.7 千米的大洋中。宇航员离回收船如此近，所以他们待在飞船内，连同飞船一起被带到"黄蜂号"航空母舰上。在"双子星计划"的这次飞行任务中，斯塔福德和塞尔南在太空中总计飞行了 72 小时 21 分钟。由于塞尔南在"宇航员机动器"方面遇到的困难，美国国家航空航天局决定不再在太空中测试飞行器舱外活动的移动装置，直到 20 世纪 70 年代的"天空实验室"计划才又重新开始。

◎ "双子星10号"飞行任务

"双子星 10 号"飞行任务（美国国家航空航天局也将其编号为"双子星 X"）是"双子星计划"的第八次载人飞行。宇航员约翰·W. 杨担任飞船的指挥官，宇航员迈克尔·科林斯担任飞行员。

1966 年 7 月 18 日下午 5 点 20 分，"双子星 10 号"飞船由一枚"大力神 II 型"火箭从卡纳维拉尔角空军基地第 19 号发射台发射升空。"大力神 II 型"火箭把 3 763 千克重的宇宙飞船送入近地点 160 千米，远地点 269 千米，飞行周期 88.8 分钟，倾角为 28.9°的地球轨道。"双子星 10 号"飞行任务的主要目标是与"双子星 10 号阿金纳目标飞行器"（GATV 10）进行轨道交会对接试验。这次飞行任务的其他主要目标，还包括进行飞行器舱外活动和与"双子星 8 号阿金纳目标飞行器"交会，"双子星 8 号"匆忙结束了飞行任务后，停在轨道上正处于休眠状态。

1966 年 7 月 18 日，美国国家航空航天局用一枚"宇宙神号"火箭从卡纳维拉尔角 19 号发射台成功地将"双子星 10 号阿金纳目标飞行器"发射升空。发射之后，"双子星 10 号阿金纳目标飞行器"进入一个高度为 330 千米的近乎圆形的地球轨道。大约在"双子星 10 号"宇宙飞船发射后 100 分钟，在进行第 4 圈绕地轨道飞行时，与"双子星 10 号阿金纳目标飞行器"进行了交会。20 分钟后对接成功。由于在"双子星 10 号"飞船的初始轨道上出现了一个飞船外的故障，宇航员不得不用大约 60% 的飞船燃料进行交会。使用推进剂的消耗量大约是计划数量的两倍。结果，美国国家航空航天局的管理人员不得不修改飞行任务计划并且取消了几次对接操作。

为了节省推进剂，宇航员在接下来的 39 小时里，使"双子星 10 号"飞船与"双子星 10 号阿金纳目标飞行器"保持对接状态，并使用"阿金纳"飞行器的推进系统来进行必要的轨道操作。第一次成功地证明了，可以使用加了燃料的宇宙飞船来移动对接后的航天器的相对位置。7 月 18 日，宇航员用"双子星 10 号阿金纳目标飞行器"的主要推进系统进行了 14 秒的发射，将对接后的宇宙飞行器相对位置的远地点提高到 764 千米。"双子星 10 号阿金纳目标飞行器"推进系统的另一次点火发射（7 月 19 日）把结合在一起的"双子星 10 号"飞船和"双子星 10 号阿金纳目标飞行器"带入与执行"双子星 8 号"飞行任务的已经能源耗尽的"双子星 8 号阿金纳目标飞行器"相同的轨道。

7 月 19 日，宇航员科林斯进行首次飞行器外活动，他打开舱口，站立了大约 3 分钟，利用紫外线拍摄太空。当这次飞行器外活动还在进行中时，科林斯和杨都开始受到强烈的眼部刺激。杨命令取消这次飞行器外活动。科林斯返回到"双子星 10 号"飞船并且关闭了舱口，然后，宇航员用高流速的氧气净化环境控制系统消除了莫名的眼部刺激。

"双子星 10 号"飞船与"双子星 10 号阿金纳目标飞行器"分离，并在 7 月 20 日启动了一系列的推进操作程序，使得载人飞船与飘浮着的、处于休眠状态的"双子星 8 号阿金纳目标飞行器"，保持在 15 米之内的距离。当天稍晚些时候，科林斯进行第二次出舱活动。在这次雄心勃勃的太空行走中，他系着管缆，离开"双子星

"10号"宇宙飞船，飘到被遗弃的"双子星8号阿金纳目标飞行器"。尽管由于在"阿金纳目标飞行器"上缺少手握支点而造成了一些困难，但是，科林斯还是成功收回了安装在飞行器外部的陨石微粒探测部件。但是，当他正要飘回到"双子星10号"飞船时，不知怎么地把他的照相机弄丢了，显然是相机松了，然后飘走了。科林斯还回收了一个安装在飞行器外部的陨石微粒试验装置。当他试图回到乘员舱时，这个试验装置也从宇航员身边飘走了。宇航员将"双子星10号"飞船从"双子星8号阿金纳目标飞行器"旁移开，并且又把几个物品投弃到太空中来为重返做准备。

7月21日，当他们进行第43圈的地球轨道飞行时，杨和科林斯发射了"双子星10号"宇宙飞船的减速火箭，并启动了重返程序。大约37分钟后，宇航员安全地溅落在卡纳维拉尔角以东875千米的大西洋中。他们降落在离预定目标地点仅仅6.3千米的大洋中，然后由直升机送到"瓜达尔卡纳尔号"（USS Guadal Canal）回收舰艇。在这次"双子星10号"飞行任务中，杨和科林斯在太空中总共飞行了70小时47分钟。

◎ "双子星11号"飞行任务

"双子星11号"飞行任务（美国国家航空航天局也把它编号为"双子星XI"）是"双子星计划"的第九次载人飞行。宇航员查尔斯·皮特·康拉德担任飞船的指挥官，宇航员小理查德·高得担任飞行员。随着"阿波罗计划"即将进入美国国家航空航天局的技术视野，"双子星11号"的主要目标是验证在发射后与一艘绕轨道飞行的宇宙飞船立即交会的能力。这是一次至关重要的示范表演，因为这个过程正是在"阿波罗计划"期间必须要完成的，那时"阿波罗"指挥舱绕月球轨道飞行，并且月球游览舱的上半部分从月球表面发射升空时，这一过程没有暂停、重放或复制。要么在月球轨道上迅速交会，要么在太空中陷入困境，事情就是这么简单。"双子星11号"宇航员通过证明这种限定时间内的轨道连接是可能的而处于领先地位。

1966年9月12日上午9点42分，"双子星11号"飞船由一枚"大力神Ⅱ型"火箭从卡纳维拉尔角空军基地的19号发射台发射升空。"大力神Ⅱ型"火箭将3 798千克重的宇宙飞船送入近地点161千米，远地点279千米，飞行周期88.9分钟，倾角为28.8°的地球轨道。"双子星11号"飞行任务的主要目标是与"双子星11号阿金纳目标飞行器"（GATV 11）完成第一次轨道交会对接。这次飞行任务的其他重要目标还包括进行两次飞行器外活动和一次完全自动操作（计算机控制）的重返。

1966 年 9 月 12 日，美国国家航空航天局用一枚"宇宙神号"火箭，成功地将"双子星 11 号阿金纳目标飞行器"从卡纳维拉尔角空军基地的 14 号发射台发射升空。发射后，"双子星 11 号阿金纳目标飞行器"（在美国国家航空航天局的文献里也被确认为"GATV 5006"或"阿金纳目标飞行器 11 号"）进入一个高度为 300 千米的近乎圆形的绕地轨道。大约 100 分钟以后，"双子星 11 号"宇宙飞船发射升空，并在进行第一次绕地球轨道飞行时，成功地与"阿金纳目标飞行器"交会对接。在这次成功的验证之后，每位宇航员都进行两次与"双子星 11 号阿金纳目标飞行器"对接的练习。随后的一整套轨道操作把连接后（对接后）的宇宙飞船编队送入到近地点 287 千米，远地点 304 千米高度的轨道中。度过了在太空中的繁忙的一天之后，康拉德和高得理所当然美美地睡了一觉，此时他们的宇宙飞船正与"双子星 11 号阿金纳目标飞行器"以对接后的队形绕着地球轨道飞行。

9 月 13 日，宇航员高得开始了他原定计划的 107 分钟的飞行器外活动。这项任务需要把一条大约 30 米长的管缆的一端从"阿金纳目标飞行器"解下来，并把它系到"双子星 11 号"飞船的对接闩上。事实证明，飞行器外活动任务要远比在做地面模拟操作时所预计的艰难得多、要求苛刻得多。解开管缆之后，高得停下来骑跨在"阿金纳目标飞行器"上休息。淋漓的汗水使他的视线模糊不清，康拉德命令他取消原计划的动力工具评测，并且立刻返回舱内。

度过了另外一段睡眠时间后，9 月 14 日，宇航员使"双子星 11 号阿金纳目标飞行器"的主要推进系统发射了 25 秒，把对接后的宇宙飞船编队抬升到 1 374 千米的远地点。直到美国宇航员环绕月球飞行（在 1968 年 12 月的"阿波罗 8 号"飞行任务期间），这个远地点一直是人类在地球表面上飞行的最高距离。从 2007 年 1 月开始，"双子星 11 号"飞船的高度纪录仍然是绕地飞行的载人飞船的象征。从技术上讲，通常不将宇航员送到高于 250 英里（400 千米）的绕地轨道中，最大限度地减少宇航员因长年累月置身于来自地球放射捕获带内部的电离辐射下而造成的伤害。

在第二圈绕地球轨道飞行之后，宇航员再一次发动"阿金纳目标飞行器"的主要推进系统——这次是使用 22.5 秒发射，来把连接在一起的太空飞行器降到近地点 287 千米，远地点 304 千米地球轨道上。一旦处于这个较低的高度，宇航员（穿着宇航服）就开始给"双子星 11 号"飞船的船舱减压，然后，高得打开舱门，开始进行历时 2 小时的直立飞行器外活动。在这个过程中，高登系着管缆，站在座位处，向飞船的船舱外眺望，然后进行各种拍摄尝试。在这次直立飞行器外活动结束时，高得把舱口关紧，康拉德给船舱重新加压。

然后，他们慢慢地将"双子星11号"飞船从与"双子星11号阿金纳目标飞行器"的对接中退出。康拉德小心地将飞船驶离到恰好与连接两个绕轨道飞行器的30米长的管缆相等的距离。尽管再使管缆保持紧绷有点困难，但康拉德还是能够使"双子星11号"飞船绕着"双子星11号阿金纳目标飞行器"缓慢地旋转。这个操作有助于拉紧两个飞行器之间的管缆，并且使两个飞行器之间能够保持恒定的距离。然后，康拉德加大了旋转速度。这个操作造成了一些暂时性的振动，后来振动最终减弱直至消失。宇航员注意到（正如物理学家所预测的那样），拴在一起的飞船的圆周运动在宇宙飞船内部产生了少量的人造重力。3小时后，宇航员把系在"双子星11号"飞船上的管缆的一端解开。这个实验过程第一次用两个拴在一起的飞船的旋转运动来产生人造重力——这项技术令人产生极大的兴趣，认为可以用在人类向火星或更远的行星的长期飞行中。

在第44圈轨道飞行结束时（9月15日），康拉德和高得开始为"双子星11号"飞船自动重返做准备。在美国空间计划所采用的技术中，这是第一次宇航员利用宇宙飞船上的计算机来控制重返控制系统的推进器的发动。一切进展顺利，大约35分钟后，康拉德和高得溅落在离目标地点只有4.9千米的大西洋西部。在溅落后不到30分钟，一架直升机将宇航员救起并送往"关岛号"（USS Guam）回收舰艇。在大洋中着陆不到1小时，"双子星11号"飞船也被回收。康拉德和高得在太空中总共度过了71小时17分钟。

◎ "双子星12号"飞行任务

"双子星12号"飞行任务（美国国家航空航天局也将其编号为"双子星XII"）是"双子星计划"的第十次也是最后一次载人飞行。宇航员詹姆斯·亚瑟·洛威尔担任飞船的指挥官，宇航员埃德温·奥尔德林担任驾驶员。直到这一刻，"双子星计划"的飞行任务已验证了"阿波罗计划"所需的所有技术步骤，除了一个以外——在进行飞行器外活动期间，宇航员有效进行工作的能力。美国国家航空航天局的工程师们给"双子星12号"飞船的外部增加了新的手部和脚部限制器，来保障飞行器外活动的验证操作工作，这成为这次最后的飞行任务的主要目标。其他的目标包括：

继续进行交会对接演练和自动重返。除了大量的拍摄活动和科学试验以外，美国国家航空航天局的管理人员还把包括对系了管缆的飞船的飞行情况进行试验在内的轨道操作试验也作为这次飞行的目标。

1966 年 11 月 11 日下午 3 点 46 分，"双子星 12 号"飞船由一枚"大力神 II 型"火箭从卡纳维拉尔角空军基地 19 号发射台发射升空。"大力神 II 型"火箭把 3 762 千克重的飞船送入到近地点 161 千米，远地点 271 千米，飞行周期 88.9 分钟，倾角为 28.9° 的地球轨道中。"双子星 12 号"飞行计划的主要目标是与"双子星 12 号阿金纳目标飞行器"（GATV 12）快速完成轨道交会对接。这次飞行任务的其他主要目标还包括 3 次飞行器外活动和 1 次完全自动操作的（计算机控制）重返。

美国国家航空航天局于 1966 年 11 月 11 日用一枚"宇宙神号"火箭顺利地将"双子星 12 号阿金纳目标飞行器"从卡纳维拉尔角空军基地 14 号发射台发射升空。发射以后，"双子星 12 号阿金纳目标飞行器"（在美国国家航空航天局的文献里也被确认为"GATV 5001"或"阿金纳 12 号目标飞行器"）进入高度为 300 千米的近似于圆形的地球轨道。100 分钟后，"双子星 12 号"飞船发射升空并在"大力神 II 型"火箭这艘载人宇宙飞船送入轨道大约 4 个小时以后，与"阿金纳目标飞行器"顺利交会对接。

两种异常现象影响了这次飞行任务的进行。由于飞船上的雷达出了问题，宇航员洛威尔和奥尔德林在很大程度上要靠视力来完成对接。在把"阿金纳目标飞行器"送入地球轨道时，地面控制人员注意到主要的推进系统出现异常。因此，美国国家航空航天局飞行任务计划人员取消了就像在执行"双子星 11 号"飞行任务中所做的那样，用"双子星 12 号阿金纳目标飞行器"的主要推进系统把对接后的飞行器联合体送入更高轨道的计划，而用"阿金纳"飞行器的次一级火箭推进系统支持进一步的交会操作。

在"双子星 11 号"飞行任务期间，奥尔德林成功地进行了 3 次飞行器外活动——第一次和第三次是直立飞行器外活动，在这两次活动中，奥尔德林站在他的座位上，上半身（穿着宇航服）探出舱口拍摄照片和进行陨石微粒的试验。在他进行第二次飞行器外活动期间（11 月 13 日），奥尔德林离开了减压后的乘员舱，沿着飞船的手扶栏杆移动，然后用脚部限制器和管缆把自己带到工程师们安装在飞船转接器后部的工作板前方的位置。在这个工作板上，他成功地进行了各种简单的手工工作的操作。

奥尔德林用管缆把自己与"双子星 12 号"飞船相连，然后移动到"双子星 12 号阿金纳目标飞行器"的转接器处，进行另外一系列与工作有关的操作，包括使用扭力扳手。鉴于在"双子星计划"以前的飞行器外活动中所遇到的困难，美国国家航空航天局的飞行任务设计人员给奥尔德林安排了大约 12 次时长为两分钟的休息时间。这些强制性的短暂休息使宇航员不会累得筋疲力尽，或者不会使宇航服的生命保障系统负担过重。最后，奥尔德林把 30 米长的管缆（被收好装在"双子星 12 号阿金纳目标飞行器"的转接器里）的一端接到"双子星 12 号"飞船的转接器闩上。在经过了两个小时多一点的太空行走后，奥尔德林爬回到"双子星 12 号"飞船内，关闭舱口。他的第二次飞行器外活动完成了这次飞行任务的主要目标，验证了在飞行器外活动中的有效工作操作。

在奥尔德林的第二次飞行器外活动的大约两小时之后，宇航员把"双子星 12 号"飞船从与"双子星 12 号阿金纳目标飞行器"的对接中退出，然后慢慢地退离，直到 30 米长的管缆绷紧。接着他们在这种用管缆连接飞船的队形下进行了几项轨道飞行试验，并向地面报告说在做圆周旋转期间管缆有些变松。在 4 个小时的对接了管缆的飞行器所做的实验之后，宇航员把系在"双子星 12 号"飞船的管缆解了下来。第二天（11 月 14 日），奥尔德林进行了他的第三次飞行器外活动任务——第二次直立飞行器外活动。第三次飞行器外活动持续了 55 分钟，包括拍摄和抛掉无用的设备所用的时间。

11 月 15 日（在第 59 圈轨道飞行结束时），洛威尔和奥尔德林开始为飞船的自动控制重返做准备。35 分钟后，飞船溅落在离目标地点只有 4.8 千米的大西洋西部。一架直升机将宇航员救起并把他们送到"黄蜂号"回收舰艇。在"双子星 12 号"飞行任务期间，洛威尔和奥尔德林在太空中总计飞行了 94 小时 35 分。这项飞行任务给美国国家航空航天局的"双子星计划"画上了一个圆满的句号。现在人类已为"阿波罗计划"登陆月球的飞行任务在技术上铺平了道路。

◎ 蓝色的双子星

"助推滑翔计划"（Dyna-Soar）或"X-20 计划"是 1958—1963 年间美国空军在航天飞机发展方面所进行的早期尝试。这项用于军事的人类太空计划的核心理念是制造一个载人的助推滑翔机绕地球轨道飞行器，这个飞行器能够由一个可扩大的发射器（就像是"大力神号"火箭）送入轨道，执行军事任务然后返回地球。当绕轨道飞行任务完成后，军事驾驶员将操控着光滑闪亮的滑翔机穿越大气层重返地球，然后着陆在跑道上，这很像是一架传统的喷气式战斗机。

"蓝色双子星"一词是用来命名一个非官方（没有拨款）设想的非正式工作名称，这个设想最初大约在 1962 年 2 月出现在美国空军内部。"蓝色双子星"设想与两个硬件发展计划相似：美国国家航空航天局的"双子星计划"和美国空军的"助推滑翔计划"，是在研制一个在高超音速和轨道状态下进行人类飞行探索的有人驾驶的军事飞行器方面的尝试。"蓝色双子星"的主题思想是用一个"双子星"飞船培养交会、对接以及绕轨道移动的能力，以支持在太空的军事活动。这个设想辗转于美国国防部，最终引起了国防部长罗伯特·麦克纳马拉（Robert S. McNamara）的注意。

麦克纳马拉不仅对美国国家航空航天局尚处于雏形阶段的"双子星计划"和美国空军的"蓝色双子星计划"进行合作的想法表示欢迎，他甚至还建议把制造民用和军用"双子星"飞船的工作都合并到国防部。他的建议对美国国家航空航天局的官员来说是力所不能及的，他们在联邦政府所有能接触到的权力集团内都受到了政治反击。

美国空军的最高长官对麦克纳马拉的建议只是感到吃惊。根据发表的历史性的报告，美国空军的最高领导层与美国国家航空航天局一样对民用"双子星计划"的"军事接收"兴趣索然。但是军事领导者们却有着不同的理由。美国空军内部的主要担心是，负责合并后的民用和"蓝色（军用）双子星计划"可能会破坏"助推滑翔计划"正在进行的活动。军事领导人推断为换取只有极少的几次"蓝色双子星"飞行，大量的国防资金会在军用航天飞机计划（X-20）中流走。

到 1963 年 1 月，美国空军和美国国家航空航天局的领导层已经对麦克纳马拉和其他政府高官作出了令人信服的说明，美国国家航空航天局的"双子星计划"移交到国防部的想法被认为是不适当的。美国航空航天局继续进行民用"双子星计划"，而美国国防部则还在忙于"助推滑翔计划"，同时也在调查其他可供选择的用于军事的人类太空飞行项目。

1962 年初开始辗转于美国空军的"蓝色双子星"设想，实际上只是一个更加雄心勃勃的、显示出远见卓识的长期（10 年）军事空间技术发展计划的一部分。这个设想大约在 1962 年 6 月酝酿成熟，当时美国空军在洛杉矶的航天系统部分的工作人员开始一项关于怎样运用"双子星计划"的设备作为实施一项新提出的美国空军人类太空计划的第一步的研究，这项计划叫"载人轨道开发系统"（Manned Orbital Development System，缩写为MODS）。如刚开始构想的那样，载人轨道开发系统将是一种用"蓝色双子星"飞船作为运送军事宇航员工具的军用空间站（或者绕轨道飞行设施）。

1963年12月，美国空军取消了"助推滑翔计划"。大部分关于"助推滑翔计划"和所谓的"蓝色双子星"设想的工作出现了暂时的停滞，甚至在还没能制造和飞行原型飞行器的时候，这项计划就已经被证明是极其昂贵的了。尽管这项计划被中止了，但是关于载人军事空间计划的设想却被保留了下来。1963年12月10日，麦克纳马拉发表了一个演讲。在演讲中他宣布有意探索研究人类在太空飞行的条件。美国空军主要负责这个研究。原来的"载人轨道开发系统"设想获得了新生，并很快以"载人绕轨道飞行实验室"（Manned Orbiting Laboratory，缩写为MOL）的名字出现。

1965年8月，在美国国家航空航天局的"双子星计划"活动进行当中，约翰逊总统公开宣布，美国空军的载人轨道飞行实验室计划将继续进行。约翰逊的决定实际上实现了麦克纳马拉在取消了"助推滑翔计划"（X-20）太空飞机计划后，在1963年12月向美国空军所做的承诺。关于载人绕轨道飞行实验室计划的大部分技术细节都被秘密封存。然而，关于这项计划的一些事实真相现在已经公之于众了。

载人绕轨道飞行实验室将与一个改进后的双子星飞船合为一体，该飞船与一个圆柱形实验室连在一起驶入太空。这两个太空军事设施将会作为强大的"大力神3号C"（Titan Ⅲc）助推飞行器上的一个整体驶入太空。几名优秀的武官被选中，开始担任载人绕轨道飞行实验室军事宇航员并接受培训。载人绕轨道飞行实验室计划对外公布的目的是探索太空、检验设备和进行试验。但是隐藏在神秘面纱背后的真实目的是，美国空军把载人绕轨道飞行实验室作为一个绕轨道运行的平台，用这个平台可以进行战略侦察，搜集各种情报（用望远镜、雷达系统、无线电频率接收机以及其他类似的仪器），甚至暗中调查外国的卫星。

作为整个载人绕轨道飞行实验室计划的一部分，麦克唐纳飞行器公司（McDonnell Aircraft Company）改进了它为美国国家航空航天局飞船所做的设计，制定出一个叫"双子星B"的军事宇宙飞船的设计方案。这个改进后的"双子星"飞船——"双子星B"的名字与"蓝色双子星"一词经常被弄混，但是这两个词并不是同义词。道格拉斯飞行器公司（Douglas Aircraft Company）被指派来制造一个12.8米长，直径为3米，能与载人的"双子星 B"飞船连在一起的圆柱形实验舱。像以前所预想的那样，载人绕轨道飞行实验室将能够承载至少 4 名军事宇航员和他们的侦察设备以及进行各种实验。

当美国在东南亚战争中越陷越深时，支持载人绕轨道飞行实验室计划的资金不断地被削减，主要是因为在整个防御计划中，这项耗资巨大的工作并不能带来即时的战争效益。载人绕轨道飞行实验室计划很快就难以维持下去了。预算不足以满足完成计划主要目标的需要。资金紧张也造成了严重的安排上的失误。除了严重的财政压力，美国空军从来不能真正系统地制定出一个令人信服的用于军事目的的人类太空飞行计划，如果那样的话，就可以很容易为其庞大的开支找出一个理由。美国国防部负责财政统筹的官员只需要看一看由于"阿波罗计划"而深陷债务的美国国家航空航天局的巨大花费，就很容易将它与载人绕轨道飞行实验室计划相比较，将其视为一个同样耗资巨大的军事宇航员飞行计划。使事情更糟糕的是，像"华冠"（Corona）这样的无人侦察卫星也在从太空搜集极好的影像，因此，一个做同一事情的载人军事平台就显得多余，并且也会增加财政负担。

结果，就像在它之前的"助推滑翔计划"（X-20）一样，载人绕轨道飞行实验室一直也没有什么结果。尽管已经做了大量的开发工作，但在 1969 年 6 月 10 日，尼克松总统决定立即取消载人绕轨道飞行实验室计划。他的这个决定是政府为在越南的战争重新筹措资金而做的全面努力的一部分。在下一章中一切都将会很清楚，由于战争关系而消减预算的这一疯狂举动造成的后果并不只有取消此次载人太空军事计划。当全球为"阿波罗计划"成功登月欢庆的热度还未完全减退时，尼克松政府已经削减了后 3 次飞行计划的预算，所以这 3 次登月计划："阿波罗 18 号""阿波罗 19 号""阿波罗 20 号"再也没能完成。

1969 年 7 月 20 日，全世界 5 亿多人都听到："休斯敦，这里是静海基地。'鹰'着陆成功。"不论是收听收音机还是通过电视观看，全世界人口的绝大部分都亲眼见证了现代科技的这一伟大胜利——在"阿波罗 11 号"飞行任务中，人类第一次登上月球。作为冷战时代美国国家航空航天局人类太空飞行计划的一部分，人类在不到 10 年的时间里完成了这一令人难以置信的壮举。

"阿波罗计划"产生的一个令人意想不到的影响就是，由宇航员在飞向月球期间拍摄的许多鼓舞人心的远距离地球图像激起了人们的环境意识。通过展示人类的家园，人类看到了这样一颗围绕着太阳穿行在浩瀚无垠的太空中无与伦比的、美丽的"蓝色星球"，这些图片有力地证实了哥白尼的假设，并且使人们增强了环境保护意识。

"阿波罗 8 号"飞行计划（1968 年 12 月）是历史上第一次人类能够跨越星际空间回望地球，亲眼看到整个地球是这样一个雄伟壮丽、充满生机的复杂系统。当 3 名"阿波罗 8 号"宇航员从飞船上观察地球的时候，他们不禁把这个星球充满生机和活力、富足的生物圈与他们下面那个贫瘠荒凉、死气沉沉的月球景象加以对比。这次飞行任务的指挥官弗兰克·博尔曼回忆起从月球上方隐约看见地球时对其所产生的强烈的几乎令人心旷神怡的印象："我们是第一批看到地球雄伟壮丽全貌的人类，这对于我们每个人来说都是一次强烈的情感体验。它是我一生中看到的最美丽、最摄人心魄的景象。我想：'这一定是上帝所看见的景象。'"同样，"阿波罗 11 号"宇航员迈克尔·科林斯说："正如从月球上所见，地球是我所见到的最美丽的物体。"

这些地球景象使上百万的人们认识并珍视他们家园中脆弱、相互联系的自然景色。人们不必非得成为一名宇航员或一名火箭科学家才能了解这样一个事实：地球的生物圈（它的海洋、白云、大气和冰雪覆盖的极地地区以及各类的大片陆地，有些草木肥美茂盛，有些苍茫荒凉）是一个精密交织在一起的系统，能够支撑起令人难以置信的、数量众多的生命形式。

对于许多科学家和历史学家来说，这是"阿波罗计划"的主要遗产。载人月球飞行任务为人类观察地球提供了一个令人激动的崭新的视角，它独特的生命维持特征以及也许是最令人震惊的——这个星球在广袤的宇宙中相对来说无足轻重的体积和位置。冷战期间，美国通过月球登陆计划所取得的地理政治优势正在历史中消退。但是，一旦"阿波罗号"宇航员漫步于另一个世界，整个人类便进入了宇宙时代。未来在太空发展的人类的后代，将会庆祝"阿波罗计划"的胜利，因为这一计划是人类历史上最具有决定性的科技里程碑。它是一个非凡独特的事件，智慧生命最终迈出地球摇篮，第一次小心地鼓起勇气冒险进入宇宙中。

◎ "阿波罗计划"的起源

1960 年 7 月，美国国家航空航天局的官员们宣布，他们正在准备实施一项超过"水星计划"的远距离人类太空飞行计划。这个称之为"阿波罗计划"的新的尝试，同月在华盛顿特区，美国国家航空航天局工业项目规划会议（Industry Program Plans Conference）期间公之于众。像原来提出的那样，这个计划包括一次载人绕月飞行任务，即一次环绕月球的载人飞行。提出的这个太空飞行方案甚至使人想到了儒勒·凡尔纳的著名小说《从地球到月球》里虚构的飞行（当然没有那门大炮）。

以神话中的神或者英雄的名字命名载人太空飞行计划，在美国国家航空航天局的"水星计划"中就早有先例。为了沿袭传统，指挥部的官员们选择了"阿波罗"这个名字来命名美国国家航空航天局的这个雄心勃勃的新计划。在希腊神话中，阿波罗是宙斯和拉托娜（Latona）的儿子，生于一个叫"光明"（Delos）的小岛上，他是掌管射箭、预言、音乐和诗歌的神。他的全名是"福波斯·阿波罗"（Phoebus Apollo），意思是"发光的"或"耀眼的"神。在整个历史中，阿波罗也被称作"太阳神"。因为在希腊神话中，阿波罗每天用他金色的马车拉着太阳沿着它的轨道经过天空。然而，根据古希腊文学者和神话专家所说，实际上古希腊的太阳神是赫利俄斯（Helios）和大力神许珀里翁（Hyperion）的孩子。抛开这个误解不谈，事实证明，"阿波罗"确实是这个振奋人心的新计划的恰当而贴切的名字。

由于冷战期间地理政治的压力和困难缠身的年轻总统需要在世界舞台上显示美国的科技优势，尚处于起步阶段的"阿波罗计划"在 1961 年出现了一个惊人的新转变。1961 年 5 月 25 日，肯尼迪总统在国会的联席会议上建议，美国应该制定一个国家目标，在 20 世纪 60 年代这 10 年内把宇航员送上月球，然后，再使他们安全返回地球。美国国家航空航天局对这个令人难以置信的、技术要求苛刻的总统倡议做出回应，重新调整了"阿波罗计划"的主要目标。技术工作将紧接着"水星计划"和"双子星计划"进行。记住这一点是很重要的，当肯尼迪提出这个大胆而鲁莽的倡议时，还没有任何一个美国宇航员曾乘坐着绕轨道飞行宇宙飞船绕地球飞行一圈。为了实现肯尼迪的设想，"阿波罗计划"成为一个包括一系列 3 人飞行，并最终使人类登上月球的人类太空飞行计划。"阿波罗"飞船在月球轨道上的交会对接环节成为错综复杂的月球往返飞行的关键技术。

"土星 5 号"飞船将需要一个巨大的新型火箭把宇航员和他们的设备安全地送到月球表面。巨大的"土星 5 号"三级火箭都使用液态氧作为氧化剂。一级火箭的燃料是煤油，而上面两级火箭的燃料是液态氢。在顶部安装着"阿波罗"宇宙飞船和紧急逃逸火箭的"土星 5 号"飞行器，直立高度为 111 米，在发射时产生 3 450 万牛的推力。"土星 5 号"一级火箭使用了 5 个捆绑式 F-1 发动机来产生这样巨大的发射推动力。二级火箭使用了产生 440 万牛的联合推力的 5 个捆绑式 J-2 发动机。庞大的三级火箭"月球火箭"（Moon Rocket）使用了一个 J-2 发动机，产生 889 600 牛的推动力。

"土星 5 号"火箭是一位著名的美籍德国火箭科学家沃纳·冯·布劳恩的创想。他早在 20 年前就曾在第二次世界大战期间研制了 V-2 型火箭。为了设计出一个巨大的"月球火箭"，他设想出 8 个独立的 14 米长的 V-2 型火箭，一个一个地摞在一起。这个假想中的构造，大约与一个顶部装有"阿波罗"飞船有效荷载"土星 5 号"发射器一般高。

◎太空机器人侦察月球

20 世纪 60 年代早期，科学家们对月球表面的情况并不十分了解。一些科学家甚至推测，那里可能会有一些初级的月球生命形式，当宇航员带着月球土壤样品返回时，会对地球的生物构成威胁。为了解决大部分的疑问，美国国家航空航天局设计并飞行了 3 个系列的机器人宇宙飞船。它们的采集任务是为计划中的人类登陆月球飞行计划收集资料。这些先登上月球的太空机器人是："徘徊者"（Ranger）、"勘测者"（Surveyor）和"月球轨道器"（Lunar Orbiter）宇宙飞船。

"徘徊者"宇宙飞船是 20 世纪 60 年代早期，美国为预想中的"阿波罗计划"人类登陆飞行任务铺平道路而送到月球的第一个机器人型宇宙飞船。"徘徊者计划"（Ranger Project）包括一系列为在撞击前近距离拍摄月球表面而设计的姿态遥控宇宙飞船。"徘徊者 1 号"发射于 1961 年 8 月 23 日。它的任务是通过测试宇宙飞船的驾驶能力来为其他的"徘徊者"飞船飞行任务做好准备。"徘徊者 2 号"到"徘徊者 9 号"飞船发射于 1961—1965 年。所有早期的"徘徊者"飞行计划（从"徘徊者 1 号"到"徘徊者 6 号"）都问题不断，遭受各种挫折。只有"徘徊者 7 号""徘徊者 8 号"和"徘徊者 9 号"飞船飞行成功，传送回了几千张图像（在撞击月球前）以及关于月球表面的尖端科学信息。

美国国家航空航天局极其成功的"观测者计划"（Surveyor Project）开始于 1960 年。它由 7 艘作为在"阿波罗计划"中人类向月球表面进军的先行者，1966 年 5 月—1968 年 1 月间发射的无人驾驶登陆车型宇宙飞船组成。这些机器人登陆车飞行器用于开发软着陆技术，考察"阿波罗飞行计划"的着陆点以及增加人类对月球的科学了解。

"观测者 1 号"飞船在 1966 年 5 月 30 日发射升空，在月球的"风暴洋"（Ocean of Storms）区软着陆。它发现，月球土壤的承重力足够支撑"阿波罗计划"的登陆车型宇宙飞船（叫"登月舱"或"LM"）。这推翻了当时盛行的假设，即认为登月舱可能会深陷于微小的月尘中而无法被看见。"观测者 1 号"飞船从月球表面传送了许多图片。

"观测者 3 号"飞船于 1967 年 4 月 17 日发射升空，在"风暴洋"的另一个区域的陨石坑的一边软着陆。这个机器人型宇宙飞船用一个与机械臂相连的铲子挖了一个深沟，发现月球土的承重力是随着深度而增加的。"观测者 3 号"也从月球表面传回了许多照片。

"观测者 5 号"宇宙飞船发射于 1967 年 9 月 8 日，在"静海"（the Sea of Tranquility）区软着陆。一个安装在飞行器上的阿尔法粒子散射仪检测了月球土的化学成分，发现其与地球上的玄武岩很类似。

"观测者 6 号"在 1967 年 11 月 7 日发射升空，在月球的"中央湾"（Sinus Medii）区软着陆。除了进行土壤分析实验和拍摄月表照片以外，这艘宇宙飞船还进行一个至关重要的"跳跃试验"。远在地球的美国国家航空航天局的工程师们，遥控发射了一枚"观测者 6 号"的微调发动机，使它在月球表面上进行一个短暂的发射。飞船发射并没有引起尘云，只导致了浅坑的产生。这个重要的验证表明，当完成在月球表面的探索任务时,"阿波罗"宇航员能够用他们的火箭推进飞行器(登月舱的上部分),从月球表面安全发射升空。

"观测者7号"飞船于1968年1月7日发射升空,降落在月球"第谷月坑"(Crater Tycho)附近的一个高地地区。飞船上的阿尔法粒子散射仪显示,月球高地中所含的铁要少于在月海(月球平原)发现的土壤中所含的铁。无数的月表图像也被传回地球。

尽管"观测者2号"和"观测者4号"宇宙飞船在月球上坠毁,但整个"观测者计划"还是极其成功的。

最后,美国国家航空航天局在1966年和1967年进行了5次绕月球轨道飞行器的发射,以便在"阿波罗"宇航员登陆前绘制出更详细的月表地图。这5次飞行任务都极其成功,用大约61米或者更高的空间分辨率拍摄了99%的月球表面。前3次"月球轨道器"任务都致力于把根据从地球对月球靠近地球一面的望远镜观测而预先选定的20个"阿波罗"可能着陆的地点拍摄成像。第四次和第五次飞行任务致力于更重要的科学目标并在高纬度的两极轨道绕月飞行。"月球轨道器4号"(Lunar Orbiter 4)飞船拍摄了月球整个的近地一面和95%的远地一侧,"月球轨道器5号"(Lunar Obiter 5)完成了整个远地地区的拍摄,获得了36个预先选定地区的中等和高分辨率的图像。这些探测器被送入绕月轨道搜集信息,然后,在每次飞行任务结束时,故意让它们坠毁,以防止可能对未来计划产生的干扰。

◎关于月球生命的争论和地外污染的问题

科学家们把地外污染定义为一个世界受到来自另一个世界的生命形式,尤其是微生物的污染。以地球及其生物圈为参照,如果外来世界(或者从那个世界带回来的物质样品)通过与地球生物的接触而受到污染,这样的行星污染过程叫"冒失污染"(Forward Contamination);如果外来生物被放入地球生物圈叫"反向污染"(Back Contamination)。

太空时代初期,科学家们就敏锐地意识到了"地外污染"这个潜在的问题——不论是哪个方向的污染。根据国际的商讨和协议,科学界制定了各种隔离期备忘录(程序)以避免通过无人驾驶宇宙飞船进行地外飞行而对其他世界造成冒失污染。这些备忘录也旨在保护地球避免当将月球样品送回地球时可能会出现的反向污染问题。

从根本上说,隔离期是一种用来防止传染性疾病扩散的强制隔离。在历史上,隔离期是指被怀疑装有感染了传染病的人或货物（如生产或生活物资）的船只在所到港口被扣押的时期。隔离期的长度通常是40天，被认为足以超过大部分具有高度传染性的地球疾病的潜伏期。如果在隔离期结束时没有出现症状，官员就会允许旅行者上岸或者卸货。

在现代，隔离期一词已经获得了新的含义——使受感染者（或一个可疑生物）处于严格的隔离状态中，直到这个人或生物不能再传播疾病。随着"阿波罗计划"和美国国家航空航天局的月球隔离计划的制订，这个词获得了两种含义。作为科学界负责任的成员，美国国家航空航天局的科学家们在20世纪50年代末期，美国民用太空计划刚开始时，就着手制定行星隔离期计划。这个隔离期计划本着开放和国际合作的精神进行，旨在阻止或者最大限度地减少早期的太空探测器污染其他星体这种可能性的发生。

当时，科学家尤其担心极有可能发生的冒失污染问题，搭乘着早期行星探测器和着陆器漫游于太空的地球微生物会扩散到其他的世界，威胁并可能摧毁当地任何的生命形式、生命的萌芽，甚至可能是过去生命形式留下的化石遗迹。如果发生了冒失污染，就将损害以后为寻找和确定曾经独立产生于地球生物圈之外的地外生命形式的科学努力。

"阿波罗计划"载人飞向月球的任务引起了关于冒失污染和反向污染的大量争论。早在20世纪60年代，科学家们就开始认真地提出疑问："月球上有生命吗？"在"阿波罗计划"期间进行的一些最热烈的技术交流都与这个特殊的问题有关。假如月球上存在生命，无论是多么原始或微小，科学家们都会想对它进行仔细研究并把它与地球上的生命形式进行比较。但是，任何对这些假想中的微小的月球生命形式的寻找，都会因为冒失污染问题而变得非常困难，需要付出昂贵的代价。为了避免这个问题，所有降落到月球上的设备和物质都需要经过严格的消毒和净化程序。但是，这种谨慎的办法是一个昂贵而费时的过程。在为政治所控的时代里，非官方的"超级大国的月球竞赛"在国际上已经获得大量恶名，美国国家航空航天局的高官们普遍认为，这样额外的步骤在程序上没有必要，在科学上也没有保障。

然而，对于反向污染也有一些令人烦恼的疑惑。假如在月球上确实有某种形式的微小生命存在（不论这种可能性是多么微小），它对地球生物圈真的是一个严重威胁吗？因为对地外污染的问题普遍存在疑虑，所以一些科学界的人还是敦促美国国家航空航天局对所有飞往月球的机器人宇宙飞船采用耗时而昂贵的隔离期程序。

这场关于污染的争论的一方是一些科学家们，他们指出，预想中的极端恶劣的月球环境——实际上没有大气圈，可能没有水，从月球中午的120℃到冰冷的月球夜间的-150℃的极端天气变化；持续置身于来自太阳的致命量的紫外线、带电粒子和 X 射线中。这些科学家称没有任何生命形式可以在如此恶劣的条件下存在。但是，其他科学家对这种推理进行反击，他们设想，在月球表面下可能发现积聚的水分和适当的温度。如果这样的月表环境存在，它们就能维持最基本的生命形式。

因此，直到最后"阿波罗 11 号"探险队在第一次月球登陆飞行任务中出发离去，关于"阿波罗计划"地外污染的争论还在反反复复地激烈进行。作为一种折中的做法，"阿波罗 11 号"飞向月球时，采取了非常谨慎的预防措施，以防止反向污染，但是，对保护月球免受地球生命造成的冒失污染做出的努力非常有限。

位于得克萨斯州休斯敦美国国家航空航天局的约翰逊航天中心的月球接受实验室（Lunar Receiving Laboratory，缩写为 LRL），为送回地球的月球土壤和岩石标本提供隔离期设施，为"阿波罗 11 号""阿波罗 12 号"和"阿波罗 14 号"宇航员提供隔离设施。科学家们从操作月球接受实验室所获得的经验，成为计划未来样品隔离期活动的一个便捷的起点。人类也将需要用隔离期设施来接受、管理和检测来自火星和其他人类有兴趣探索外来生命形式（现在或过去）的太阳系星体的地外物质。

在"阿波罗计划"期间，没有发现月球上目前或曾经存在过月球本土的外来生命的证据。在月球接受实验室的美国国家航空航天局的科学家们，对碳元素进行了一次仔细的搜寻，因为地球生命都是以碳为基础产生的。在月球的样品中发现了每 100 万个碳元素中只有 100—200 个部分被认为是月球物质中所固有的，而大部分的碳显然是由太阳风堆积沉淀下来的。科学家们因此得出结论，这些碳中没有任何部分来自月球上的本土生命活动。月球显然没有任何生命迹象，在前 3 次在月球表面的"阿波罗"探险行动之后，美国国家航空航天局的官员们就放弃了反向污染隔离期程序。这些程序需要在"阿波罗"宇航员返回地球之后把他们隔离大约 3 个星期。

关于月球上的生命这一话题的争论结束了吗？由于在大约 20 世纪最后 10 年期间的发现，这场争论很有可能还没有结束。在月球极地地区发现的永久处于阴影之下的环形山里疑似月球水冰冻块的出现，可能又重新激起 20 世纪 60 年代初一部分关于"微小月球生命"的争论。而且，就在地球上，科学家们已经发现各种极端微生物——能够在极其严酷的环境条件下生存的非常耐寒的微生物。如果在地球最奇特的地方已经发现了这些耐寒的生命形式，那么在太阳系中其他有水的地方又会怎么样呢？

◎ "阿波罗"宇宙飞船

"阿波罗"宇宙飞船由一个指挥舱、服务舱和登月舱组成。指挥服务舱（CSM）集合在一起是一个单个的宇宙飞船，但是分开来就成为两个部分：指挥舱和服务舱。指挥服务舱的环境控制系统，控制舱内的大气、压力、温度、二氧化碳浓度以及通信，还包括除去气味和颗粒。这个环境系统也控制着宇宙飞船电子设备的温度变化。指挥舱用作宇航员的住所以及飞行控制区。服务舱包括推进系统和宇宙飞船的支持系统。登月舱（有时也叫"月球旅行舱"），一直到 1966 年，两名"阿波罗"宇航员降落到月球表面，当他们在月球表面停留的时候承载着他们，然后，将他们送回到正绕月球轨道飞行的载有第 3 名宇航员的指挥服务舱。

指挥舱

圆锥形的指挥舱（CM）紧密、坚固，里面塞满了一些曾被送入太空的最复杂的（到那时为止）设备。它高 3.65 米，底部最大直径为 3.9 米，由一个热烧蚀壳（不完全燃烧）保护着。工程师们按照一个最主要的标准设计了指挥舱：当指挥舱抛掉了服务舱，以大约每小时 40 225 千米的惊人速度砰然返回地球大气层中时，能够从喷着火般高热的重返中幸存下来。从物理学的角度来说，从月球重返的速度是从绕地球轨道重返速度的 1.5 倍。因此，航空航天工程师们不得不把指挥舱设计成在航天舱高速冲入地球大气层时要耗尽大量的能量。他们成功的设计方法包括：使用一个在保护它所包裹的包括 3 名宇航员在内的一切物体时慢慢燃烧掉的热烧蚀壳。宇航员的隔舱占了指挥舱的大部分容积，大约有 6.2 立方米的空间。3 名"阿波罗"宇航员得在狭窄的指挥舱里度过大部分的月球旅程，他们中的一位要在其中度过全部的旅程。他们的床铺被仪器控制板、无线电接收装置、导航设备、生命保障分系统和在重返期间使指挥舱保持平稳的小型喷气发动机所包围。

3 张床铺在宇航员隔舱的中央朝前排成一列。在中间床铺的上方有一个大入口。一条短短的入口隧道通向指挥舱头部的对接舱口。指挥舱有 5 个窗口：一个在舱口入口处，在外面的两个座椅上每位宇航员旁都有一个窗口，还有两个朝向前方的交会窗口。在指挥舱和服务舱分离后，5个银/锌氧化电池提供电能。3个电池为重返和着陆后的活动提供电能，而两个电池则为飞行器分离和使用降落伞提供电能。指挥舱有12个420牛推力的氮四氧化物/酰肼反应控制推进器。最后，在这个圆锥体的顶部朝前的隔舱里，装有3个直径为25.4米的主降落伞和两个直径为5米的减速伞，以备在重返操作结束时进行地球软着陆之用。

服务舱

装有罐子和管件的服务舱（SM）在重返之前一直都是指挥舱寸步不离的伙伴。美国国家航空航天局的工程师们推想，他们可以把所有奔月旅行所需要的部件（除了用于重返操作的）都放在服务舱中。这样就避免了不得不为这些设备提供热保护装置以防止重返时出现燃烧的情况。因此，工程师们设计了服务舱，用来装载在旅行中宇航员所需要的大部分氧气，产生电能的燃料电池，由每4个一排组成的完全相同的4排用作飞行姿态控制的450牛推力的反应控制推进器，1个具有91 000牛推力的可重启自燃式液体燃料的大型火箭发动机，可以推动指挥服务舱宇宙飞船进入和离开绕月轨道。服务舱是一个直径为3.9米，长度为7.6米的圆柱体。服务舱的前端与指挥舱的后部相连。直到重返前的几分钟——在那一刻宇航员抛掉服务舱然后只乘坐着指挥舱返回地球，这两部分在整个飞行任务中都连接在一起。服务舱的可重启的吊架式大型火箭发动机被安装在服务舱的后部（或者尾部）。当指挥舱与服务舱连在一起时，指挥服务舱宇宙飞船的合并长度为11米，最大直径为3.9米。

合并在一起的指挥服务舱的质量，因飞行任务不同而不同。"阿波罗11号"指挥服务舱，包括推进器和消耗物的发射质量为28 801千克。在指挥服务舱的整个发射质量中，"阿波罗11号"指挥舱的质量为5 557千克，服务舱的质量是23 244千克。作为对照，在最后一次登陆月球的飞行任务中，"阿波罗17号"指挥服务舱，包括推进器和消耗物的发射质量是30 320千克。在指挥舱的整个发射质量中，"阿波罗17号"指挥舱的质量为5 960千克，服务舱的质量是24 360千克。

无线电通信包括声音、电视、数据和跟踪搜索分系统。它们用作宇航员之间、指挥舱、登月舱以及美国国家航空航天局的地面飞行任务控制中心的通讯。声音联络通过一个S波段上行连接和下行连接系统来进行。追踪则借助于一个统一的S波段脉冲转发器来完成。

登月舱

登月舱（LM）是为在月球附近或在月球上操作而特制的一个两级太空飞行器。美国国家航空航天局的工程师们把登月舱设计成只能够在外太空的真空环境里而不能在行星的大气层里进行操作，使登月舱成为首艘载人太空飞船。登月舱的外形类似一个长着细长的腿的巨大蜘蛛，它的任务就是把宇航员从月球轨道送到月球表面，并为他们提供一个暂时的基地，然后，把它的上级部分送回到月球轨道与母船进行交会。在这次飞行中，母船就是第3名宇航员在上面正耐心地绕着月球轨道飞行的指挥服务舱。一直到月球表面上发生分离，指挥舱的上级和下级都是作为一个整体进行操作的。在那一刻，上级通过点燃它的火箭发动机从月球表面升空而与登月舱的下（较低）级分离。在把登月舱的下级抛在特定的月球着陆地点之后，两名在月球上行走的宇航员，小心地驾驶并掌握着登月舱（上级）的方向，以便它能够与正在绕月飞行的指挥服务舱交会对接。一旦成功对接，两名宇航员就把设备从登月舱的上级运到指挥服务舱，然后与第3名执行飞行任务的宇航员会合。为了给重返地球的旅程做准备，宇航员们从指挥服务舱抛掉了登月舱的上级，然后，在月球轨道耐心地等着，在准确的时间点燃指挥服务舱的火箭发动机，来进行朝着地球方向入轨的操作。

在一些飞行任务中（如"阿波罗17号"），登月舱的上级有足够的剩余燃料使飞船能够启动它的反应控制系统火箭，并且使飞行器撞碎在月球上。在"阿波罗登月计划"结束时采取这个行动，避免了任何正在进行的飞行任务期间或在未来的飞行任务中被抛掉的登月舱上级和指挥服务舱之间发生碰撞的可能性（无论这种可能性是多么微乎其微）。在其他的飞行任务中（如"阿波罗11号"），登月舱的上级只是被抛弃在轨道上。然后，被遗弃的宇宙飞船在轨道经历了一至几个月的分解之后，最后坠落在月球上某个不为人知的地点。在夭折了的"阿波罗13号"飞行计划中，整个登月舱（上下两级合在一起）充当了神奇的救生船。在与丧失了能力的指挥服务舱交会后，当3名宇航员绕着月球危险地旋转飞行并栽向地球时，登月舱的环境分系统救了他们的命。

由在纽约长岛贝司佩吉（Bethpage）的格鲁曼航天公司［Grumman Aerospace Corporation，现在叫诺斯罗普·格鲁曼（Northrop Grumman）］制造的两级登月舱的整个总高度（包括展开的降落支架）大约为7米，降落支架展开后的总宽度为9.4米。下级高度为3.23米，上（顶）级高度为3.75米。

登月舱的总发射质量随登月任务的不同而略有不同。"阿波罗11号"登月舱的总质量是 15 065 千克，包括：宇航员、推进剂和消耗物。上级的干物质是 2 180 千克，装有 2 639 千克的推进剂。下（低）级的干物质是 2 034 千克，装载着 8 212 千克的推进剂储备。"阿波罗 17 号"飞行计划所用的登月舱的总质量是 16 448 千克，其中的 12 000 千克是推进剂。装满燃料后的上级火箭的质量是 4 985 千克，下级的质量是 11 463 千克。如前所述，直到两名在月球上行走的宇航员离开月球表面，登月舱的上级和下级一直作为一个整体进行操作。在宇航员离开月球表面的那一刻，下级火箭成为发射载着宇航员进入月球轨道与指挥服务舱母船进行交会对接的上级火箭的平台。

下级火箭构成了登月舱的较低部分，登月舱的这部分装有着陆火箭——一枚最大推力可达约 4.5 万牛的节流烧蚀材料火箭。工程师们把火箭安装在下级火箭中心的平衡环上。登月舱的下级还有两箱碳纤超轻 50 型火箭燃料，两箱氮四氧化物、水、氧气、氦箱以及月球设备和实验的存储空间。对于"阿波罗 15 号""阿波罗 16 号"和"阿波罗 17 号"飞行任务来说，登月舱的下级还装载着"阿波罗"月球漫游车。此外，登月舱的下（低）级还被用作登月舱上级的发射台，所以被留在了月球登陆地点。

每个被遗弃的登月舱的下级都有一个固定在舷梯上的徽章。"阿波罗 11 号"登月舱的徽章上刻着："公元 1969 年 7 月，来自地球的人第一次踏足月球。我们是为全人类的和平而来。"徽章上还刻着 3 名"阿波罗 11 号"宇航员（尼尔·阿姆斯特朗、埃德温·奥尔德林、迈克尔·科林斯）和美国总统（理查德·M.尼克松）的名字和签名。固定在"阿波罗 17 号"飞行任务结束时被留在月球上的"挑战者"登月舱的舷梯上的徽章上刻着："公元 1972 年 12 月，人类完成了第一次月球探险。愿我们带来的和平精神体现在全人类的生活中。""阿波罗 17 号"宇宙飞船的徽章上刻有 3 名宇航员［尤金·A.塞尔南、罗纳德·E.埃文斯（Ronald E. Evans）、哈里森·H.施密特（Harrison H.Schmitt）］和美国总统（理查德·M.尼克松）的名字和签名。留在月球上的其他登月舱（分别是在"阿波罗 12 号""阿波罗 14 号""阿波罗 15 号"和"阿波罗 16 号"飞行任务中留下的登月舱）上的徽章简化了一些，只有飞行任务的号码、登月舱的名字、年和月份以及 3 位宇航员的名字和签名。所有"阿波罗"登月舱的徽章都刻在分成西半球和东半球的地球的地图图标上方。

在"水瓶座"登月舱上的徽章发生了什么事情？在宇宙飞船完成了充当 3 名身陷困境的宇航员的救生船的壮举之后，"阿波罗 13 号"登月舱（水瓶座）上的徽章和整个登月舱一起在地球的大气层中烧毁了。在他们登上并重新激活已丧失能力的

"阿波罗 13 号"指挥服务舱以后，在重返前一刻抛掉了"水瓶座"登月舱。

登月舱是一个横跨 4.2 米，高为 1.7 米的八棱柱体。它有 4 个边上装有圆形平底垫脚的着陆支架。这些着陆支架使下级火箭的底部离地面大约 1.5 米。一个 1 米长的锥形下级发动机下摆从下级火箭的底部伸出。两个相对的平底垫脚间的距离是 9.4 米。其中的一个着陆架有一个小出口平台和梯子，供宇航员下到月球表面之用。

登月舱的上级火箭安放在下级火箭顶部。它是一个大约 2.8 米高，4.0 米宽，4.3 米长的形状不规则的设备。上级火箭使宇航员栖身在一个容积约为 6.65 立方米、用作月球表面活动操作基地的增压乘员隔舱里。登月舱上级火箭的一边有一个进出舱口和一个与指挥服务舱在顶部相连的对接舱口。工程师们还在上级火箭的顶部安装了一根抛物线状的交会雷达天线、一根可灵活操纵的抛物线状 S 波段的天线以及两根舱内的 VHF 天线。在进出舱口（为每对在月球上行走的宇航员提供到月球表面出口的舱口）两边的上方有两个三角形的窗户。

工程师们把上级火箭固定的持续推力达 1.5 万牛的火箭发动机放在整个装置的底部。登月舱的上级火箭还装有一个"航空肼"（Aerozine 50）燃料箱、一个氧化物箱以及其他存放氢、液态氧、气态氧和反应控制系统燃料的存储罐。操作步骤通过反应控制分系统完成，这个系统由 4 个安装在登月舱上级火箭四周的推进舱配件组成。每个推进舱配件又由 4 个 450 牛推力的推进腔和指向不同方向的喷口组成。

宇航员在登月舱中的住宿条件非常简陋。例如登月舱中没有座椅，因此，在进行月球表面操作期间的睡眠时间里，宇航员不得不睡在地上（他们所能采用的最好方式）。当宇航员身处机务隔舱时，他们的身边围满了仪器和控制板。如果不看外表，从功能上说，登月舱内的条件与狭窄的指挥服务舱很相似。在进出舱口上方，两个三角形舷窗之间的乘员隔舱前部有一个控制操纵台，还有两个控制板安装在侧壁上。登月舱的仪器和控制板使宇航员能够进行通讯、导航和交会。

遥测系统、电视、声音和从登月舱与地球进行的远距离通讯，都是通过登月舱的 S 波段天线来完成的。VHF 用于宇航员与登月舱之间和登月舱与绕轨道飞行的指挥服务母船之间的通讯。此外，还有重复收发设备以及用于 S 波段和 VHF 通讯的设备。登月舱有 1 个可以循环利用氧气，并且保持乘务舱和电子分系统温度的环境控制系统。登月舱从 6 个银锌电池获取电能。控制和导航通过雷达测距系统、惯性测量装置（由陀螺仪和加速度测量仪组成）和"阿波罗"制导计算机来完成。

"阿波罗"飞船的名字

从"阿波罗9号"飞行开始,美国国家航空航天局允许宇航员执行任务时为指挥服务舱(CSM)和登月舱(LM)选择编码名字。以下为宇航员选择的一些编码名字组合:"阿波罗9号"——指挥服务舱名为"口香糖"(Gumdrop),登月舱名为"蜘蛛"(Spider);"阿波罗10号"——"查理·布朗"(CSM)和"史奴比"(LM);"阿波罗11号"——"哥伦比亚"(CSM)和"鹰"(LM);"阿波罗12号"——"美国佬克里珀"(CSM)和"无畏"(LM);"阿波罗13号"——"奥德赛"(CSM)和"水瓶座"(LM);"阿波罗14号"——"小猫毫克"(CSM)和"大火"(LM);"阿波罗15号"——"奋进"(CSM)和"猎鹰"(LM);"阿波罗16号"——"卡斯珀"(CSM)和"俄里翁"(LM);"阿波罗17号"——"美国"(CSM)和"挑战者"(LM)。

◎ "阿波罗飞行计划"摘要

美国国家航空航天局的"阿波罗计划"包括进行大量的无人测试飞行任务和11次载人飞行任务:两次绕地球轨道飞行("阿波罗7号"和"阿波罗9号"),两次绕月球轨道飞行("阿波罗8号"和"阿波罗10号"),一次月球借力轨道飞行(在飞行中夭折了的"阿波罗13号")和6次登月飞行("阿波罗11号""阿波罗12号""阿波罗14号""阿波罗15号""阿波罗16号"和"阿波罗17号")。1975年7月开始的"阿波罗-联盟对接试验计划"经常叫第十二次"阿波罗计划"飞行任务,尤其是自从在这次国际交会对接中的美国宇宙飞船叫"阿波罗18号"以来。

在6次登月飞行任务中,每次都有两名宇航员在月球上行走。人们通常把这些飞行员叫作"月球行走者",他们是:尼尔·阿姆斯特朗和埃德温·奥尔德林("阿波罗11号");查尔斯·皮特·康拉德和艾伦·比恩("阿波罗12号");艾伦·谢泼德和埃德加·迪恩·米切尔("阿波罗14号");大卫·司各特和詹姆斯·艾尔文(James B. Irwin,"阿波罗15号");约翰·W.杨和查尔斯·杜克(Charles M. Duke,"阿波罗16号")以及尤金·A.塞尔南和哈里森·H.施密特("阿波罗17号")。到目前为止,他们是仅有的曾踏足于太阳系中另外一个星球的人类。从2006年7月20日起,还有9位亲历"阿波罗计划"伟大技术成就的太空行走者,其他3位(查尔斯·皮特·康拉德、詹姆斯·艾尔文和艾伦·谢泼德)已经去世。为了保存"阿波罗计划"的重要遗产，本节将对"阿波罗计划"的每一次载人飞行任务做一个简要的总结。本节还将包括："阿波罗 1 号"发射台灾难性事故，宇航员维吉尔·伊万·格里森、爱德华·H. 怀特和罗杰·B. 查菲（Roger B. Chaffee）遇难。"阿波罗 18 号""阿波罗 19 号"和"阿波罗 20 号"飞行任务（后 3 次任务是计划飞行的任务）于 1970 年由于预算限制而被取消。

1961 年 10 月—1968 年 4 月，美国国家航空航天局还进行了包括"土星 IB"和"土星 5 号"发射器以及"阿波罗"宇宙飞船 / 登月舱在内的各种无人飞行测试。这些无人飞行测试包括了需要绕地球轨道飞行的"阿波罗 4 号""阿波罗 5 号"和"阿波罗 6 号"飞行任务（1967 年 11 月—1968 年 4 月）。

"阿波罗 1 号"灾难

1967 年 1 月 27 日，灾难袭击了美国的太空计划。当时，正在佛罗里达州卡纳维拉尔角空军基地的 34 号发射台进行地面测试时，一团大火从执行"阿波罗 204 号"（AS-204）飞行任务的指挥舱中喷射出来。大火导致即将成为"阿波罗计划"首次载人飞行任务的宇航员维吉尔·伊万·格里森、爱德华·H. 怀特和罗杰·B. 查菲的死亡。当时，美国国家航空航天局正计划在 1967 年 2 月 21 日用"土星号"洲际弹道导弹从 34 号发射台把曾发生过大火的宇宙飞船送入地球轨道。

美国国家航空航天局最初把这次"阿波罗"载人飞行任务编号为 AS-204 飞行任务，意思是"阿波罗土星号"IB 系列的第四次发射。早些时候的无人"阿波罗土星 IB"系列的 AS-201、AS-202 和 AS-203 并没有被冠以正式的"阿波罗"飞行编号。无人 AS-201 飞行任务和无人 AS-202 飞行任务需要装有"阿波罗"飞船的"土星 IB"型火箭。在 AS-203 飞行任务中，"土星 IB"型火箭只装载着空气动力鼻锥进入轨道进行测试。尽管是在飞行前的测试中在发射台发生了这次灾难性事故，美国国家航空航天局的历史学家们还是报道了这次灾难性的事件："首次载人阿波罗土星飞行——在地面测试中失败了。"

在那个毁灭性的日子里，宇航员维吉尔·伊万·格里森、爱德华·H. 怀特和罗杰·B. 查菲坐在正通过"土星 IB"火箭点火发射倒计时口令的指挥舱中。在发射前将近 10 分钟，灾难毫无预示地发生了。在一份公开说明里，少将塞缪尔·菲利普斯（Samuel C. Phillips）描述了地面人员看到一团火从飞船中喷出，将整个飞船笼

1967 年 1 月 17 日,"阿波罗 1 号"宇航员(从左至右)维吉尔 · 伊万 · 格里森、爱德华 · H. 怀特和罗杰 · B. 查菲在位于佛罗里达州的卡纳维拉尔角空军基地的 34 号发射台摆好姿势摄影留念。发射台(他们身后)中装着他们准备搭乘的"土星 1 号"发射器。10 天后(1 月 27 日),3 名宇航员在飞行前的测试期间,死于发射台上的一场灾难性大火中。这次"阿波罗计划"的第一次载人飞行原定于 2 月 21 日发射。(美国国家航空航天局)

罩在浓烟中的详细过程。但是,救援努力失败了,救援人员用了 5 分钟才把宇宙飞船的舱门从外面打开,3 名宇航员早已窒息而死。这是美国人类太空飞行活动中第一次灾难性的事故。

震惊和怀疑席卷美国和世界。人们为遇难的宇航员举行了国葬。对他们的牺牲表达永久的敬意,美国国家航空航天局在 1967 年春正式宣布,原来为格里森、怀特和查菲执行的飞行任务定名为"阿波罗 1 号"。

到 1967 年 4 月,事故调查委员会得出结论:"阿波罗 1 号"飞船上的大火,显然是由于短路引燃了乘员舱的含氧大气,进而点燃了飞船中的易燃物品所造成的。尽管一直没有找到引发灾难的那根电线,但是,这次事故促使美国国家航空航天局在第一次载人太空飞行任务前对指挥舱飞船做了重大改进。美国国家航空航天局推迟了所有载人发射，直到安全专家和航天工程师们审查了指挥舱内部的改动，并且认为改进后再度使用的宇宙飞船已做好了飞行准备为止。例如：航天工程师们重新设计了指挥舱的舱口，使它向外开而不是向里开。因为在1月份那个可怕的日子中，原先的那个舱口是把格里森、怀特和查菲困在起火燃烧的飞行器中的一个重要原因。飞船工程师们还给飞船安装了电线，更改了原先布线的路线，并且给电线使用了更好的防火隔离材料。美国国家航空航天局的安全专家们还检查了飞船内使用的所有潜在的易燃物品并且用不易燃烧的物质替换了许多非金属材料。总的说来，全美几千名工程师和技术人员帮助把"阿波罗"指挥舱重新设计成一个更好、更安全的宇宙飞船，避免再发生类似的意外事故。

由于"阿波罗1号"事故，美国国家航空航天局给"阿波罗"飞行任务进行编号的行政规划发生了重大变化。"阿波罗2号"或者"阿波罗3号"没有被编号为任何飞行任务。"阿波罗4号"飞行任务用于命名1967年11月9日"土星5号"火箭的第一次无人飞行。这次飞行任务也叫AS-501飞行任务。在"阿波罗5号"飞行任务中，原来的AS-204"土星IB"型火箭飞行器（在其顶部"阿波罗1号"发生大火）于1968年1月22日将一艘无人驾驶登月舱宇宙飞船送入地球轨道。这个登月舱被封闭在一个宇宙飞船——登月舱转接器中，顶部有一个取代了"阿波罗"指挥服务舱的空气动力鼻锥。最后，"阿波罗6号"飞行任务包括另外一次"土星5号"发射飞行器的无人测试。"阿波罗6号"（或AS-502）飞行任务于1968年4月4日开始进行。这次无人飞行任务出现了许多问题：在升入轨道时，构成"土星5号"发射器二级布局的五台J-2火箭发动机中的两台提前停止运转。此外，巨大的3级火箭中的J-2发动机在完成绕地球轨道飞行后不能重新启动。通过仔细分析大量的遥测数据，工程师们最终查出，问题主要出现在错误的J-2发动机上的点火器线上。由于日程安排非常紧，火箭工程师们临时完成了方位测定，美国国家航空航天局的指挥人员宣布，"土星5号"巨型发射器已经做好了将人类送入太空的准备。

阿波罗7号

"阿波罗7号"作为一次重塑信心的飞行任务，使美国国家航空航天局"阿波罗计划"的工作人员从"阿波罗1号"的悲剧中振作起来。此次"阿波罗计划"的第一次载人发射在 1968 年 10 月 11 日进行。一枚"土星 IB"飞行器（编号为 AS-205）离开了卡纳维拉尔角空军基地的 34 号发射台，载着宇航员沃尔特·斯基拉（指挥官）、唐·埃斯利（Donn Eisele，指挥舱驾驶员）和 R. 瓦尔特·科宁汉（R. Walter Cunningham，登月舱驾驶员），进入绕地球轨道。作为一个历史性的标记，即使这次特殊的任务没有包括登月舱飞船的飞行，科宁汉在整个计划期间还是被冠以登月舱驾驶员的称呼以保持宇航员位置的连续性。所有后来的"阿波罗"飞行任务都使用"土星 5 号"发射器，并且从与卡纳维拉尔角空军基地相邻的美国国家航空航天局肯尼迪航天中心的 39 号发射台起飞。

这次历时 11 天的绕地球轨道飞行任务的主要目标是：验证经过重新设计和改进后的指挥服务舱飞船是否适用，载有一名人类宇航员的"土星 IB"发射器的使用情况，指挥服务舱宇宙飞船的交会能力。在成功发射之后，"阿波罗 7 号"宇宙飞船进入近地点 232 千米，远地点 297 千米，飞行周期为 89.8 分钟，倾角为 31.6° 的绕地球轨道。

发射升空后，连接在一起的"土星 IB"上级火箭-阿波罗宇宙飞船有效载荷组合被编号为 S-IVB/CSM，进入近地点 228 千米，远地点 282 千米的绕地轨道。然后，美国国家航空航天局的飞行任务指挥人员从 S-IVB 火箭的上级中放出了剩余的推进剂——这一操作在接下来的 3 个多小时里，把 S-IVB/CSM 组合逐渐提到近地点 232 千米，远地点为 309 千米的轨道上。然后，宇航员把他们驾驶的宇宙飞船（指挥服务舱）与"土星 IB"上级分开，并且把 S-IVB 作为目标飞行器与其进行两天的对接。

知识窗

"土星 IB"发射器

在"阿波罗计划"中，美国国家航空航天局把"土星 IB"火箭用作"土星 5 号"巨型火箭的小伙伴。"土星 IB"发射器集推进器装备和操作技术的重大成就于一身——这些成就是把宇航员送上月球所必需的。与原先的"土星 1 号"系列发射器的性能相比，"土星 IB"型各级火箭包含了提高整个发射器性能的大量修改。例如美国国家航空航天局的推进器工程师们，把飞行器的 8 个 H–1 火箭发动机中的每一个的推力由 83.6 万牛提高到 89 万牛。对于"阿波罗计划"来说，其中较重要的一点是，"土星 IB"飞行任务为美国国家航空航天局的工程师们提供了一个通过飞行来测试"土星 5 号"的一些硬件设施的机会。尤其是"土星 IB"的上级火箭，叫 S–IVB 级，有一个与"土星 5 号"发射器上装载的上（三）级火箭几乎一模一样的单个 J–2 火箭发动机。这些仪器设备拥有相似的设计通用性。

在"阿波罗 7 号"的 11 天的轨道飞行任务中，指挥服务舱的火箭［服务推进系统（SPS）］进行了 8 次近乎完美的点火，这些成功的验证对于整个"阿波罗计划"来说至关重要，因为服务推进系统是将宇航员送入和送出绕月轨道的火箭发动机。其他的"阿波罗"宇宙飞船的硬件设施和操作程序也同样工作良好，没有重大的问题。这次长时间的飞行任务清楚地证实了重新设计的指挥服务舱在太空中的重要价值，成为通往月球的道路上的重要科技里程碑。

然而，在这次长期的飞行中却无意中出现了一个恼人的生物难题。尽管"阿波罗"宇宙飞船为 3 名宇航员提供了稍大一点的乘员舱，但是在微重力环境中，在狭窄的环境里生活 11 天，最终还是对他们的身体造成了不良影响。在发射升空后不久，斯基拉患上了相当严重的伤风。第二天，其他两名宇航员埃斯利和科宁汉也患上了伤风。绕轨道飞行的宇宙飞船上的微重力环境使伤风的情况更加恶化，因为头部的汗液无法流出。尽管进行了药物治疗，伤风还是使 3 名宇航员在整个飞行期间都极不舒服。他们个人的不适影响了一些既定任务的完成。而且，在重返操作中宇航员没有戴上宇航服头盔，这样，他们就能够更好地清清嗓子和清理耳朵。

10 月 22 日，"阿波罗 7 号"宇航员抛掉了服务舱，为指挥舱大约 10 分钟后的重返做准备。飞船溅落在离回收舰艇"埃塞克斯号"（USS Essex）航母以北大约 13 千米处、靠近百慕大的大西洋中。斯基拉、埃斯利和科宁汉在这次长时间的绕轨道飞行中飞行了 260 小时 9 分钟，绕地球 163 圈。"阿波罗 7 号"指挥舱目前陈列在渥太华的加拿大科技博物馆中。

阿波罗 8 号

"阿波罗 8 号"宇航员是第一批敢于飞出较低的地球轨道，挣脱地球引力，探索另一个世界的人。宇航员弗兰克·博尔曼担任指挥官，詹姆斯·亚瑟·洛威尔担任指挥舱的驾驶员，威廉·安德斯担任登月舱的驾驶员。在这次飞行任务中没有使用功能登月舱，但是却把一个登月舱测试用品包括在内。美国国家航空航天局的工程师们把登月舱测试用品作为保持质量平衡的压舱物安装在飞船和发射器的转接器中。

这项飞行任务开始于 1968 年 12 月 21 日，当时一枚强大的"土星 5 号"火箭（AS-503）成功地从佛罗里达州肯尼迪航天中心的 39-A 号发射台发射升空。这次飞行任务是第一次使用"土星 5 号"火箭的载人飞行和第一个载人绕月飞行任务。在总计147 小时的时间内，"阿波罗 8 号"飞船载着它的宇航员踏上了完美的 80 万千米的奔向月球及绕月之旅——一个绕月 10 圈的历史性飞行。

这次飞行获得了重要的操作经验，测试了"阿波罗"指挥舱系统，包括在地月轨道间和月球轨道上指挥舱的通讯、追踪和生命保障系统的工作情况。美国国家航空航天局的设计者和人类问题专家也获得了评估宇航员在绕月轨道上的表现的第一个机会。"阿波罗 8 号"宇航员拍摄了近地点和远地点处的月球表面，收集了关于近地点处的地形特征和月表特征的信息，为将来的登陆任务做好准备。

宇航员还进行了 6 次现场电视播送，包括一次振奋人心的平安夜电视播放。在这次播放中，每位宇航员都从《创世纪》中读取了一段。他们注视着宇宙飞船下贫瘠荒凉的月球景象，看到了地球从月球地平线上升起的瑰丽壮观的美景。

在完成了绕月球飞行 10 圈的任务之后，宇航员在 12 月 25 日成功地进行了十分重要的指挥服务舱火箭的向月入轨燃烧。然后"阿波罗 8 号"宇宙飞船离开月球轨道飞向地球。12 月 27 日，宇航员们溅落在太平洋中。他们在夏威夷西南方 1 600 千米处，离回收船——"约克城号"（USS Yorktown）航空母舰只有 5 千米。现在"阿波罗 8 号"宇宙飞船正陈列在伊利诺伊州的芝加哥科学工业展览馆中。

阿波罗 9 号

"阿波罗 9 号"飞行任务开始于 1969 年 3 月，是"阿波罗-土星 5 号"太空飞行器编队的第一次整体飞行——第一次所有月球飞行任务的设备都一起起飞，包括取代"阿波罗8号"飞行任务中所使用的登月舱测试物品的登月舱飞行物品。这次飞行任务是"阿波罗计划"的第三次载人飞行。宇航员詹姆斯·麦克迪维特担任指挥官，大卫·司各特担任指挥舱的驾驶员，拉塞尔·施威卡特（Russell Schweickart）担任登月舱驾驶员。从这次飞行任务开始，宇航员获得美国国家航空航天局总部的许可，可以给指挥服务舱和登月舱取个名字。对于这次任务，指挥服务舱叫"口香糖"，登月舱叫"蜘蛛"。在服务舱这次飞行任务结束时，就在重返之前被从连接在一起的指挥服务舱宇宙飞船抛掉后，指挥舱继续使用"口香糖"这一名字。

"阿波罗9号"飞行任务的主要目标是在地球轨道上检验登月舱的各个方面。宇航员证实，登月舱作为一个独立的、自给自足的宇宙飞船能够正常运转。他们还对"口香糖号"和"蜘蛛号"进行了一系列的交会对接操作。这些验证测试为美国国家航空航天局的管理人员提供了所需的证据，使他们对"阿波罗计划"的两艘飞船，即指挥舱和登月舱能够胜任登月任务（一项包括宇宙飞船在绕月飞行时进行轨道交会对接的飞行任务）的艰苦工作充满信心。

1969年3月3日，一枚庞大的"土星5号"火箭（AS-504）从肯尼迪航天中心的39-A发射台将宇航员、指挥服务舱和登月舱送入绕地轨道。发射后，联合在一起的S-IVB的上级火箭和对接器-登月舱-指挥服务舱-有效载荷被送入一个高度为192千米的近似于圆形的绕地轨道中。然后美国国家航空航天局的飞行任务控制人员把S-IVB上级火箭上的燃料箱开孔，把轨道变成大约近地点198千米，远地点204千米。接着，在发射后大约3小时，宇航员将指挥服务舱与S-IVB的上级火箭分离。他们还抛掉了转接器控制板，使安放在S-IVB上的登月舱露了出来。几分钟后，宇航员调转指挥服务舱，把它与登月舱对接。大约1个小时以后（或大约发射后4小时），宇航员把S-IVB的上级火箭与对接后的指挥服务舱-登月舱联合体分离。然后美国国家航空航天局的飞行任务指挥者指导进行了一次S-IVB的J-2火箭发动机62秒钟的点火发射——一次把燃料耗尽的飞行器的远地点提升到3050千米的推进行动。

在接下来的几天里，"阿波罗9号"宇航员5次发动指挥服务舱的服务推进系统来改变联合后的指挥服务舱和登月舱编队的轨道，为交会操作做准备以及检测连接后的指挥服务舱和登月舱在推力作用下的动态情况。3月5日，登月舱的下级发动机也进行了367秒钟的点火发动情况。3月6日，两名"阿波罗9号"宇航员同时进行了一次出舱活动。施威卡特在登月舱入口处进行了一次37.5分钟舱外活动，检测宇航员的可移动生命保障系统和飞行器舱外的移动装置。施威卡特所使用的新型"阿波罗号"宇航服是美国宇航员的宇航服第一次有自己的(独立的)生命保障系统而不是依赖于飞船的脐带式连接。当施威卡特在登月舱的"前门"进行舱外活动时,司各特(带着一个与飞船相连的脐带式生命保障装置)从指挥服务舱的侧舱口进行飞行器舱外活动。

3月7日,在地球轨道上进行的测试操作更加有趣,当时麦克迪维特和施威卡特爬到"蜘蛛号"登月舱里与"口香糖"指挥服务舱分离。作为测试操作的一部分,他们抛掉了登月舱的下级火箭并第一次发动了登月舱的上级火箭。这些绕轨道飞行活动以模拟登月舱在登陆月球的飞行任务中返回,与正在轨道上飞行的指挥服务舱交会,然后对接而告终。在"蜘蛛号"与"口香糖号"成功对接后,麦克迪维特和施威卡特又转回指挥服务舱。然后宇航员抛掉了登月舱的上级火箭(为了保持连续性,尽管登月舱宇宙飞船的下级火箭先前已经被遗弃了,这艘飞船仍叫"蜘蛛号")。然后"蜘蛛号"的上级发动机接受指令点火启动直到火箭推进剂消耗殆尽,这使得登月舱的上级火箭进入到近地点235千米,远地点6 970千米的绕地轨道。"蜘蛛号"最终从它的轨道上分离,并于1981年10月23日烧毁在地球大气层中。被抛掉的登月舱的下级火箭在轨道上分解得更快,于1969年3月22日重返地球大气层时被烧毁。

在绕地球轨道飞行时,"阿波罗9号"宇航员成功地验证了指挥服务舱飞船和登月舱的重要的交会对接操作。在此次飞行任务中还完成了陆标跟踪活动。在太空中飞行了241小时后,3名宇航员于3月13日返回地球。"口香糖号"指挥舱溅落在巴哈马群岛东面约290千米的大西洋中,与"瓜达康纳尔岛号"回收舰艇遥遥相望。"阿波罗9号"指挥舱"口香糖"现正陈列在杰克逊市的密歇根航天科学中心。

阿波罗10号

1969年5月,"阿波罗10号"成功地完成了人类第二次月球轨道飞行任务。在为真正的登陆月球飞行任务(在"阿波罗11号"中进行)进行的预演中,"阿波罗10号"宇航员来到了离月球表面不到14.3千米的太空,在月球轨道上度过了近62个小时(旋转31周)。

宇航员斯塔福德担任此次飞行任务的指挥官,约翰·W.杨担任指挥舱驾驶员,尤金·A.塞尔南担任登月舱驾驶员。宇航员给指挥服务舱取名为"查理·布朗"，用查尔斯·舒尔茨（Charles Schulz）创造的广为流行的《花生豆》漫画给登月舱取名为"史奴比"（Snoopy）。

1969年5月18日，美国国家航空航天局从肯尼迪航天中心的39-A发射台，发射升空了另一枚强大的"土星5号"火箭飞行器（AS-505），执行"阿波罗10号"飞行任务。此次飞行任务的主要目标是，检验在整个的载人月球飞行任务期间宇航员、太空飞行器和飞行任务支持设施间的密切配合情况。宇航员还进行了评估"史奴比号"登月舱在地月轨道间和月球轨道上的运行情况的各种操作。"阿波罗10号"是计划中的"阿波罗11号"月球登陆飞行任务的"预演"。在"阿波罗10号"飞行任务期间，"阿波罗计划"的硬件设施被彻底检测一遍，除了真正的月球登陆，所有的操作都进行了一次。

人们头脑中偶尔会冒出一个推测，当如此近地（14.3千米）靠近月球表面时，"阿波罗10号"的宇航员是否决定过要继续飞行并且登陆月球。也许登月舱的宇航员可能有过成为第一个接触月球表面的人的愿望，当时月球就迷人地伸展在他们的宇宙飞船之下。但是登月舱的两名宇航员斯塔福德和塞尔南都是借调到美国国家航空航天局的训练有素、纪律严明的军官，他们被特别选中执行这个重要的飞行任务，就是因为他们知道如何忠诚可靠地听从命令以及如何果断地对任何突发事件或设备故障做出反应。而且，他们的登月舱"史奴比"实际上是一个早期设计的测试品，对任何成功的月球登陆和随后的向上回到指挥服务舱的飞行来说都过于笨重。"史奴比"适用于这次预演任务，但是却无法将任何未经官方许可的"着陆宇航员"送回到将踏上返地之旅的正在绕轨道飞行的指挥服务舱中。

发射以后，"阿波罗10号"宇宙飞船被送入近地点190千米，远地点185千米，一个近似于圆形的绕地停泊轨道。在完成了1周半的绕地飞行之后，宇航员完成了向月入轨操作。"查理·布朗"（指挥服务舱）与"土星5号"火箭的三级火箭（在航空航天速记里叫S-IVB级）分离、变换姿态并与"史奴比"（登月舱）对接。经过3天的地月轨道间巡航之后，宇航员在5月21日使用了指挥服务舱的服务推进系统，用了356秒发射，进入到远地点316千米，近地点110千米的绕月轨道中。然后宇航员启动服务推进系统用了19.3秒。服务推进系统的第二次启动把"阿波罗10号"宇宙飞船送入到高度为112千米的近于圆形的月球轨道中。

5 月 22 日，宇航员斯塔福德和塞尔南进入"史奴比"登月舱，杨发动了服务舱反应控制推进器，使登月舱与指挥服务舱飞离。然后，斯塔福德和塞尔南使登月舱进入可以使宇宙飞船从较低高度进入月球表面的轨道中。他们与月球表面的最近距离达到 14.3 千米。在与指挥服务舱分离期间，宇航员测试了登月舱上的所有系统。这些测试包括：检测通信系统、推进系统、高度控制系统和雷达系统的工作情况。他们还拍摄了大量高分辨率的月球表面照片，尤其是可能作为未来"阿波罗"飞行任务着陆地点的月表照片。在这些测试结束时，宇航员选准时机对即将到来的"阿波罗 11 号"着陆任务进行模拟，他们把登月舱的下级火箭弃置在月球轨道上，然后用"史奴比"的上级火箭返回指挥服务舱。5 月 23 日清晨，斯塔福德和塞尔南与"查理·布朗号"指挥服务舱交会对接。他们花费了大约 8 个小时对登月舱进行测试。所有系统工作良好，除了由于按错了开门造成登月舱暂时性的旋转以后，测试进展非常顺利。

当天晚些时候，"阿波罗 10 号"宇航员将登月舱的上级火箭（"史奴比号"登月舱的剩余部分）弃置在日心轨道上。5 月 24 日，在完成了 31 圈的绕月飞行之后，宇航员启动了指挥服务舱的服务推进系统，完成向地入轨。5 月 26 日下午晚些时候，宇航员抛掉了服务舱，开始为指挥舱（"查理·布朗号"）的重返做准备。大约 30 分钟后，"阿波罗 10 号"飞船溅落在美国萨摩亚群岛以西大约 644 千米处的太平洋中，距离回收舰艇"普林斯顿号"（USS Princeton）仅 5.5 千米。

作为一个历史性的标志，"阿波罗号"宇航员对他们在重返中降落地点的准确性引以为荣；他们甚至还对谁的太空舱的降落地点离预定的目标地点最近下了赌注。在"阿波罗计划"的初期，"阿波罗"宇宙飞船上的计算机比回收舰艇能更好地锁定目标地点。最后，回收舰艇开始使用准确性不亚于"阿波罗"宇宙飞船的电子计算机的导航设备，然而，回收舰艇的船长仍谨慎地使他们与目标溅落点保持大约 2 千米远的距离以避免发生任何可能的碰撞。

在这次极其成功的演练任务中，"阿波罗 10 号"宇航员清楚地证明：人们期盼已久的月球登陆已经一切准备就绪。斯塔福德、杨和塞尔南在太空中飞行了 192 小时多一点，并且绕月飞行了 31 圈。这次飞行任务的另一个特色是第一次从宇宙飞船上进行现场彩色电视转播。"阿波罗 10 号"指挥舱目前陈列在伦敦的科学博物馆中。

阿波罗 11 号

"阿波罗 11 号"飞行任务完成了肯尼迪总统在 1961 年制定的目标——在 20 世纪 60 年代的 10 年间使人类登上月球并使他们安全返回地球。1969 年 7 月 20 日,宇航员尼尔·阿姆斯特朗(指挥官)和埃德温·奥尔德林(登月舱驾驶员)驾驶登月舱(名为"鹰")飞向月球表面,安全抵达静海。当阿姆斯特朗和奥尔德林成为两位首次漫步于另一个世界的人类时,他们的伙伴迈克尔·科林斯(指挥舱驾驶员)正在月球上空的"哥伦比亚号"指挥服务舱中绕轨道飞行。

1969 年 7 月 16 日,当一枚巨大的"土星 5 号"火箭(AS-506)从肯尼迪航天中心的 39-A 发射台上完美发射升空,开始了人类历史上意义最深远的旅行时,尼尔·阿姆斯特朗的话最能引起兴奋。在一份美国国家航空航天局"阿波罗计划"的总结报告(发表于 1975 年)中,阿姆斯特朗写道:"当我们在 1969 年 7 月 16 日清晨乘电梯升到'土星'火箭的顶部时,我们知道成千上万的美国人为给我们这次机会而尽心竭力。现在该是我们尽力的时候了。"

"阿波罗 11 号"飞船(指挥服务舱和登月舱联合在一起)像它的前任"阿波罗 10 号"飞船一样进行了一次相似的对月飞行任务。发射以后,"阿波罗 11 号"飞船进入绕地轨道。在完成了一圈半的绕地飞行之后,"土星 5 号"的三级火箭(S-IVB 的上级火箭)再次点火进行大约 6 分钟的向月入轨点燃,使宇宙飞船向月航向。33 分钟后,"阿波罗 11 号"宇航员把"哥伦比亚号"指挥服务舱与 S-IVB 级分离,使宇宙飞船转向并与"鹰号"登月舱对接。大约 75 分钟后,他们抛弃了 S-IVB 并把这个已经失去效用的火箭投入日心轨道中。当对接后的"CSM-LM"(指挥服务舱-登月舱)宇宙飞船编队沿着地月轨道飞行,准备进行历史性的交会时,"阿波罗 11 号"飞船的宇航员向地球进行了一次现场彩色电视转播。

7 月 19 日,为了完成宇宙飞船导入月球轨道的任务,宇航员对指挥服务舱的服务推进系统进行了 358 秒的逆点火。完成了入轨点燃之后,飞船处于月球背面并与地球失去联系。一会儿,持续时间要短得多的(17 秒)服务推进系统点燃使宇宙飞船的绕月轨道成为圆形。

第二天(7 月 20 日),阿姆斯特朗和奥尔德林进入"鹰号"登月舱进行乘登月舱到月球表面旅行前的最后一次检查。当登月舱和指挥服务舱分离时,科林斯从"哥伦比亚号"(CSM)对"鹰号"(LM)进行了肉眼检查。然后阿姆斯特朗和奥尔德林用 30 秒启动了登月舱的下级发动机。他们的这个举动使"鹰号"进入一个距月表最近达 14.5 千米的低空轨道。两名宇航员再次发动了登月舱下级发动机，这次时间是 756 秒钟。然后他们开始了历史性的登陆月球表面的最后阶段。阿姆斯特朗驾驶着登月舱在月球表面安全着陆，但是当他完成这一切时，还剩下不到 30 秒钟的火箭推进剂储备。现在宇航员面临的问题是找到一个合适的着陆地点。尽管以前在着陆点的选择过程中进行了拍摄勘查，但是原来选定在静海的着陆点上遍布着大量的陨石坑和岩石——在其中任何一

1969 年 7 月 16 日，美国宇航员尼尔·阿姆斯特朗、埃德温·奥尔德林和迈克尔·科林斯坐在体积庞大的"土星 5 号"火箭顶部从佛罗里达州肯尼迪航天中心的 39-A 发射台发射升空。当巨大的火箭隆隆作响地缓慢离开发射台，3 名"阿波罗 11 号"宇航员开始了他们历史性的月球之旅，第一次登陆月球使这次飞行任务达到高潮。（美国国家航空航天局）

处附近停错位置对这次飞行任务来说都可能意味着一场灾难。在寻找一处合适的着陆点时，"鹰号"登月舱的下级发动机的燃料储备几乎已经耗尽。阿姆斯特朗最后终于找到了一个相对平坦的地方，在 1969 年 7 月 20 日下午 4 点 17 分（美国东部时间），将蜘蛛状的宇宙飞船停落下来。

在整个使人备受煎熬的寻找安全的月球着陆点的过程中，美国国家航空航天局得克萨斯州休斯敦飞行控制中心的工作人员紧张地监视着"鹰号"登月舱，看到推进剂几乎已经消耗殆尽。当来自登陆舱的信号一显示与地面有了某种联系时，飞行控制中心马上发出了下面的简短信息："'鹰'号，我们跟随你来进行操作。"那天无

线电信号在地球和月球之间往返的正常时间延迟（两秒钟多一点）对于房间中的每一个人来说似乎都度日如年。然后传来了阿姆斯特朗著名的回答："休斯敦，这里是'静海基地'。'鹰'号已经着陆！"在这一历史性的时刻，来自休斯敦的回答也同样令人难忘："罗杰，静海，我们跟随你到月球表面。这里有一群脸色铁青的家伙。现在我们又开始呼吸了。多谢。"这段简短的对话标志着人类探索中的一个最伟大的时刻开始了。

6个小时后，阿姆斯特朗打开了登月舱上的出入舱口，小心地走下舷梯。当他的左脚接触到月球上的土地时，他向休斯敦报告说："对于我个人来说这只是一小步，……但对整个人类来说却是一大步。"大约19分钟后，奥尔德林随后而至，成为第二个踏足于月球的人类。当他向外看到月球上的景象，注意到了阴影处光秃秃的月球表面和荒凉的沙漠般的月表特征时，奥尔德林说道："太美了，太美了。壮丽的荒凉。"

像各地的旅游者一样，阿姆斯特朗和奥尔德林通过拍摄大量的照片开始了他们的月球之行。他们还搜集了纪念品，大约21.7千克的月土和岩石样本，准备带回去给行星专家。当他们最初的欢乐心情逐渐平复时，他们便开始设置仪器，在登月舱附近设置"阿波罗月面实验箱"（Early Apollo Surface Experiments Package，缩写为EASEP）。在几个小时里，他们穿越了总计大约250米的月球表面，采集岩石样本，检查登月舱，放置科学仪器，并且插了一面美国国旗——不是作为宣布领土主权的象征，而是作为完成了首次人类登上月球的国家的永久象

"阿波罗11号"宇航员埃德·奥尔德林从"鹰号"登月舱的舷梯上下来，成为第二个踏上月球的人（1969年7月20日）。（美国国家航空航天局）

征。他们还拿掉了罩在登月舱舷梯上的"阿波罗11号"徽章上的起保护作用的金属薄片。

舱外活动结束后，宇航员返回了登月舱，关上舱口。在从月球表面乘火箭发射升空与正在"哥伦比亚号"指挥服务舱中绕轨道飞行的迈克尔·科林斯会合之前，他们应该睡几个小时，然而他们却无法入睡。显然，有太多要做和要看的事情，但时间却太少。奥尔德林在狭窄的登月舱的地板上所能做的最好的休息就是（用他自己的话说）："断断续续地打了几个小时的盹儿。"阿姆斯特朗只是清醒地待在充满噪声和明亮的警示灯的小乘务舱里。

7月21日，在月球表面度过了21小时36分后，宇航员发动了登月舱的上级发动机从月球表面升空。当"鹰号"登月舱的上半部分升入月球轨道时，它的下半部分就留在了月球表面北纬00.6°，东经23.5°（月球坐标）的静海。"鹰号"登月舱（和其他由"阿波罗12号""阿波罗14号""阿波罗15号""阿波罗16号"和"阿波罗17号"宇宙飞船留下的遗弃的登月舱的下级火箭）现在就成为人类征服太空的永久的纪念。然后，阿姆斯特朗和奥尔德林与"哥伦比亚号"指挥服务舱对接并把收集来的月岩和一些设备运送到指挥舱中。

7月22日，在为返回地球的旅程做准备时，宇航员把登月舱的上级火箭弃置在绕月轨道中。人们不知道"鹰号"登月舱的上半部分的确切命运如何，但是美国国家航空航天局的任务管理人员推测，在被遗弃在轨道后的1—4个月内，它就会撞碎在月球表面。在完成了31圈的绕月飞行之后，"哥伦比亚号"准备返回地球。指挥服务舱的主火箭发动机2分半钟的点火发射开始了最重要的向地入轨过程。

7月24日上午，指挥舱与服务舱进行了预定的飞离，它的3名乘员已经做好重返准备。在完成了耗时195小时18分35秒的飞行任务之后，阿姆斯特朗、奥尔德林和科林斯溅落在离回收船"黄蜂号"大约24千米远的太平洋中部。美国海军回收人员迅速乘直升机到达并将生物隔离服抛入宇宙飞船中。当"层层包裹"的宇航员从"哥伦比亚号"指挥舱中出现以后，回收队的潜水员用一种有机碘溶剂清洗了宇宙飞船的舱口。然后宇航员和回收队员用一种次氯酸钠液为彼此的防护服消毒。接着3名宇航员被拉出海面，用直升机送到"黄蜂号"上并被立即放入航空母舰甲板上的一个特殊的月球隔离拖车设施中。在隔离期设施里面迅速更换了衣服，宇航员出现在窗口，接受已经飞抵"黄蜂号"的尼克松总统的亲自祝贺。

被关在隔离拖车里的阿姆斯特朗、奥尔德林和科林斯——连同他们现在已被隔离的指挥舱和珍贵的月球岩石，一同来到了位于得克萨斯州休斯敦的月球接受实验室。他们在那里的隔离区一直待到8月10日深夜。从医学的角度来看，这段隔离期证明宇航员平安无事。由于没有迹象表明置身于月尘中或任何可能由他们的宇航服或仪器带回地球的假想中的地外微生物有什么不良影响，美国国家航空航天局的生物医学专家决定把3名宇航员从隔离区中放出来。他们回到家里与家人团聚，然后在享受了一段理所应当的私人时光之后，踏上了游历世界的胜利之旅。公众可近距离地接触月球岩石样品和"阿波罗11号"指挥舱（"哥伦比亚号"）——现在华盛顿特区的国家航空航天博物馆（National Air and Space Museum）展出。"鹰号"下级火箭正在静海的原着陆地点等待着下一批月球探险者。

阿波罗 12 号

"阿波罗12号"飞行任务是第一个H系列的飞行任务，在此次任务期间，对月球的科学探索正式开始。"阿波罗12号"飞行任务的主要目标包括完成一连串广泛的月球探索任务，设置"阿波罗月表试验"部件，验证长时间在月表停留和工作的能力。宇航员们在1969年11月实现了所有这些目标。

宇航员查尔斯·皮特·康拉德担任此次任务的指挥官，理查德·戈登担任指挥舱驾驶员，艾伦·比恩担任登月舱驾驶员。宇航员给"阿波罗12号"指挥服务舱取名为"美国人的快速帆船"（Yankee Clipper），登月舱取名为"无畏"。"阿波罗12号"飞行任务是第二个人类踏上月球并安全返回地球的飞行任务。

这次成功的飞行任务在1969年11月14日开始的时候有点吉凶难测。当时美国国家航空航天局在狂风暴雨中从肯尼迪航天中心的39-A发射台发射了一枚"土星5号"火箭（AS-507）。当火箭升向轨道时，它所搭载的宇宙飞船的有效载荷在发射后的第36秒和第52秒被闪电击中两次。电击造成宇宙飞船暂时的电力中断，还造成宇宙飞船向地面的遥测信号传送暂停。然而电源被自动转换到备用电池，这使得宇航员有时间去检查故障和恢复飞船的主要电力（由燃料电池提供）。

当巨大的火箭继续向外层空间爬升时，美国国家航空航天局在地面的工程师和技术人员心急如焚地帮助3名宇航员解决问题。尤其是，当地面上的工程人员进行指导和建议的时候，宇航员一直忙着重新设置电路和检查飞船所有的操作系统。他们想要完全确认闪电没有损坏飞船或威胁到他们安全完成接下来的月球登陆的计划。

在完成了此次飞行任务之后,美国国家航空航天局的科学家们对电力突然中断的原因进行了更彻底的调查。他们得出的结论是,"阿波罗12号"飞行器自身产生了闪电。科学家们认为,当火箭上升经过含雨云层时,正在上升的飞行器上出现静电累积。显然,两次闪电都需要积累静电电荷,然后突然放电,干扰了宇宙飞船的电力系统。

幸运的是,"阿波罗12号"飞船及其宇航员安然无恙地从这次惊心动魄的经历中侥幸逃生。当飞船进入绕地轨道(发射后的第11分44秒时)时,宇航员恢复了主要电力供应,飞船的所有系统都运行良好。在绕地球轨道飞行了1圈半后,S-IVB上级火箭发动机两次复苏,完美地进行了一次5分45秒的点火发射,将"阿波罗12号"宇宙飞船送入目标向月轨道。在平静地飞过地月轨道空间后,11月18日,"阿波罗12号"飞船到达月球,完成了绕轨道飞行。第二天(11月19日),宇航员康拉德和比恩登上"无畏号"登月舱,与仍留在"美国人的快速帆船号"指挥服务舱上的理查德·戈登告别,然后安全地降落在月球表面的"风暴洋"。

他们的着陆非常精确,康拉德和比恩刚好把"无畏号"降落在相距"勘测者3号"(Surveyor 3)——1967年4月由美国国家航空航天局送到月球上的机器人宇宙飞船不到183米的地方。康拉德成为第三位在月球上行走的人。比恩紧随其后,成为这个独一无二的月球行走者俱乐部的第四位会员。

在"阿波罗12号"飞行任务期间,康拉德和比恩进行了两次月球表面出舱活动——一次是在11月19日,另一次是在11月20日。在这两次月球行走期间,两名宇航员大约4个小时一班轮流工作,勘查了所有感兴趣的地点,人工运送了所有的设备、工具和实验用具。他们建起了月面实验包,还走到"勘测者3号"飞船那里恢复了机器人的电视摄像机和机械铲斗,这样,地球上的科学家们就能够研究露天放置在月表大约30个月对飞船的部件所产生的影响。他们还拍摄了各种照片,从风暴洋地区周围采集了大约34.4千克的月球岩石和土壤样品。

在月球表面度过了总共31小时31分后,11月20日,康拉德和比恩做好准备将"无畏号"的上级火箭发射升空,然后发动了登月舱的上级发动机。"无畏号"的下级火箭就留在了宇航员着陆的大约南纬3.0°,西经23.4°(月球坐标)的风暴洋地区。一旦进入月球轨道,宇航员就将"无畏号"(上级火箭)与"美国人的快速帆船"(指挥服务舱）进行对接，然后宇航员和采集来的月球土壤和岩石标本一起转移到指挥舱。大约两个小时后，他们抛掉了"无畏号"的上级火箭，并且用机上的电脑再一次发动了火箭发动机，使宇宙飞船坠毁在月球南纬 3.94°，西经 21.20° 的地区。登月舱上级火箭的坠毁造成了第一次人工月震——月球实验包上的科学仪器记录并报道了这一事件。宇航员们在月球轨道上又停留了一天，继续拍摄照片。11 月 21 日，在完成了绕月 45 周的飞行之后，宇航员们发动了指挥服务舱的主火箭发动机，脱离月球轨道朝着地球轨道飞去。

在 11 月 22 日进行了中途的调整后，宇航员们于 11 月 24 日到达地球。指挥舱与服务舱正常分离，几分钟后进入地球大气层。在完成了历时 244 小时 36 分的飞行任务之后，康拉德、比恩和戈登溅落在美国萨摩亚群岛附近的太平洋中。宇航员在离"黄蜂号"回收舰艇仅 6.9 千米的地方触水。然后他们与返回地球的"阿波罗 11 号"宇航员一样接受了 3 周的隔离。"阿波罗 12 号"指挥舱"美国人的快速帆船号"现陈列在汉普顿市的"弗吉尼亚航空航天中心"（Virginia Air and Space Center）。从月球上回收回来并由"阿波罗 12 号"宇航员带回地球的"勘测者 3 号"摄像机现在华盛顿特区的国家航空航天博物馆展出。

阿波罗 13 号

从本质上说，火箭科学家、航空航天工程师和宇航员都是基于事实和数学逻辑来作出决定的人。他们明白，在人类的太空飞行中是不存在迷信的，然而，即使是最坚定的与数字打交道的科学家或工程师在回顾美国国家航空航天局的第三次载人登月飞行任务时，对"阿波罗 13 号"发生的历次不幸时都心存顾忌。当然，令人欣慰的是，3 名受到影响的宇航员没有向危及生命的不幸屈服，到达了离地球大约 32.2 万千米的最大高度。他们在面临巨大危险时的奋力求生是一种令人鼓舞的个人勇气和职业行为的表现。

"阿波罗 13 号"飞船是"阿波罗 H 系列"的第二艘宇宙飞船。正如原来计划的那样，此次第三次登陆月球飞行任务的主要目的是勘查月球弗拉·毛罗环形山地区多山的高地和从月球轨道及着陆地点拍摄照片。尽管这次飞行任务的主要目标没有实现，然而宇航员不顾危险乘坐一艘严重丧失功能的宇宙飞船绕月飞行，还是搜集了一定数量的图片资料。

宇航员詹姆斯 · 亚瑟 · 洛威尔担任此次任务的指挥官,约翰 · 莱昂纳德 · 斯威格特担任指挥舱驾驶员,弗莱德 · 华莱士 · 海斯(Fred W. Haise)担任登月舱驾驶员。宇航员们给"阿波罗 13 号"指挥服务舱取名为"奥德赛"(Odyssey),给登月舱取名为"水瓶座"(Aquarius)。第一个不幸的预兆发生在发射的前几天。原定计划中的指挥舱驾驶员是宇航员托马斯 · 肯 · 马丁利(Thomas K. Mattingly Ⅱ)。但是由于他无意中感染了风疹——一种他对其没有免疫力的并不严重的儿童疾病,最后时刻他被取消了作为宇航员参加这次飞行的资格。宇航员约翰 · 莱昂纳德 · 斯威格特接替他执行此次飞行任务。虽然斯威格特和其他两名宇航员一起只接受了两天的培训,但是事实证明斯威格特是一位出色的宇航员。

1970 年 4 月 11 日,执行此次任务的"土星 5 号"火箭(AS-508)在 13 点 13 分(休斯敦时间)从肯尼迪航天中心的 39-A 发射台发射升空,载着"阿波罗 13 号"飞船进入绕地轨道。在对"土星 5 号"的强大的一级火箭进行操作期间,事情似乎一切正常。但是在二级点火时,"土星 5 号"的二级火箭的主发动机提前 132 秒突然停止,使这次火箭中剩余的 4 台发动机比计划多点燃了 34 秒。由于在"土星 5 号"二级火箭点火后宇宙飞船的周转率比原计划每秒钟降低了 68 米,"土星"火箭的三级火箭(S-IVB)进入地球轨道的点火时间比原计划长了 9 秒钟。

大约一个半小时以后,当"土星"火箭的三级火箭再次点火时,"阿波罗 13 号"宇宙飞船朝着月球轨道方向射去,离开了地球轨道。虽然二级助推火箭的异常引起了在休斯敦通过屏幕监视着飞行情况的美国国家航空航天局的官员的忧虑,但是在成功地进行了向月轨道点火后,他们的担心暂时消散了。实际上,当宇宙飞船穿过地月轨道空间,"阿波罗 13 号"飞船上的活动似乎都进展顺利。宇航员将指挥服务舱与 S-IVB 分离,与登月舱进行交会,然后,将撞击轨道上已经燃料耗尽的"土星"火箭的三级火箭送入月球。"土星"火箭的上级火箭于 4 月 14 日清晨(格林尼治时间)在南纬 2.75°,西经 27.9° 以每秒 2.58 千米的周转率撞向月球表面。

在进入飞行状态 55 小时 46 分时,洛威尔、斯威格特和海斯完成了对地球的 49 分钟的电视播放,向观众介绍他们在指挥舱内的微重力环境中怎样舒适地生活和工作。几分钟后,当斯威格特打开风扇搅动"奥德赛号"服务舱中的氧气罐时,一切都变了。正如美国国家航空航天局飞行前期事故调查委员会断定的那样,电线(2 号氧气罐在飞行前检测时被损坏)发生了短路,电线的绝缘材料着了火。大火在罐内继续蔓延，直到 4 月 13 日（美国东部时间），当飞行任务进行到第 55 小时 54 分 53 秒时，2 号氧气罐发生了爆炸，破坏了 1 号氧气罐及服务舱内的大部分设施。斯威格特发出了可能是航空史上最为克制的求救信息，他平静地报告说："休斯敦，我们遇到了麻烦。"

的确是麻烦！随着氧气储备迅速排放到太空中，指挥舱已经不能再用了。登月任务不得不中途放弃。为了逃命，3 名宇航员不得不减少"奥德赛号"指挥服务舱的动力消耗，然后到"水瓶号"登月舱（为把两名宇航员送到月球表面而设计的蜘蛛形的宇宙飞船）避难。当他们离弃指挥舱时，每名宇航员都默默地希望，"奥德赛"能够被重新激活重返地球大气层。但是那一刻遥不可及，因为那时地球已距他们有 32.2 万千米之遥。

宇航员们聪明地用登月舱的下级发动机进行了一个至关重要的中途调整，使出现问题的飞船（指挥服务舱和登月舱连接在一起）进入自由返回式轨道。4 月 15 日，在绕月飞行后，宇航员们用 263 秒钟启动登月舱下降发动机。这第二次成功的启动使"阿波罗 13 号"飞船速度差达到每秒钟 262 米，缩短了返回地球大约 9 个小时的宝贵时间。登月舱上的水电供应少得已出现危险，而且乘员舱里的大气中二氧化碳也积聚到危险的浓度。水实行定量供应，船舱上的电能进行最低使用，利用一种聪明的权宜之计，即使用指挥舱的方形锂电盒替代耗尽的圆形锂电氢氧化物盒，以便清除登月舱里的二氧化碳，缓解一些最为危险的问题，使处于寒冷、干燥和不舒服环境中的宇航员们存活下来。

4 月 17 日 13 点 15 分（格林尼治时间），宇航员投弃了严重受损的服务舱。为了保护指挥舱的热保护罩，避免其暴露于外太空的极端寒冷的温度之下，他们使出现问题的飞船一直朝月球飞去。他们需要这个热保护罩处于良好状态，这样他们才能安全地克服重返大气层时的恶劣条件。当出现问题的服务舱与指挥舱−登月舱飞船分离时，宇航员尽职地拍摄了照片。这些照片为后来确定灾难性爆炸的原因提供了有用信息。4 月 17 日大约 16 点 43 分（格林尼治时间），3 名受困的宇航员爬入寒冷、潮湿的指挥舱。他们履行着由美国国家航空航天局任务控制中心的工程师们为他们严格制定出来的指令操作。洛威尔、斯威格特和海斯慢慢地把所有"奥德赛"指挥服务舱系统通上电，这对于重返地球大气层是绝对必要的。无人知道指挥舱的电池会持续多久，也无人知道仪器面板后面积聚的水汽是否会使某一关键电路短路。当"奥德赛"重新运转，宇航员们投弃了充当救生船的"水瓶座"登月舱，为他们的最后

　　“阿波罗 13 号”宇航员（从左至右）：弗莱德 · 华莱士 · 海斯、约翰 · 莱昂纳德 · 斯威格特和詹姆斯 · 亚瑟 · 洛威尔，在从他们丢弃登月舱任务后返回地球几个星期后召开的记者招待会上露出微笑。1970 年 4 月 13 日，他们离地球大约 32.2 万千米，正要飞向月球时，他们的“奥德赛号”宇宙飞船服务舱中的氧气罐发生爆炸。“水瓶号”登月舱的模型（那艘充当了救生船救了他们命的宇宙飞船）放在弗莱德 · 华莱士 · 海斯前面的桌子上。（美国国家航空航天局）

一次求生竞赛冲刺——重返地球大气层做准备。

　　当全世界的人们都屏住了呼吸时，饱经苦难的“阿波罗 13 号”宇宙飞船喷着火焰冲入地球大气层，几分钟后安全地溅落在美国萨摩亚群岛东南的太平洋中了。值得一提的是，3 名宇航员尽管已经心力交瘁，头晕恶心，脱水，还是没法使已伤痕累累的宇宙飞船降落在离“硫磺岛号”（USS Iwo Jima）回收舰艇仅 6.5 千米的大洋中。当完成了它的使命之后，“水瓶号”登月舱在地球的上层大气圈烧毁。登月舱的所有幸存部分（包括为月球实验包提供动力的 SNAP-27 放射性同位素）落入新西兰东北的太平洋的某个偏远的地区。“阿波罗 13 号”宇航员在此次充满了戏剧性的夭折了的登陆月球飞行任务中，总共在太空中飞行了 142 小时 54 分 41 秒。在报道“阿波罗 13 号”宇航员平安返回时，《基督教箴言报》说：“有史以来，从没有像这样几乎全人类都在守望等待的危险旅程。”

急中生智用登月舱（"水瓶号"）作救生船，娴熟地操纵已丧失功能的宇宙飞船绕月飞行，使宇航员洛威尔、斯威格特和海斯平安返回地球。此次成功的营救也归功于成百上千的美国国家航空航天局的工程师和管理人员，他们在整个太空紧急事件中连续工作，为身处困境的宇航员们提供关于怎样有效利用越来越少的资源，使已出现故障的宇宙飞船返回地球家园的最好的技术方面的建议。现在，"阿波罗 13 号"指挥舱"奥德赛号"陈列在哈钦森市的堪萨斯核宇宙和航天中心（Kansas Cosmosphere and Space Center）。

阿波罗 14 号

"阿波罗 14 号"的任务目标，重新定为完成"阿波罗 13 号"计划的登月任务。此次任务是"阿波罗 H 系列"任务的第三次。它的主要任务目标包括：采集月球的另外一个区域（高原）的月球标本，部署月面实验包以及开展其他科学实验，从月表和月球轨道进行拍摄。

首位驾驶"水星计划"飞船进入外太空的美国宇航员艾伦·谢泼德，担任此次任务的指挥官，斯图尔特·罗萨（Stuart A. Roosa）担任指挥舱的驾驶员，艾德加·米切尔（Edgar D. Mitchell）担任登月舱的驾驶员。完全出于实际需要，美国国家航空航天局挑选了由新手组成的太空飞行小组来执行此次登月任务。到登上"阿波罗 14 号"为止，谢泼德的太空飞行经验只有 1961 年 5 月 5 日进行的一次类似炮弹发射的持续大约 15 分钟的亚轨道飞行。对于罗萨和米切尔来说，"阿波罗 14 号"任务是他们的首次太空飞行。除了缺乏太空飞行经验，"阿波罗 14 号"宇航员们进行了良好训练，并且能够毫不费力地完成此次任务的所有主要目标。他们为指挥服务舱和登月舱分别命名为"小鹰"（Kitty Hawk）和"火星对手"（Antares）。

1971 年 1 月 31 日，"阿波罗 14 号"由一枚"土星 5 号"火箭（AS-509）从肯尼迪航天中心的 39-A 发射台发射升空，并且近乎完美地上升进入绕地轨道，在射入月球方向的轨道后，宇航员使指挥服务舱与 S-IVB 上级火箭分离，当时上级火箭包含登月舱。宇航员 5 次试图把指挥服务舱和登月舱对接起来，结果 5 次努力均未成功，因为对接舱上的阀没有放开。幸运的是，宇航员在 2 月 1 日大约 2 点（格林尼治时间）进行了第六次尝试。这次对接努力被证明是成功的。指挥服务舱与登月舱的对接设备没再出现问题。接着，宇航员投弃了 S-IVB 段火箭，把它送入撞击月球的轨道。2

月 4 日，耗尽能量的 S-IVB 上级火箭以每秒 2.54 千米的速度撞击在月球表面。此次月表撞击发生在南纬 8.1°，西经 6.0° 地区（月球坐标）。

2 月 4 日，"阿波罗 14 号"完成了射入月球轨道的任务。第二天（2 月 5 日），谢泼德和米切尔从指挥服务舱转移到登月舱，离开了罗萨驾驶的指挥服务舱，在月球表面弗拉·毛罗环形山边缘以北大约 24 千米的丘陵地区着陆。具体来说，9 点 18 分（格林尼治时间），"阿瑞斯"登月舱成功地在南纬 3.6°，西经 17.5° 的弗拉·毛罗环形山地区着陆——距离目标点仅有 60 英尺（18.3 米）远。由于这个高原地带多山，"阿瑞斯"登月舱停在一个小洼地的坡上，倾斜大约 8°。

谢泼德和米切尔进行了两次月表舱外活动，历时总计 9 小时 23 分钟。他们的首次月球漫步开始于 2 月 5 日 14 点 42 分，结束于 19 点 30 分（格林尼治时间）。在首次出舱期间，他们部署了"阿波罗 14 号"月面实验包，并开展了其他一些月表实验。然后，很快就返回了"阿瑞斯"登月舱。2 月 6 日，在第二次出舱活动期间，谢泼德和米切尔使用了一辆手推车模样的机械装置帮助他们在月表移动设备和采集岩石标本。美国国家航空航天局的工程师们给这个装置起了一个航天学上的名字"模块化设备运输机"，而这两位宇航员则更喜欢叫它为"月球人力车"。

作为第二次出舱活动的一部分，谢泼德和米切尔试图一直步行到附近的火山口锥边缘。他们沿途采集了标本。然而，月表崎岖不平，他们难以利用月表特征作为路标来为自己导航。当他们觉得有点迷失方向时，谢泼德决定放弃探索，两名宇航员开始返回"阿瑞斯"登月舱。美国国家航空航天局对此次任务完成后所作的回顾（借助于对这一地区的高分辨率轨道拍摄）显示，谢泼德和米切尔他们在转身返回之际，实际上距离火山口边缘仅有大约 10 米远。然而，由于月表高低不平，当他们行走在月表时，不易看出上述情况。在返回"阿瑞斯"登月舱的途中，他们继续采集岩石标本，并且对月表进行了大量拍摄。在此次费时费力的出舱活动末尾，穿着宇航服的谢泼德短暂地停了下来，进行了一项历史性的体育运动。他把一个有 6 个铁头的工具连在一个应急取样器工具上，然后使用这个临时代用的球杆把两个高尔夫球击出视野。谢泼德和米切尔（第六位月球漫步之人）旅行了 3.4 千米，并采集了 42.9 千克的月球标本。

在月球表面逗留了总计 33 小时 31 分钟后，两名宇航员于 2 月 6 日 18 点 48 分（格林尼治时间）启动了"阿瑞斯"登月舱的上升发动机，徐徐进入绕月轨道。在与罗萨驾驶的指挥舱对接之后，他们把在月球上采集的标本以及其他设备移到"小鹰"指挥舱，并且开始为飞船的返地之旅做准备。2 月 6 日 22 点 48 分（格林尼治时间），宇航员投弃了"阿瑞斯"登月舱的上升段。2 月 8 日清晨（格林尼治时间），丢弃的飞船撞击在南纬 3.42°，西经 19.67°（月球坐标）的月球表面，撞击地点位于"阿波罗 12 号"和"阿波罗 14 号"月面实验包之中月震站之间的位置。撞击造成人造月震，月面实验包中敏感的月震仪记录下了此次月震。科学家们利用来自这些人造月震的月震数据以及月面实验包单元的有名地点，推测月核以及其月球物理属性。

2 月 7 日 1 点 39 分（格林尼治时间），宇航员谢泼德、罗萨和米切尔启动了"小鹰号"主火箭发动机，开始了朝向地球的射入轨道操作。2 月 9 日，当他们迅速接近地球时，"阿波罗 14 号"指挥舱自动与服务舱分离。几分钟后开始了重返大气层的操作，3 名宇航员在 21 点 5 分（格林尼治时间）安全地溅落在美国萨摩亚群岛以南大约 1 417 千米的太平洋中。宇航员和指挥舱被回收舰艇"新奥尔良号"（USS New Orleans）打捞出水面。随后，谢泼德、罗萨和米切尔进入隔离区。

尽管"阿波罗 11 号"和"阿波罗 12"宇航员都没有表现出任何从月球带来的外来疾病的迹象，美国国家航空航天局的官员们还是谨慎地决定，继续对归来的"阿波罗 14 号"宇航员实行隔离。做出这一决定主要是因为宇航员从月球的另一地区（高原）采集了深层岩心标本。当没有证据表明出现疾病或者存在月球上的生物有机体时，美国国家航空航天局取消了继续对归来的"阿波罗 15 号""阿波罗 16 号"和"阿波罗 17 号"宇航员实行的隔离程序。

"阿波罗 14 号"宇航员开展了大量实验，在月球高原地区成功地进行了探索和样品采集。此次任务总共历时 216 小时 1 分 58 秒，宇航员已经可以熟练地进行太空行走。"小鹰号"指挥舱目前在佛罗里达州泰特斯维尔城（Titusville）的宇航员名人厅（Astronauts Hall of Fame）展出。

阿波罗 15 号

"阿波罗 15 号"是第四次成功的登月任务，也是"阿波罗 J 系列"任务中的第一次。此次任务在月表进行了更长时间的探险活动。"阿波罗 J 系列"任务与以前的"G 系列"（如"阿波罗 11 号"）以及"H 系列"（如"阿波罗 12 号"）任务不同，主要表现在：硬件性能更强大，科学载荷容量更大以及使用探月车。从"阿波罗 15 号"开始，每个登月舱都携带着一台被称为"阿波罗探月车"的电动车到达月表。这种电动车可以使宇航员在月表出舱活动期间探索范围更广的区域。

宇航员大卫·司各特担任"阿波罗15号"任务的指挥官,阿尔弗莱德·M.沃尔登(Alfred M. Worden)担任指挥舱的驾驶员,詹姆斯·艾尔文担任登月舱的驾驶员。这3名宇航员给指挥服务舱和登月舱分别起名为"奋进"(Endeavor)和"猎鹰"(Falcon)。

1976年7月26日,美国国家航空航天局使用一枚强大的"土星5号"(AS-510)火箭从肯尼迪航天中心的39-A号发射台把"阿波罗15号"发射升空。此次任务与前几次成功登月任务过程一样——进入地球轨道,沿着向月球方向的轨迹飞行,进入月球轨道,然后使用登月舱到达月表,并从月表返回。此次探月之旅中,只遇到一次对任务构成威胁的硬件异常情况。宇航员发现"奋进号"服务推进系统出现短路,而火箭发动机正需要这个推进系统进入月球轨道,然后离开月球轨道并安全返回地球。经过与美国国家航空航天局约翰逊航天中心的工程师们以及任务控制人员的共同努力,"阿波罗15号"宇航员采取了突发事件应急措施,使用了这个重要的火箭发动机,使登月任务得以继续进行。

1971年7月30日,"猎鹰号"登月舱载着司各特和艾尔文在北纬26.1°,东经3.6°,位于亚平宁山脉(Apennine Mountain)之麓的雨海盆地(Mare Imbrium)着陆。这两名宇航员分别成为第七位和第八位月球漫步之人。他们在月表逗留了总计66小时55分钟,他们的探索活动由3次月表出舱活动组成,总计18小时35分钟。在此期间,他们使用探月车旅行了总计27.9千米,采集了大约76.8千克的岩石和土壤标本,拍摄了大量图片,建起了"阿波罗15号"的月面实验包,进行了其他一些科学实验。

7月31日,司各特和艾尔文进行了首次月球行走,在此期间,他们从登月舱卸载下探月车,然后展开并首次驾驶着它。在驾驶探月车结束时,他们部署了"阿波罗15号"的月面实验包。8月1日,他们实施了第二次月表出舱活动。他们驾驶着探月车到达几个令人感兴趣的地点,并且采集了月表以下大约3米的岩心样品。8月2日,他们实施了第三次出舱活动,此间,他们驾驶着探月车到达哈德利月溪(Hadley Rille)以及这一地区的其他陨石坑。

他们在完成第三次也是最后一次月表出舱活动之后,司各特做了一次物理学实验,并进行了电视拍摄转播。在此实验中,他模拟了著名的比萨斜塔炮弹落体实验——归功于历史上一位伟大的意大利科学家、天文学家伽利略。在验证实验中,宇航员司各特同时释放了一根羽毛和一个锤子，在月球真空环境里，它们以同样的速度降落到月球表面。司各特这个简单的验证试验，发生在伽利略死后以及艾萨克·牛顿爵士出生 300 余年之后。这项验证表明了物理学法则的普遍性，这是曾经仰望月球和星星并且做出思索的伽利略、牛顿以及其他科学家的伟大知识成就。西方文明对人类的最大贡献之一是始于 17 世纪的现代科学的发展以及科学方法的出现。在这个知识界风起云涌的时期，像伽利略这样的具有勇气的伟大天才，发现了那些重要的物理学法则和实验方法，帮助人类解释宇宙的运行，并最终使人类踏足于月球。

司各特和艾尔文使用探月车使"阿波罗 15 号"任务成为 3 次伟大的月表探索航

"阿波罗 15 号"宇航员詹姆斯·艾尔文在哈德利月溪或者亚平宁山脉地区向美国国旗致敬（1971年 7 月 31 日）。"猎鹰"登月舱处于这幅图片的中心，"阿波罗"探月车（在此次任务中由宇航员在月球上首次驾驶）位于右边。（美国国家航空航天局）

行之首。在以往的登月任务中，例如"阿波罗 12 号"和"阿波罗 14 号"，宇航员由于受宇航服的拖累而无法远离登月舱探险。相比之下，在前 3 次登月任务中（即"阿波罗 15 号""阿波罗 16 号"和"阿波罗 17 号"），电动车可以使穿着宇航服的探险者前往距离登月舱数千米远的地方。

司各特和艾尔文在 3 次月表出舱活动期间，都驾驶着探月车，从哈德利月溪附近以及位于雨海盆地的亚平宁山脉地区，采集了大量岩石样品。所谓的太空车或者月球车，性能良好，唯一的局限是行驶的距离，这项安全要求使宇航员驾驶它进行科考之旅时不能驶离登月舱大约 10 千米远。这是美国国家航空航天局的任务管理人员做出的限制，因为他们认为，一旦电动车遇到严重问题而抛锚，10 千米是宇航员可以步行回到登月舱的最大舱外活动距离。

在月表逗留了总计约 67 小时之后，8 月 2 日，司各特和艾尔文启动了"猎鹰号"上升段火箭发动机，返回到沃尔登驾驶的正在轨道上运行的指挥服务舱。在"奋进号"指挥服务舱对接后，两名宇航员把采集的月球标本以及一些设备移到指挥舱后，自己也进入了指挥舱。之后，三名宇航员都准备乘"奋进号"踏上漫长的回地之旅。8 月 3 日，他们投弃了"猎鹰"登月舱的上升段，两小时后，上升段撞击到北纬 26.36°，东经 0.25°（月球坐标）的月球表面。坠毁地点距离"阿波罗 15 号"月面实验包以西约 93 千米，估计撞击速度为每秒 1.7 千米。"猎鹰"登月舱的下半部分连同"阿波罗 15 号"探月车一起被留在了雨海盆地着陆地点。

8 月 4 日，"阿波罗 15 号"指挥服务舱在进行了入轨操作后，宇航员从位于服务舱后部的科学仪器舱弹射了一颗小型科学卫星（弹射是卷起的弹簧的潜能被释放出来而转换成动能的一种机械方法）。这颗小型科学卫星进入近月点 102 千米，远月点 141 千米的绕月轨道。"奋进"指挥舱在下一圈轨道运行时，宇航员开始启动指挥服务舱的主发动机 141 秒后，做进入地球轨道的操作。"阿波罗 15 号"飞船在返地之旅期间，沃尔登实施了首次深空出舱活动，8 月 5 日，他走出指挥舱，3 次到服务舱的科学仪器舱取回胶卷盒并且检查了一些设备。他的深空行走持续了 38 分钟多一点。

8 月 7 日，当"阿波罗 15 号"飞船接近地球时，载人指挥舱投弃了服务舱，宇航员为飞船重返大气层做好准备。在大气层中下降的最后几个阶段，3 个主降落伞中的其中一个没有完全打开，因此，指挥舱下降速度为每小时 35 千米——速度比计划的快大约每小时 4.5 千米。然而，尽管飞船颠簸，宇航员还是幸存下来，溅落在夏威夷州火奴鲁鲁（Honolulu）以北大约 531 千米的太平洋中。指挥舱降落在距离回收舰艇"冲绳号"（USS Okinawa）大约 10 千米的大洋中。此次任务期间，"阿波罗 15 号"宇航员在太空逗留累计 295 小时 11 分 53 秒，其中包括在月球的大约 67 小时（司各特和艾尔文）。指挥服务舱（由艾尔文驾驶）总计绕月飞行 74 圈。"奋进"指挥舱现在位于俄亥俄州附近莱特–帕特森空军基地的美国空军的国家博物馆展出。

阿波罗 16 号

"阿波罗 16 号"是美国宇航员执行的第五次月球漫步任务,也是第二次"阿波罗 J 系列"任务,包括借助月球漫游车进行的探险活动。这次任务的主要目标包括:探险、测勘以及搜集月球笛卡儿(Descartes)高原地区的物质样品;在月表进行科学实验;从轨道和月表拍摄搜集图像。

宇航员约翰·W. 杨是"阿波罗 16 号"任务的指挥官;托马斯·肯·马丁利担任指挥舱的驾驶员;查尔斯·杜克担任登月舱的驾驶员。马丁利最初被选为执行"阿波罗 13 号"指挥舱的驾驶员,但由于在发射前患上了风疹而被从任务中剔出。执行此次任务的机组人员把指挥服务舱和登月舱飞船分别命名为"鬼马小精灵"(Casper)和"猎户座"(Orion)。

1972 年 4 月 16 日,美国国家航空航天局使用一枚"土星 5 号"火箭(AS-51)发射了"阿波罗 16 号"飞船。如同之前的 4 次成功着陆,宇航员们顺利进入绕地轨道,沿着月球轨道外的弧形轨迹进入月球轨道,接着,杨和杜克驾驶着"猎户座号"登月舱在月球表面着陆。

4 月 20 日 15 点 24 分(格林尼治时间),杨和杜克进入登月舱,与马丁利驾驶的"鬼马小精灵号"指挥服务舱分离。但是,由于指挥服务舱的偏航常平架伺服机构回路出现故障,导致飞船的服务推进系统振动,因此,两名月球漫步者不得不把降落到月球表面的时间推迟了 6 小时。从不久前"阿波罗 13 号"服务舱发生的灾难中汲取教训,美国国家航空航天局的管理人员想在两名宇航员离开去月球表面并且在只有一名宇航员操作的指挥服务舱母船出现严重的任务失灵问题之前解决所存在的一些问题。约翰逊航天中心的工程师们研究了飞船出现的问题后认为,它不会严重影响指挥服务舱的操纵。因此,美国国家航空航天局任务控制人员给杨和杜克下达了继续驾驶"猎户座"登月舱下降到月表的命令。

1972 年 4 月 21 日,"猎户座"登月舱在位于南纬 9.0°,东经 15.5°,道兰(Dolland)火山口以北的笛卡儿高原地区着陆。杨和杜克在月表进行科学探险期间实施过 3 次出舱,进行月球行走的活动,总计 20 小时 14 分钟。杨成为第九位、杜克成为第十位月球漫步之人。在这两名宇航员出舱漫步期间,他们共走行了 27 千米的路程,搜集了94.7千克的月球岩石和土壤标本。

首次月表舱外活动于4月21日进行。杨和杜克建起"阿波罗16号"的月面实验包，展开探月车，然后开始探索附近的一些环形山。在安置月面实验包仪器时，杨被绊倒了，把从热流实验到月面实验包中心站的缆线弄折了，使这个实验的仪器无法工作。4月22日，两位宇航员进行了第二次月表舱外活动，他们对一个山脊和一个山坡进行了探索。在第三次也是最后一次月表舱外活动期间，杨和杜克驾驶着探月车到达"北部射线"（North Ray）环形山，在那里他们采集了土壤和岩石标本。在月表逗留了总计71小时2分钟后，4月24日他们启动了登月舱的上升发动机，"猎户座"登月舱的上部分进入月球轨道，与"鬼马小精灵"指挥服务舱交会对接。

与指挥服务舱交会对接后，杨和杜克把月球岩石样品以及一些设备从登月舱移到指挥舱，并与留在指挥舱绕月飞行的马丁利会合。4月24日20点54分（格林尼治时间），他们投弃了"猎户座"登月舱的上升段，估计它撞毁在"阿波罗16号"着陆点附近的月表。但是"猎户座"登月舱的姿态控制系统出现了故障，造成飞船翻滚并且留在月球轨道。美国国家航空航天局的科学家们猜测，"猎户座"登月舱的上升段会绕月飞行大约1年，然后脱离轨道坠毁在月表某个未知地点。

由于指挥服务舱的服务推进系统早先存在一些问题，即偏航常平架伺服机构回路出现故障，位于休斯敦的美国国家航空航天局飞行控制人员决定把"阿波罗16号"任务缩短1天。轨道整形操作被取消了，一颗小型科学子卫星被弹射出来，进入一个椭圆形绕月轨道。这颗小型科学卫星从指挥服务舱的科学仪器舱弹射出来，在绕月椭圆形轨道上飞行了1个月，而不是所计划地在圆形轨道上飞行1年。宇航员在部署完这颗小型卫星之后，开始准备"鬼马小精灵"指挥服务舱的返地之旅。

4月25日2点15分（格林尼治时间），"阿波罗16号"宇航员成功地发射了"鬼马小精灵"的服务推进系统，这是朝向地球方向射入地球轨道的极为重要的一步操作。同一天晚些时候，在指挥服务舱返地之旅通过地球和月球轨道之间的太空时，马丁利实施了一次深空出舱活动。在这次历时84分钟的出舱活动期间，马丁利从服务舱的科学仪器舱隔间取回摄影胶片，并且检查了仪器设备。4月27日，"鬼马小精灵"接近地球时，指挥舱在重返大气层前与服务舱自动分离。"阿波罗16号"指挥舱成功地溅落在圣诞节岛（Christmas Island）东南大约346千米的太平洋中，距离回收艇"提康德罗加"（USS Ticonderoga）级巡洋舰只有5千米远。在这次月球科学探险期间,3 名宇航员在太空总计航行了 265 小时 51 分钟,包括在月球上的 71 个小时多(杨和杜克)。"阿波罗 16 号"任务还完成了 64 圈绕月飞行(马丁利)。它还是美国国家航空航天局首次使用一台电视摄像机(从地球遥控)记录登月舱的上升段从月表点火起飞的一次任务。"阿波罗 16 号"指挥舱"鬼马小精灵"现在亚拉巴马州亨茨维尔市(Huntsville)的美国航空火箭展览中心(U.S. Space and Rocket Center)展出。

阿波罗 17 号

"阿波罗 17 号"是 J 型三次系列任务的最后一次,同时也是 20 世纪最后一次人类登月任务。这次任务的主要目标包括:考察陶拉斯·利特罗(Taurus-Littrow)在内的月表地区,开展月表实验,采集各种月表样品以及提高未来人类探索月球的太空技术能力。美国国家航空航天局的任务计划人员选取了陶拉斯·利特罗作为"阿波罗 17 号"的着陆地,因为与先前的"阿波罗"任务所送回地球的样品相比,这片高原和峡谷地区同时具有更加古老、更加年轻的岩石。

宇航员尤金·A.塞尔南担任此次任务的指挥官,罗纳德·E.埃文斯担任指挥舱的驾驶员,同时也是一位地质学家的宇航员哈里森·H.施密特担任登月舱的驾驶员。3 位宇航员把指挥服务舱和登月舱分别命名为"美国"和"挑战者"。

1972 年 12 月 7 日清晨,一枚"土星 5 号"(AS-512)火箭从肯尼迪航天中心的 39-A 发射台发射升空,开始了"阿波罗 17 号"的月球之旅。午夜(当地时间)后大约 30 分钟,上升的火箭点亮夜空,数百千米远还依稀可见。这次几近完美的月球之旅载人发射除了未有过先例的夜间发射之外,它与前 5 次成功的登月任务发射没什么不同。

12 月 10 日,指挥服务舱和登陆舱成功进入绕月轨道。第二天(12 月 11 日),塞尔南和施密特进入"美国号"登月舱,准备向下飞往月球表面。12 月 11 日 19 点 54 分(格林尼治时间)"美国"于北纬 20.2°,东经 30.8°,陶拉斯·利特罗的安宁海(the Sea of Serenity)东南边着陆。塞尔南成为"阿波罗计划"的第十一位、施密特成为第十二位也是最后一位月球漫步之人。两位宇航员在月球表面实施了 3 次舱外活动,总计 22 小时 4 分钟。在 3 次月表出舱活动期间,塞尔南和施密特总计旅行 30 千米,采集了 110.5 千克的月球岩石和土壤。在第一次月表出舱活动时(12 月 12 日),宇航员展开并驾驶了探月车。他们还建起"阿波罗 17 号"的月面实验包。在第二次月表出舱活动时（12 月 13 日），施密特发现了橘色土壤——这是科学界激动人心的一项惊人发现。第三次也是最后一次月表出舱活动于 12 月 13 日晚些时候（格林尼治时间）进行，大约 8 小时后于 12 月 14 日结束。在此次出舱活动期间，宇航员驾驶着探月车，采集了许多月球土壤和岩石样品。当塞尔南登上"挑战者"登月舱，他完成了 20 世纪人类最后一次登月任务。12 月 14 日 22 点 54 分（格林尼治时间），登月舱的上升段从月球表面点火起飞，标志着人类造访月球的首个时代的终结。如前所述，"挑战者"登月舱下降段的梯子上刻着如下内容："公元 1972 年 12 月，人类在此处完成了首次探月任务。愿我们来此处的和平精神体现于全人类的生活之中。"

12 月 15 日清晨，"挑战者"登月舱与由埃文斯驾驶的"美国"指挥服务舱对接。塞尔南和施密特把大量的月球岩石和土壤移到指挥舱，然后协助埃文斯准备返地之旅。他们投弃了"美国"指挥服务舱的上升段，然后大约 1 小时后，上升段坠毁到北纬 19.96°，东经 30.50°（月球坐标）的月表。撞击地点距离"阿波罗 17 号"着陆点大约 15 千米。

12 月 16 日，"美国"指挥服务舱在完成了第 75 周绕月飞行后，开始了月球轨道外的射入轨道操作。12 月 17 日，当"阿波罗 17 号"飞船在返地途中到达地球和月球轨道之间时，埃文斯实施了一次深空出舱活动。12 月 19 日 18 点 56 分（格林尼治时间），指挥舱与服务舱分离。大约 70 分钟后，塞尔南、埃文斯和施密特溅落在萨摩亚群岛（Samoan Islands）东南大约 644 千米的太平洋中，距离回收艇"提康德罗加"级巡洋舰只有 6.5 千米远。此次任务期间，宇航员在太空总计航行 301 小时 52 分钟。"阿波罗 17 号"指挥舱"美国"现在在得克萨斯州休斯敦的约翰逊航天中心展出。

"阿波罗 18 号""阿波罗 19 号"和"阿波罗 20 号"——取消的任务

在 6 次成功登月任务之后，"阿波罗计划"于 1972 年末迅即结束。1970 年，由于美国国家航空航天局内部严重的预算约束，以及民用太空机构内部日益希望把钱投到一种叫"航天飞机"的新型太空飞行器构想上，原计划的"阿波罗 18 号""阿波罗 19 号"和"阿波罗 20 号"任务被取消。在原先的"阿波罗计划"中，美国国家航空航天局打算在"阿波罗 17 号"任务之外再进行 3 次登月任务。原先计划建议，在"阿波罗 12 号"任务后进行如下一些任务（分别按照任务类型、任务编号和月球区域列出名称）：H-2（"阿波罗 13 号"）弗拉·毛罗环形山；H-3（"阿波罗 14 号"）

利特罗山脉；H–4（"阿波罗 15 号"）肯索里努斯环形山（Censorinus）；J–1（"阿波罗 16 号"）笛卡儿高原；J–2（"阿波罗 17 号"）马利厄斯丘陵（Marius Hills）；J–3（"阿波罗 18 号"）哥白尼陨石坑（Copernicus）；J–4（"阿波罗 19 号"）哈德利环形山（Hadley）；J–5（"阿波罗 20 号"）第谷环形山（Tycho）。

然而，在"阿波罗 13 号"任务戏剧性地失败之后，美国国家航空航天局的官员们重新安排"阿波罗 14 号"替代"阿波罗 13 号"探索弗拉·毛罗环形山。由于在人类持续的探索努力中面临巨大的预算约束以及政治兴趣的逐渐降低，1970 年 1 月，美国国家航空航天局取消了"阿波罗 20 号"任务。接着在 1970 年 9 月，进一步的预算压力使美国国家航空航天局的管理人员取消了原定的"阿波罗 18 号"和"阿波罗 19 号"任务。他们对原月球探索计划重新安排如下：H–4（"阿波罗 14 号"）弗拉·毛罗环形山；J–1（"阿波罗 15 号"）哈德利月溪–亚平宁山脉山麓；J–2（"阿波罗 16 号"）笛卡儿高原地区；J–3（"阿波罗 17 号"）陶拉斯–利特罗山谷地区（Taurus-Littrow）。

美国国家航空航天局从未正式给取消的月球探险任务分配宇航员，尽管美国国家航空航天局的宇航员分配规定要求将替补宇航员变成主飞行成员，这 3 次取消的任务却引来一些有趣的猜测，即谁将成为主飞行成员。美国国家航空航天局的一份报告显示，选取了如下一些任务指挥官："阿波罗 18 号"［理查德·戈登（Richard Gordon）］、"阿波罗 19 号"（弗雷德·海斯）以及"阿波罗 20 号"（查尔斯·皮特·康拉德）。但是近 40 年后，没有办法真正知道给这些宇航员分配了哪些任务。

下一章将讨论美国国家航空航天局使用了余留的"阿波罗计划"火箭和航天器硬件设施，以支持"天空实验室计划"和"阿波罗–联盟对接试验计划"。今天，许多空间技术提倡者和远见卓识人士视"阿波罗计划"的结束仅仅为人类探索月球、火星以及更远太空的"开始的终结"。

空间站是在轨道上运行的空间系统。设计它是为了人类能在太空长期生存。早在 19 世纪的科幻小说文学作品中，就已出现人类在外太空的人造居所中工作和生活的构想。例如爱德华 · 埃弗雷特 · 黑尔（Edward Everett Hale）的《砖砌的月亮》（*Brick Moon*，1869）和儒勒 · 凡尔纳的《搭乘彗星旅行》（*Off on a Comet*，1878）。

20 世纪初，康斯坦丁 · 齐奥尔科夫斯基对这种构想做了技术上的解释，他用富于幻想的文章讲述了人类可以使用轨道运行站作为探索宇宙的跳板。齐奥尔科夫斯基是俄罗斯太空航空学之父，他在 1895 年所著的《天地梦想》（*Dreams of Earth and Heaven*）和《人与自然》（*Nature and Man*）中，对空间站的构想做了更多技术上的介绍。他在 1903 年的作品《火箭飞入宇宙》（*The Rocket into Cosmic Space*）中，对这个构想又进行了较大的发展。在这部技术经典之作中，齐奥尔科夫斯基对载人空间站所需的所有基本要素进行了描述，包括使用太阳能，利用旋转提供人造重力和使用有"太空温室"的封闭生态系统。

20 世纪上半叶，空间站的构想在技术方面一直在不断地发展着。例如德国科学家赫尔曼 · 奥伯特在他 1923 年的经典论文《飞向行星际空间的火箭》中描述了空间站的一些潜在应用。他提出的应用包括：使用空间站作为天文观测台、监控地球站以及科学研究平台。1929 年，一位名叫赫尔曼 · 波托奇尼克的奥地利人（笔名是"赫尔曼 · 诺丁"）提出了一个旋转轮形空间站的构想。诺丁称他的设想为"生活轮子"（living wheel）。另一位奥地利人古依多 · 冯 · 皮尔奎特撰写了许多关于太空飞行方面的技术论文，其中包括使用太空站作为航天飞机的燃料补充节点。20 世纪 20 年代末和 30 年代初，古依多 · 冯 · 皮尔奎特还建议，在地月空间的不同地点使用复合式空间站。第二次世界大战后，沃纳 · 冯 · 布劳恩在太空美术家切斯利 · 邦艾斯泰的帮助下，帮助美国普及了轮状空间站的思想。

◎给美国空间站定义

美国国家航空航天局成立于 1958 年，它已成为美国空间站辩论的论坛：这个轨道运行站会持续多久？它的主要功能是什么？它应该搭载多少名飞行人员？它的轨道高度和倾角应该是多大？它应当在空间建造，还是在地面上建造然后发射到太空？

1960 年，来自空间产业各战线的支持者们汇聚在洛杉矶召开了一次研讨会。他们一致认为，空间站只是一个逻辑上可行的目标，但对于空间站到底是什么，它应当被建在哪里以及如何建造这些问题意见不一。

接着在 1961 年，肯尼迪总统决定，月球应当成为体现美国精神和传统的一个有价值的目标。登月任务绝对要比空间站具有优势：人人都可以明白登月的构想，但在航天界内部对于空间站具体是什么还无法达成一致意见。然而，这种异议是有益处的，它迫使空间站设计人员和支持者们思考：他们能做些什么？设计成本怎样？要使这个项目获得成功必须要做哪些事情？建空间站到底有哪些要求？如何达到这些要求？ 1963 年，在美国国家航空航天局内部就这些要求开始了非正式的讨论并一直持续到 20 世纪末。40 多年来，美国国家航空航天局的计划人员和官员们反复询问科学界、工程界、商界的问题是：你们想要什么？你们需要什么？答案大量涌入，美国国家航空航天局随即形成了各种空间站构想，帮助满足所提出的要求。"国际空间站"只是系列空间站构想和硬件建设的最新展示。

甚至在"阿波罗计划"使人类成功登月以前，美国国家航空航天局的工程师和科学家们就忙着考虑美国人类太空飞行计划的下一个大步骤。这个步骤的核心思想是同时发展两项具有互补性的太空技术能力：一个是发展可以定期往返于太空的新型运输系统；另一个是建造一个人类可以生活和工作的永久性轨道空间站。空间站或许还可以当作一个基地，在这个基地里可以开展其他或更尖端的空间技术研究，例如进行人类火星之旅，或者作为探月的前哨为宇航员提供永久性居所。随着这个长期战略候选方案的出炉，它为美国在 20 世纪 70 年代和 80 年代进行的两项十分重要的人类太空飞行活动创造了条件，这两个人类太空活动分别是：天空实验室和航天飞机，美国官方把航天飞机称为"美国空间运输系统"。

1968 年前,美国国家航空航天局在"阿波罗计划"实施后的首要候选任务之一是,建造一座绕地轨道空间站。这一伟大构想是在美国国家航空航天局的科技人员与政府工作人员还沉浸在人类首次登月的短暂喜悦之中时萌生的。遗憾的是，这些伟大的设想由于财政预算减少的严峻现实而迅速缩小了研究规模。最终的结果是，建造空间站成为一项被迫使用突然中止了的"阿波罗计划"二手设备的仓促工程。

1969年，也就是"阿波罗11号"任务首次让宇航员登上月球的那一年，民用空间机构的战略制定人员提议，建造一座能承载100人的永久性轨道站，计划1975年组装完毕。空间机构的高级计划人员称其为"太空基地"（Space Base），用于科学和工业实验。这个基地将是一个大型的、永久性的绕地轨道实验室。"太空基地"还被设想为载着人和供给品到达月球前哨的核动力航天飞机的港口。甚至人们还可以在"太空基地"装备核动力载人航天器，然后踏上探索火星之旅。这些都是在1969年夏季阿姆斯特朗和奥尔德林在月球上留下他们的足迹之后提出的伟大的太空构想。

遗憾的是，美国国家航空航天局这些具有深远影响的构想，却由于当时财政预算遭到严重限制而很快流产。首先，最后3次登月计划被取消了（原先称为"阿波罗18号""阿波罗19号"和"阿波罗20号"）。这一行动打碎了有关建立永久性月球前哨的进一步探讨。接着，在1973年1月，美国政府迅速取消了"美国国家航空航天局-原子能委员会"（NASA-Atomic Energy Commission，现在的美国能源部）联合核火箭计划，实施这项计划的基本理由是用来进行民用火星探索。最后，美国国家航空航天局得到尼克松总统的授权继续研制航天飞机（开始于1972年）。但是，有个条件：在发展新型空间运输系统时，美国国家航空航天局必须得同意推迟大型永久性空间站的开发，直到航天飞机投入使用为止。从某方面看，这种做法无任何技术上的意义，因为在所有先前的构想研究中，航天飞机载着人和货物从地表进入低地轨道，而它的轨道飞行目的地很自然地被认为是空间站。遗憾的是，这种符合逻辑的决定有时会使那些被迫做出不合理的财政决定的联邦机构官员们感到为难。

美国国家航空航天局有远见的空间站支持者们不得不从"阿波罗计划"的残余硬件中搜寻可用的部件。他们坚信，空间站将是"阿波罗计划"后人类太空飞行的最合适的计划。他们匆忙制定了过渡性的空间前哨计划——名为"空间实验室"的轨道工作室，成为历史性的标记，1970年2月17日，美国国家航空航天局"计划命名委员会"（Project Designation Committee）正式批准使用"天空实验室"这个名字。

对于如何最佳利用"阿波罗计划"时代的火箭发射器和飞船硬件来建造人类太空前哨，存在两种对立的看法：第一种设想是建造一座被称为"未改装的"验证性的载人轨道工作室，在这种设想中，将发射一枚"土星IB号"火箭，然后，将从它的S-IVB上级火箭中排出没有使用的推进剂，之后，宇航员将在轨道上对用过的上级火箭进行整修，使它适合人居住；第二种设想是建造一座"改装的"工作室，在这种设想中，一枚S-IVB上级火箭在发射前就将在地面上被改造，使其装备完全适合于人居住，然后，使用强大的"土星5号"火箭把巨大的工作室送入绕地轨道。20世纪60年代末，美国国家航空航天局的管理人员选择了"改装的"工作室配置作为"太空实验室"的空间站。他们还决定，使用3枚较小、功能稍弱的"土星IB号"助推火箭，把剩余的"阿波罗计划"飞船送入轨道空间站。每艘飞船都是经过改造的"阿波罗计划"的指令舱和服务舱组合装置，能承载3名宇航员。随着美国国家航空航天局折中的空间站方案的进行，3组独立的"天空实验室"宇航员将开展相对长期（28天、59天、84天）、连续的绕地轨道飞行任务。

遗憾的是，由于时间紧并且财政有限，美国国家航空航天局的工程师们无法设计出永久停留在太空的"天空实验室"。例如他们没有设计出在轨道上可以进行日常维修的、大型的、舒适的空间设施——尽管"天空实验室"上的宇航员们能够进行某些维修工作。美国第一座空间站不是按照未来的发展而设计的，因此，技术上很快就陈旧过时，跟不上时代发展。最后，"天空实验室"未能在轨道上保持运行——一个设计上的缺陷最终使它在1979年的7月11日发生大火，坠落在印度洋和澳大利亚西部地区。

尽管"天空实验室"存在技术上的不足，它却是人类征服太空的重要里程碑，成为美国人类太空飞行计划中的重要一章。"天空实验室"证明了人能够在太空连续工作12个星期，并且，如果运行正常，还可以不造成任何有害影响地返回地球。"天空实验室"的轨道飞行证明了人类能够在长期的微重力环境下进行各种有效操作，同时还证明了，为在太空中生活和工作的人提供人工重力并不是必要的——至少在大约6个月的时间内。苏联宇航员和美国宇航员在"和平号"空间站和国际空间站上的长期飞行，进一步证实了这些发现。然而，长期置身于微重力环境下一年或更长时间，似乎会造成宇航员所不希望的生理变化（例如骨质疏松和肌肉萎缩），这些由长期的太空飞行造成的后果必须得到有效的解决。

"天空实验室"宇航员完成了大量空间站设备的紧急维修任务，包括把一个粘在一起的太阳能电池板展开（一次拯救了整个飞行任务的维修工作），替换速率陀螺仪，维修失灵的天线。有两次，宇航员还安装了便携式太阳防护罩，替换原先"天空实验室"发射时丢失的保护设备。这些在轨道上的活动清楚地表明，人在太空中所起的独特而又有价值的作用。

◎ "天空实验室"——美国第一座空间站

1973 年 5 月 14 日，美国发射了第一座空间站——"天空实验室"。美国国家航空航天局用"阿波罗计划"剩余的最后一枚"土星 5 号"助推火箭（AS-513）从肯尼迪航天中心的 39 号发射台把重达 90 607 千克的巨大空间站送入轨道。

"天空实验室"主要由 5 部分组成：阿波罗望远镜（Apollo Telescope Mount，缩写为 ATM）、复合式对接接合器（Multiple Docking Adapter，缩写为 MDA）、密封舱、仪器组和轨道工作室。其中，轨道工作室又包括起居间和工作间。阿波罗望远镜是一个太阳观测台，它为其他设备提供姿态控制和实验指示。胶片的取回和安装由宇航员在出舱活动期间完成。复合式对接舱是运送宇航员往返于空间站的改进型"阿波罗"宇宙飞船的停靠站。密封舱位于复合式对接舱和轨道工作室之间，里面配备着各种控制设备和仪器。仪器组仅仅在实验室发射期间以及运行初始阶段使用，为阿波罗望远镜的初始部署和太阳能电池板等提供制导和按序列进行的功能。轨道工作室是一个经过改造的 S-IVB 高台，高台被改为一个有能容纳 3 人的起居间的两层实验室。虽然，这个轨道实验室能进行无人驾驶的在轨存储，再激活和再利用，但是美国国家航空航天局的工程师们并没有把"天空实验室"设计为永久性的轨道运行设施。

"天空实验室计划"共进行过 4 次发射，全部从肯尼迪航天中心的 39 号发射台发射升空。第一次发射（被称为 SL-1 任务）在 1973 年 5 月 14 日进行。一个有二级火箭的"土星 5 号"发射器（AS-513）把重达 90 吨的无人驾驶"天空实验室"空间站送入高度为 435 千米的近于圆形的绕地轨道，轨道倾角为 50°，运行周期为 93.4 分钟。但是，这最后一次的"土星 5 号"发射仍然出现了问题。点火起飞后大约 63 秒钟——当巨大的火箭加速度上升超过 7 620 米的高度时，大气阻力开始拉拽"天空实验室"的流星体/太阳防护罩，这个防护罩是出于疏忽而被装上去的。

设计这个圆柱形的金属防护罩是为了保护轨道工作室免受微小粒子和太阳的灼热。在"土星 5 号"上升时，这个保护罩被过早地装了上去，呼啸而过的大气把这

　　这是美国国家航空航天局"天空实验室"空间站的特写。是 1973 年 7 月 28 日进行定位操纵对接期间，从"天空实验室 3 号"指令舱和服务舱，以地球为背景（亚马孙河谷）拍摄的。由于发射时出现故障，空间站的轨道工作室只挂有一块大太阳能电池板。在"天空实验室 2 号"（第一次载人空间任务）飞行任务期间，宇航员成功地安装了这块太阳能电池板。透过阿波罗望远镜的支撑架，还可以看见由"天空实验室 2 号"宇航员安装的太阳防护罩。（美国国家航空航天局）

个重要保护装置从空间站上撕了下来。结果，保护罩拴在了实验室上，而同时又把对面的太阳能电池板部分撬开。几分钟后，随着助推火箭开始发动，没有完全安装上的太阳能电池板和流星体／太阳防护罩被抛入太空。由于失去了这个保护罩，"天空实验室"内部温度急剧上升，使空间站无法居住，并且对空间站上贮藏的食物、医药和胶卷构成威胁。虽然出现了这个故障，但是，阿波罗望远镜——"天空实验室"的主要科学设备安装无误。

首批"天空实验室"宇航员的倒计时发射（名为 SL-2 飞行任务）被中止了。美国国家航空航天局的工程师们很快设计出一种罩在工作室上的太阳伞罩，并且找到展开太阳能电池板的方法。1973 年 5 月 25 日，宇航员查尔斯·皮特·康拉德（指挥官）、保罗·J. 韦兹（Paul J. Weitz，驾驶员）和约瑟夫·P. 科文（科学家驾驶员）搭乘一枚"土星 IB"火箭（AS-206），从肯尼迪航天中心升空，飞往"天空实验室"。他们乘坐的飞船被称为"天空实验室 CSM 1 号"，与"阿波罗计划"时使用的指令舱和服务舱基本一样。然而，美国国家航空航天局的工程师们还是对飞船做了一些改进，使它在与"天空实验室"的复合式对接舱对接时能保持半静止状态。

在维修了"天空实验室"损坏的设备后，宇航员进入过热的空间站里，通过太空舱门竖起一个遮阳伞。这个临时性的设备可以使流星体／太阳保护罩被撕开的地方阴凉一些。飞船内的温度立即开始下降，很快，即使不穿宇航服，"天空实验室"也可以居住了。但是，"天空实验室"上的许多实验需要更多的电力，远远超出 4 块"阿波罗"望远镜太阳能电池板所产生的电能。要在"天空实验室"上完成科学实验任务，首批宇航员必须把受损的太阳能电池板展开。宇航员使用像一把长柄的大剪刀和一根撬棍一样的设备，在一次舱外活动期间把太阳能电池板展开了。现在，空间站可以开展科学实验任务了。在返回地面之前，首批宇航员还进行了地球资源观测实验、太阳天文学、医学实验以及 5 项由学生提出的实验。

1973 年 6 月 22 日，宇航员离开空间站，驾驶"天空实验室 CSM 1 号"飞船的指令舱返回地球。重返地球的"天空实验室"宇航员所使用的回收程序，与在"阿波罗计划"期间使用的从大洋回收的程序不同，做了一些改动。在"天空实验室计划"中，在飞船溅落后，指令舱和 3 名宇航员被同时找回，并且直接被拽到搜救航空母舰上。然后，宇航员从飞船内出来，到船上机库甲板上的一个特殊平台上。飞船和宇航员的整个搜救过程通常用时不到 1 个小时。执行"天空实验室 2 号"任务的宇航

宇航员杰拉德·P.卡尔是美国国家航空航天局"天空实验室4号"任务的指挥官,他正在幽默地表演微重力环境下的举重训练,威廉·R.波格用一只手指倒立,而杰拉德·P.卡尔则为他保持平衡。这幅图片由"天空实验室4号"空间站的第三位宇航员爱德华·G.吉布森于1974年2月1日摄于"天空实验室"轨道工作室内。(美国国家航空航天局)

员在太空逗留了28天49分钟,进行了3次舱外活动(总计6小时20分钟)。在宇航员执行"天空实验室2号"任务的同时,"天空实验室"绕地球轨道运行了404圈。

1973年7月28日,美国国家航空航天局使用另一枚"土星IB"火箭(AS-207)在肯尼迪航天中心进行了第二次载人"天空实验室"任务(命名为SL-3)发射。执行此次任务的宇航员有艾伦·比恩(Alan Bean,指挥官)、杰克·洛斯马(Jack Lousma,驾驶员)和欧文·K.加里欧特(科学家驾驶员)。执行SL-3任务的宇航员在空间站继续进行维修工作,并且投入了大量时间(大约1 081小时)进行科学和医学实验。他们还完成了3次出舱活动,总计13小时43分钟,在其中一次出舱活动期间,宇航员竖起另一个太阳保护罩,这是一个双杆设备。在轨道逗留了59天11小时后,比恩、洛斯马和加里欧特于1973年9月25日驾驶着阿波罗时代的"天空实验室CSM 2号"飞船返回地球。在宇航员执行SL-3任务期间,空间站完成了858圈的绕地轨道飞行。

第三次载人"天空实验室"任务被称为SL-4。1973年11月16日,美国国家航空航天局使用"土星IB"火箭(AS-208),从肯尼迪航天中心把"天空实验室CSM3号"飞船及宇航员送入轨道上的工作室。宇航员杰拉德·P.卡尔(Gerald P. Carr)担任此次任务的指挥官,威廉·R.波格(William R. Pogue)是驾驶员,爱德华·G.吉布森(Edward G. Gibson)为科学家驾驶员。

　　受前两次载人"天空实验室"任务所取得的成就的鼓舞——尤其是第二批宇航员（包括比恩、洛斯马和加里欧特）在初次患上太空适应综合征后，顺利地适应了59天的微重力环境，美国国家航空航天局的官员们决定，把第三次任务延长到84天，并给宇航员布置了更多的任务。为使宇航员在长期的微重力环境中保持身体健康，美国国家航空航天局航天医学专家给宇航员配备了有测力计的跑步机（一个类似于自行车的设备用来进行适当运动）。

　　遗憾的是，在飞行期间，过度的工作负荷使宇航员出现了心理问题。起因就是在轨道上的宇航员与地面工作人员之间关于空间站上的工作安排产生了越来越大的分歧。宇航员感觉到被地面的工作指令弄得焦头烂额，而地面的工作人员却觉得宇航员工作不够努力或者工作时间还不够长。面对着宇航员在匆忙的实验中出错的问题，地面工作人员却继续给宇航员下达新的指令。最后，分歧最终得到了解决，地面工作人员调整了余下的工作安排，给宇航员分配了更多可以自己支配的时间，并使他们在轨道上有了"假期"。

　　最终结果是，宇航员的工作效率明显提高，宇航员和地面工作人员之间更加配合。作为一个历史性注释，在苏联的太空计划中也出现过类似的问题。

　　一旦紧张的工作安排松弛下来，执行 SL-4 任务的宇航员实际上完成了比计划更多的工作任务。宇航员们，尤其是受过严格训练的太阳物理学家吉布森，做了出色的太阳天文观测。此次 SL-4 任务共用望远镜拍下了7.5万幅太阳图像，并观测了 X 射线、紫外线和可见光。SL-4 任务即将结束之时，吉布森对太阳的耐心日常观测得到了可喜回报。1974 年 1 月 21 日，他把太阳火焰的诞生拍成了电影——在天文学史上记载的首次从太空观测到的无任何观测障碍的重要现象。

　　1973 年 12 中旬—12 月末，执行 SL-4 任务的宇航员还能从大气层之上的有利地点观测和拍摄科胡特克（Kohoutek）彗星。如同他们之前的两名宇航员一样，执行第三次"天空实验室"任务的宇航员，也花费了大量时间，通过轨道工作室的窗户遥看地球，并对地球表面特征进行拍摄。在空间站度过的 12 个星期中，波格、卡尔和吉布森能够观测到植被的颜色变化，甚至观测到洋流的细微特征。例如墨西哥湾暖流从加勒比海向北到美国的东海岸，然后，向东穿过大西洋到达欧洲。他们根据自己的判断，决定手中的相机朝向哪里，从轨道上对一些有趣的地表特征共拍摄了大约 2 万幅照片，并加以注释。他们的工作对作为 SL-4 飞行任务中地球资源实验的一部分的地面遥感实验起到了补充作用。

1974年2月8日，最后一次载人飞行任务的宇航员溅落到大西洋，他们已经在太空逗留了84天零1小时。作为长期空间站任务的一部分，波格、卡尔和吉布森还进行了4次出舱活动（总计22小时13分钟），绕地球1 214圈。

3名宇航员都展现了他们在空间站上的各种技术能力，包括维修和维护、进行医学研究（有关更长时间的太空飞行）和各种科学实验（如物质在微重力环境下的表现）。更为重要的是，"天空实验室"任务清楚地表明了人类有能力在太空完成更长时间的空间任务。每位宇航员返回后身体都状况良好。美国国家航空航天局还用"天空实验室"证明了航天器可以被用来进行宇航员的轮换，并且给轨道上运行的空间站提供补给。

1974年2月，最后一批宇航员离开空间站之后，美国国家航空航天局的地面控制人员在无人的"天空实验室"上进行了一些工程测试。这些试验在空间站有宇航员时是不宜进行的（因为有潜在危险）。试验结果有助于航天工程师们确定整个任务期间的故障原因，可以获取空间设备系统性能长期衰弱的有用数据。在完成这些工程试验后，地面控制人员使"天空实验室"处于一个固定高度，然后向空间站发送指令，关闭了所有剩余的活动系统。从那一刻起，这个巨大的绕地实验室变成了被抛弃的废物。当时（大约1974年初），美国国家航空航天局的计划人员认为，"天空实验室"会在静止的轨道上停留相当长的时间，得使用早期的航天飞机才能把它助推到更高的高度。但是，两个因素最终导致"天空实验室"的救援任务取消了。首先，航天飞机计划被多次推迟，直到1981年才进行首次轨道飞行任务。其次，更多没有预计到的太阳系活动加剧了"天空实验室"的解体。

由于空间站无法保持原先的高度，它逐渐向地球方向盘旋，最后于1979年7月11日重返大气层。在34 981圈的飞行期间，巨大的空间站的大部分在重返大气层时被烧掉，一些剩下的碎片，撞击在印度洋的偏远洋面和澳大利亚人烟稀少的地区，没有造成什么危害。

◎ 阿波罗-联盟对接试验计划

"阿波罗-联盟对接试验计划"是1975年7月美国和苏联联合开展的太空任务。此次任务的中心目标是实施"阿波罗18号"飞船［宇航员：托马斯·斯塔福德、文斯·布兰德（Vance Brand）、德克·斯雷顿（Deke Slayton）］与"联盟19号"

飞船（宇航员：阿列克赛·列昂诺夫、瓦雷里·库巴索夫）的交会对接。"阿波罗18号"是"阿波罗计划"时代留下的飞船。因为这个原因，"阿波罗-联盟对接试验计划"又被称为美国"阿波罗计划"的最后一次任务。

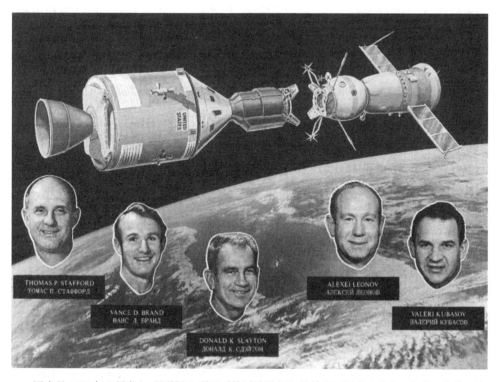

图中是 1975 年 7 月参与"阿波罗-联盟对接试验计划"的首次国际载人太空飞行的 3 位美国宇航员（左）和 2 位苏联宇航员（右）。图的上部是艺术家所画的带有圆柱形对接舱的美国"阿波罗 18号"飞船正要与苏联的"联盟 19 号"飞船交会对接。（美国国家航空航天局）

　　"联盟 19 号"飞船和"阿波罗 18 号"飞船都发射于 1975 年 7 月 15 日。在苏联"联盟 19 号"飞船从位于哈萨克斯坦的拜科努尔航天发射场发射升空后的大约 7 个半小时后，美国的"阿波罗 18 号"飞船从肯尼迪航天中心的 39 号发射台点火起飞。苏联宇航员驾驶着"联盟 19 号"飞船到达欧洲上空 222 千米高度的预定轨道实施对接任务。驾驶"阿波罗 18 号"飞船的宇航员完成了交会，并最终于 1975 年 7 月 17 日下午 2 点 17 分（美国中部夏令时间）与"联盟 19 号"飞船完成了对接任务。当飞船完成对接任务以后，宇航员托马斯·斯塔福德就和艾力克赛·列昂诺夫在连接"阿波罗 18 号"飞船和"联盟 19 号"飞船的对接舱内握手致意。

　　宇航员斯塔福德是一名退伍老兵，他指挥了此次"阿波罗 18 号"飞船的飞行任务。

执行此次任务时,他还是借调给美国国家航空航天局的一名美国空军少将。1969 年他曾作为"阿波罗 10 号"飞船的指挥官执行了太空飞行任务。列昂诺夫是"联盟 19 号"飞船的指挥官,他也是一名退伍老兵。1965 年 3 月 18 日,他进行了第一次系着管缆的出舱活动,当时他穿着一身笨拙的宇航服,从"上升 2 号"(Voshkod 2)飞船出来,进行了 10 分钟的太空行走。在执行"阿波罗-联盟对接试验计划"时,列昂诺夫是苏联空军的一名少将。在这次具有历史意义的国际飞行后,他担任了宇航员小组的指挥官(1976 年 3 月—1982 年 1 月),后来又担任"加加林宇航员训练中心"(Gagarin Cosmonaut Training Center)的副主任,1991 年 10 月退休。

他们在轨道上富有象征意义的握手,结束了 5 年来为美国和苏联之间的首次国际空间任务所做的工作和计划。截至 1969 年,美国和苏联一直进行着非正式的、然而却是白热化的太空竞赛。苏联通过把人类首次送入太空并且首次实现人类在太空行走(宇航员列昂诺夫)而在竞赛早期处于领先地位。但是,美国获得了最后的荣誉:美国实现了人类首次登月。因此,"阿波罗-联盟对接试验计划"是在缓和两国冷战所造成的紧张关系方面迈出的实质性的一大步。

在两艘飞船对接前,必须解决一些技术问题,其中包括对接舱的设计问题。对接舱位于"阿波罗 18 号"飞船的前端,它可以实现两艘飞船间的人员移动。苏联工程师设计的"联盟 19 号"飞船有氮和氧混合气体,压力为每平方英寸 14 磅(96 千帕斯卡)。相比之下,美国航天工程师们吸取了"阿波罗 1 号"舱内起火的教训,重新设计了"阿波罗"飞船,使用了纯氧气体,气压为每平方英寸 5 磅(34.5 千帕斯卡)。这个技术问题得到了解决,其他一些问题,诸如语言障碍、对宇航员的不同训练方法以及指令和控制通信系统的差异等问题也得到了解决。在此次飞行任务很早以前,美国宇航员和苏联宇航员就接受了语言培训,并且分别在各自国家的航天中心进行对接任务训练。在与"阿波罗-联盟对接试验计划"有关的相互接触中,双方打破了技术、政治和社会上的障碍,最终成功地完成了世界上首次国际对接任务。

在接下来的两天里,宇航员们完成了 4 次在两艘飞船间的移动以及 5 项计划安排的实验。在首次脱离对接后,他们联合进行了一次日食实验。然后,"阿波罗 18 号"飞船又成功地完成了一次对接,这一次和"联盟 19 号"飞船对接后,两艘飞船锁在了一起。7 月 19 日进行了最后一次脱离对接。两艘飞船移动到固定的位置,然后,联合实施了一项在轨道上进行复杂的系列操作时吸收紫外线辐射的实验。

之后，"阿波罗18号"飞船进入一个独立的轨道。"阿波罗18号"飞船和"联盟19号"飞船都开始进行各自的太空活动。7月21日，"联盟19号"飞船在执行了6天的太空任务后，安全返回地面。"阿波罗18号"飞船则在发射升空9天后，于1975年7月24日成功地结束了太空之旅。这一次首次国际合作载人太空任务的主要目标都完成了，包括对接、宇航员在两艘飞船间的移动以及双方控制中心人员的交流。

◎苏联早期空间站

在美国集中精力实施"阿波罗登月计划"时，苏联也开始了一项雄心勃勃的太空计划。早在1962年，苏联工程师们就描绘了一种空间站，这个空间站由若干舱构成，分别发射升空，然后在轨道上把它们组装在一起。1971年4月19日，苏联使用"质子号"助推火箭发射了世界上第一个空间站"礼炮1号"（Salyut 1，"Salyut"是俄语单词，意思是"致意"）。苏联第一代空间站只有一个对接端口，无法进行再补给或者补给燃料。这个空间站发射升空时没有搭载宇航员，宇航员是在飞船进入轨道后才进入的。苏联早期的空间站有两种类型："钻石号"（Almaz）军用空间站和"礼炮号"民用空间站。冷战时期，为了迷惑西方观察员，苏联官员把两种空间站都称为"礼炮号"。

苏联政府最先批准的是"礼炮号"军用空间站计划。1964年此项计划提出时，它包括3个部分："礼炮号"军用侦察空间站，运送军事宇航员和货物的运输后勤飞船以及把飞船和货物发射升空的"质子号"运载火箭。所有这些飞船都建造了，但实际上没有一艘按原先所计划的那样投入使用。

截至1970年，苏联工程师制成了几个"礼炮号"军用空间站的外壳。接着，苏联领导人下令，把所建的空间站外壳移交给一项应急计划，来发射民用空间站。建造运输后勤飞船的工作因此推迟了。原先为一直没有完成的苏联载人登月计划建造的"联盟号"飞船，也被重新用于运送宇航员到空间站。

遗憾的是，苏联的第一代空间站在早期故障频发。例如：由于对接机械故障，首艘派往空间站的"联盟10号"飞船上的宇航员无法进入空间站。"联盟11号"飞船上的宇航员在"礼炮号"空间站上生活了3个星期，但却因为乘坐的飞船漏气，在返回地球途中死亡。若干第一代空间站都无法到达轨道，或者即便到达轨道也在宇航员到达空间站前解体。

1971年4月19日，"礼炮1号"空间站从拜科努尔航天发射场发射进入地球轨道。

这个空间站重达 18 425 千克，主要作为观测平台用于民用研究，例如搜集有关天文、地球资源监测和气象方面的数据。据苏联消息报道，这个空间站长 20 米，直径为 4 米。空间站有 4 个主要隔间，其中 3 个已经增压。第一个增压舱用作移动舱，它有一个对接锥体可以让"联盟号"飞船连接在空间站上。第二个增压舱用作生活工作舱。第三个增压舱存放着空间站的通信系统、生命保障系统、电力供应设备和其他一些辅助设备。第四个舱没有增压，里面放有火箭发动机以及相关控制设备。"礼炮 1 号"有两套双层外置太阳能电池板用来发电，电池板从空间站两端的小舱中像翅膀一样地展开。此外还有化学电池组、氧气和水的储备供给以及发电系统。

搭载着 3 名宇航员的"联盟 10 号"飞船，历时 24 小时与"礼炮 1 号"空间站交会。1971 年 4 月 23 日，"联盟 10 号"飞船与空间站对接并且保持了 5 个半小时的对接状态，但是由于某些没有说明的原因，宇航员实际上没有进入空间站。其中一个可能的原因似乎是对接设备出了故障。6 月 7 日，"联盟 11 号"飞船用了 4 个多小时与"礼炮 1 号"空间站对接。这一次宇航员能够进入空间站了。在高度为大约 210 千米，倾角为 51.6°的轨道上，绕地球 362 圈的飞行期间，他们一直在这里工作和生活。然而，这个世界上首次成功的载人空间站任务却很快以悲剧告终。

6 月 29 日，在空间站上度过 24 天的 3 名宇航员在进行重返大气层操作期间死亡。宇航员格奥尔基·道布罗沃尔斯基（Georgi Dobrovolsky）、弗拉迪斯拉夫·沃尔科夫（Vladislav Volkov）和维克多·帕兹耶夫（Victor Patseyev）在与对接的空间站分开时，"联盟 11 号"飞船上的排气阀由于疏忽被打开了，空气从乘员舱涌出，造成宇航员窒息而死。飞船经过自动重返程序后降落到地面上，搜救人员惊愕地发现，3 名宇航员已经死在座椅之上。1971 年 7 月和 8 月，苏联地面控制人员使空间站的火箭发动机点火以保证"礼炮 1 号"空间站不会马上从轨道上解体。接着，在轨道上 175 天后，世界上第一个空间站寿终正寝。1971 年 10 月 11 日，苏联地面控制人员给空间站的火箭发动机最后一次点火以加速它在轨道上的解体过程，当天晚些时候，"礼炮 1 号"空间站在地球大气层烧毁。几个星期后，苏联消息报道说，"联盟 11 号"飞船上的宇航员在"礼炮 1 号"空间站工作期间，用可见光和红外线对地球表面的地质和地球物理目标进行了测量。尽管付出了巨大的代价，大约 70 年前首先由齐奥尔科夫斯基萌生的绕地轨道载人空间站的构想却已经变成了现实。

虽然"礼炮 2 号"被苏联官方冠以民用空间站的名称，但西方航天分析家们却认为，它是第一个"钻石号"军用空间站。它是苏联政府建造军用空间站的首次尝试——或许它与被取消的美国"载人轨道实验室"很相似。1973 年 4 月 3 日，重达 1.85 万千克的"礼炮 2 号"空间站由"质子号"火箭和上级火箭发射器从拜科努尔航天发射场发射升空。然而，4 月 14 日，在航天员被送至空间站前，它发生了一次灾难性的爆炸。这次爆炸摧毁了空间站的太阳能电池板、电信设备以及对接设备。被抛弃的空间站随即从轨道上跌落下来，大约于 5 月 28 日在地球大气层烧毁。

然而，苏联人很快从这些失败中又重新站了起来。"礼炮 3 号""礼炮 4 号"和"礼炮 5 号"都可以搭乘 5 名宇航员。除了可以进行军事侦察和科学工业实验以外，宇航员还可以在这些空间站上进行工程试验以帮助开发第二代空间站。

"礼炮 3 号"空间站是第一个投入使用的军事空间站，它于 1974 年 6 月 25 日发射升空，进入近地点 219 千米，远地点 270 千米的轨道。虽然官方对此没有任何报道，但显然，大约 32 个小时以后，7 月 3 日乘坐"联盟 14 号"飞船发射升空到空间站的宇航员尤里·阿图京（Yuri Artukhin）和帕维尔·波波维奇（Pavel Popovich）能够与"礼炮 3 号"空间站对接，然后进行空中军事拍摄侦察。这个空间站重 1.85 万千克，工程师们在其两侧装配了两套太阳能电池板。"礼炮 3 号"还有一个分离式返回舱，被设计用来把研究数据、材料、电影胶片盒送回地球。此外，这个空间站只被"联盟 14 号"飞船的宇航员们使用过。来"礼炮 3 号"空间站的第二批宇航员根纳季·萨拉法诺夫（Gennady Sarafanov）和列夫·德敏（Lev Demin），驾驶着"联盟 15 号"飞船与"礼炮 3 号"空间站交会，但无法与这个无人的空间站成功对接，于是放弃对接返回地球。1974 年 9 月 23 日，苏联地面控制人员发送指令释放空间站的分离式返回舱。返回舱很快便重返地球大气层，在苏联境内着陆，被地面搜救人员成功回收。1975 年 1 月，"礼炮 3 号"空间站重返地球大气层并在太平洋上空烧毁。

1974 年 12 月 26 日，苏联使用"质子号"运载火箭从拜科努尔航天发射场把重量为 1.85 万千克的"礼炮 4 号"空间站发射升空。"礼炮 4 号"为民用空间站，它与"礼炮 1 号"很相似，不同之处在于苏联工程师给这艘飞船配备了 3 个大型太阳能电池板，安装在用于生活和工作的主增压舱的较小的一端。此外，这个空间站还配有一台太阳望远镜。空间站在大约远地点 350 千米，近地点 343 千米，倾角为 51.6° 的轨道上运行。宇航员（分别来自"联盟 17 号"和"联盟 18 号"任务）在"礼炮 4 号"空间站上进行了天文、地球资源和生物医学观测以及物质加工实验在内的民用研究。

执行"联盟 17 号"飞船任务的宇航员是埃里希·古柏烈夫（Alexi Gubarev）和格奥尔基·格列奇科（Georgi Grechko）。1975 年 1 月 11 日，他们从拜科努尔航天发射场升空，然后与"礼炮 4 号"对接并进入该空间站。古柏烈夫和格列奇科在空间站里停留了将近 30 天，于 1975 年 2 月 9 日驾驶"联盟 17 号"飞船返回地球。1975 年 5 月 24 日，"联盟 18 号"飞船从拜科努尔航天发射场发射升空，搭载两名宇航员彼得·克里姆克（Pytor Klimuk）和维特利·谢瓦斯特雅诺夫（Vitali Sevastyanov）到"礼炮 4 号"空间站执行任务。宇航员在空间站逗留了 63 天，然后回到对接着的"联盟 18 号"飞船，于 1975 年 7 月 26 日安全返回地球。克里姆克和谢瓦斯特雅诺夫在"礼炮 4 号"空间站期间，正值大肆宣传"阿波罗–联盟对接试验计划"，他们的太空之旅基本上被人忘记，甚至连苏联政府控制的新闻机构也如此。

还有最后一次有意义的"礼炮 4 号"空间站无人任务。1975 年 11 月 17 日，一艘无人驾驶的"联盟 20 号"飞船发射升空，并自动与空间站对接。一直到 1976 年 2 月 16 日，"联盟 20 号"飞船和"礼炮 4 号"空间站一直保持着对接状态，然后，在地面人员的遥控下返回地球。这次无人驾驶的"联盟 20 号"任务似乎表明了苏联航空工程师们有能力实施自动对接和进行再供给——这正是现在"国际空间站"所使用的技术。1977 年 2 月 2 日，"礼炮 4 号"空间站重返地球大气层并烧毁。

"礼炮 5 号"是第二个成功发射的"钻石号"军用空间站。1976 年 6 月 22 日，这个重 1.896 万千克的空间站由一枚"质子号"运载火箭从拜科努尔航天发射场发射升空，进入近地点 223 千米，远地点 260 千米，倾角为 81.4° 的轨道。这个空间站有两个太阳能电池板，安装在飞船中心的两侧，其余在构造方面与"礼炮 3 号"相似。曾有两组不同的宇航员入住"礼炮 5 号"空间站。第一组是伯瑞斯·渥里诺夫（Boris Volynov）和维塔利·召乐博夫（Vitally Zholobov），于 1976 年 7 月 6 日从拜科努尔航天发射场搭乘"联盟 21 号"飞船点火升空，并于第二天与"礼炮 5 号"空间站对接。他们将在空间站上执行为期 2 个月的任务，但是 48 天后，由于召乐博夫病情恶化，这次太空飞行任务很快被迫终止。1976 年 10 月 14 日，"联盟 23 号"飞船搭载着两名宇航员从拜科努尔航天发射场发射升空并到达"礼炮 5 号"空间站。然而，他们与空间站对接失败了。这种情况迫使宇航员紧急重返地球，在漆黑的暴风雪之夜，他们溅落在"田吉兹湖"（Lake Tengiz）。直到次日早晨，援救人员才到达"联盟 23 号"飞船着陆地点。搜救组人员做了最坏打算，但他们却惊奇地发现 2 名宇航员还活着，正在等待救援。

1977 年 2 月 7 日，最后一批宇航员维克多 · 戈巴科(Victor Gorbatko)和尤里 · 格拉兹科夫 (Yuri Glazhkov)，搭乘 "联盟 24 号" 飞船从拜科努尔航天发射场发射升空，到达 "礼炮 5 号" 空间站执行任务。飞船与空间站对接后，他们在 "联盟 24 号" 飞船里停留了 24 小时，然后才进入 "礼炮 5 号" 空间站。西方观察员猜测，宇航员通过排出空间站中的气体含有的有毒成分，并代之以清洁的新鲜空气。戈巴科和格拉兹科夫进入 "礼炮 5 号" 空间站后参与了一项繁忙但又十分成功的任务，2 月 25 日他们驾驶 "联盟 24 号" 飞船返回地球。第二天，地面控制人员向无人的 "礼炮 5 号" 空间站发送信号。无线电信号指令使返回舱与空间站分离并迅速重返地球。虽然苏联政府对 "礼炮 5 号" 任务没有公开透露多少细节，但是西方分析家猜测，返回舱迅速重返，很可能是因为里面有一些重要数据和资料 (例如侦察图像)，这些数据和资料都来自仓促结束的 "联盟 24 号" 任务以及刚刚结束的 "联盟 25 号" 任务。不久，"礼炮 5 号" 空间站用于姿态控制的火箭推进剂耗尽，空间站在轨道上很快解体，1977 年 8 月 28 日重返大气层时在大气层上层烧毁。"礼炮 5 号" 呼啸着返回地球，标志着苏联空间站纯粹用于军事目的的工作结束。宇航员在未来空间站上进行的任何军事活动都将合并在所谓的民用研究项目中。

随着重达 18 900 千克的 "礼炮 6 号" 空间站的发射(1977 年 9 月 29 日)和成功运行，苏联第二代空间站问世了。"礼炮 6 号" 空间站在设计上有几个重要改进，包括增加了另一个对接端口以及使用一个自动再补给的 "进步号" 飞船——一艘由 "联盟号" 飞船改造并且在 "联盟 20 号" 任务中得到过验证的太空运货机。

随着第二代空间站的到来，苏联空间站计划从宇航员在空间站上的短期停留发展到长期停留。如同第一代空间站一样，第二代空间站也是不载人发射升空，然后，宇航员搭乘 "联盟号" 飞船到达空间站。苏联第二代空间站有两个对接端口，这使得自动对接在船尾端口的 "进步号" 飞船能够再补给和补充燃料。对接后，宇航员打开船尾处的对接端口，卸下太空运货机上的货物。对空间站燃料的补给则是在地面控制人员的监控下自动完成的。

拥有另一个对接端口还意味着长期居住在空间站里的宇航员们可以接待来访者。来访的宇航员常常是来自苏联联盟国家或者是政治上倾向于苏联的国家的宇航员。例如捷克宇航员弗拉基米尔 · 雷梅克(Vladimir Remek)于 1978 年访问了 "礼炮 6 号" 空间站，成为来自除美国和苏联之外的首位太空人。

这些来访的宇航员有助于缓解长期在太空生活的单调。他们常常用自己驾驶的"联盟号"飞船替换掉已经对接在空间站上的飞船,因为"联盟号"飞船在轨道上的寿命是很有限的。"联盟号"飞船的寿命逐渐从"联盟-渡船号"的 60—90 天延长到"联盟-TM"号的 180 多天。作为比较,用来与"国际空间站"进行宇航员转移的"联盟 TMA 号"飞船(或逃逸)的寿命达到 1 年以上。

"礼炮 6 号"空间站共接待了 16 名宇航员,其中 6 名长期在此停留。宇航员在"礼炮 6 号"上的最长停留时间为 185 天。首批来这个空间站的宇航员在轨道上停留了 96 天,超过 1974 年由执行 SL-4 任务的宇航员在"天空实验室"上创造的 84 天的太空停留记录。"礼炮 6 号"接待过分别来自匈牙利、波兰、罗马尼亚、古巴、蒙古、越南、民主德国以及捷克斯洛伐克国家的宇航员。12 架次的"进步号"运货机飞船运送了超过 20 吨的设备、供给品和燃料。1982 年,一艘名为"宇宙 1267"的实验后勤运输飞船与"礼炮 6 号"空间站对接。这艘后勤运输飞船最初是为"钻石号"计划设计的。"宇宙 1267 号"飞船证实了大型飞船是可以自动和空间站对接的,这是一项完成"和平号"以及"国际空间站"多舱空间站建设的主要空间技术。1977 年 4 月 25 日,最后一批宇航员离开了"礼炮 6 号"空间站。1982 年 7 月,这个空间站重返地球大气层并被烧毁。

"礼炮 7 号"空间站于 1982 年 4 月 19 日发射升空。它和"礼炮 6 号"空间站是一对孪生兄弟。它是 10 名宇航员的太空居所,其中 6 名长期停留在这里。最长停留时间为 237 天。来自法国和印度的宇航员曾来访并在这里工作。宇航员斯韦特兰娜·萨维茨卡娅(Svetlana Savitskaya)也在"礼炮-T-7 号"或"礼炮 7 号"上执行过太空飞行任务,成为 1963 年以来,继瓦尔蒂娜·特雷斯科娃之后的首位苏联女性太空人。萨维茨卡娅还在执行"礼炮-T-12 号"或"礼炮 7 号"任务(1984)期间成为首位女性太空行走者(实施出舱活动)。然而,与"礼炮 6 号空间站"不同的是,"礼炮 7 号"空间站出现了一些大的技术问题。例如:1985 年初,苏联地面控制人员与当时还未载人的"礼炮 7 号"空间站失去联系。1985 年 7 月,"联盟 T13 号"飞船上的专业人员与这个被丢弃的空间站对接,并且进行了紧急维修,把它的寿命大大延长了,使其又能够执行长期的太空飞行任务。最后,"礼炮 7 号"空间站在 1986 年被遗弃在太空;1991 年,它在阿根廷上空重返地球大气层。

"礼炮 7 号"空间站在轨道期间,13 架次的"进步号"飞船向空间站运送了超过 25 吨的设备、供给品和燃料。两艘名为"宇宙 1443"和"宇宙 1686"的实验型后勤运输飞船与这个空间站对接。"宇宙 1686"是一种过渡性的飞行器——一种被重新设计用作实验空间站舱的后勤运输飞船。

"礼炮 6 号"和"礼炮 7 号"在各自寿命期间都在相似的绕地轨道上运行。两个空间站的运行轨道都是近地点为 219 千米，远地点为 275 千米，倾角为 51.6°。

◎ "和平号"空间站

1986 年 2 月 19 日，苏联用"质子号"运载火箭从拜科努尔航天发射场把"和平号"空间站的核心部分送入近地点 411 千米，远地点 878 千米，倾角为 51.6°的轨道，这标志着苏联第三代空间站的问世。

"和平号"空间站在设计上有了许多改进，包括：自动化程度更高，宇航员的居住空间更宽敞，在空间站的一端增加了多端口对接接合器。从真正意义上来说，"和平号"空间站是世界上第一个"永久性"空间站。当空间站与"进步-M 号"飞船以及"联盟-TM 号"飞船对接后，空间站现在长度超过 32.6 米，宽度约为 27.4 米。这个轨道复合体由 2.01 万千克重的"和平号"核心舱以及各种额外的科学舱，包括："量子 1 号"舱（Kvant-1）、"量子 2 号"舱（Kvant-2）、"水晶"舱（Kristall）、"光谱"舱（Spektr）和"自然"舱（Priroda）组成。

"和平号"空间站的核心舱与"礼炮 7 号"空间站相似，但它有 6 个端口而不是两个。核心舱头部和尾部的端口主要用来对接，而其余位于空间站前部一个节点处的 4 个端口则被用来停泊大型船舱。核心舱 1986 年发射升空，重量大约为 20 吨，长 13.1 米，直径为 4.2 米。它包括一个有 5 个端口的通行区、工作和生活区（指令舱、各种卫生设施以及饮食和睡眠区）以及一个有能通往"量子 1 号"科学舱的隧道的推进舱。

1987 年 4 月 9 日，"量子 1 号"舱被加到"和平号"空间站尾部端口。"量子 1 号"是一个进行天文物理研究的科学舱。它最初重约 1.11 万千克，长 5.8 米，直径 4.2 米。里面除了配备天文物理研究仪器以外，还有生命保障系统和姿态控制设备。虽然"量子 1 号"舱堵住了核心舱的尾部端口，但它具有自己的尾部端口，可以用作整个空间站的尾部端口来对接"进步-M 号"补给飞船。

1989 年 12 月 6 日，苏联把重量为 1.95 万千克的"量子 2 号"舱加到"和平号"空间站上。苏联在原计划用于 20 世纪 70 年代的"钻石号"军用空间站计划的后勤运输飞船的基础上设计了"量子 2 号"舱，"量子 2 号"舱的目的是提供生物研究数据和地球观测数据。它携带着 1 个舱外活动气闸、2 个太阳能电池板和 1 套生命保障设备。舱体长 11.9 米，直径为 4.35 米。舱内除了配备各种用作实验的科学仪器和设备以外，还配有一个淋浴设施和一个为宇航员进行舱外活动提供保障的气闸。

1990 年 6 月 10 日，名为"水晶"的第三个扩展船舱加到"和平号"空间站上。它在"量子 2 号"舱的对面，重量为 1.96 万千克，使不断增长的空间站复合体对称以保持平衡。它携带着用于材料加工和在微重力环境下进行研究的各种科学设备。这个长 11.9 米、直径 4.35 米的舱体还配备着各种地球观测仪器、可回收式太阳能电池板以及一个对接节点。这个对接节点配有一个特制的雌雄同体接口对接设备，设计用来接收质量在 100 吨以上的飞船。这个对接单元〔原先是为苏联"暴风雪号"（Buran）航天飞机研制的〕连接在对接舱上，在"国际空间站"计划第一阶段实施期间，美国航天飞机的轨道器使用对接舱与"和平号"空间站对接。1995 年 11 月，对接舱加到了"水晶号"舱上，作为"亚特兰蒂斯号"（Atlantis）航天飞机到"和平号"空间站执行 STS-74 任务的一部分。

1992 年 8 月，俄罗斯在连在"量子 1 号"舱上的 14 米高的桅杆上安装了推进器组，称作"索菲亚"（Sofora）。这个推进器组可以通过提供有效的、节省推进燃料的方法控制整个"和平号"空间站的姿态。

其他 2 个舱体都载有美国的设备，作为"国际空间站"计划第一阶段活动的一部分，两个舱体被对接到"和平号"空间站上。这些新型的科学舱被称为"光谱"舱（1995 年 5 月对接）和"自然"舱（1996 年 4 月对接）。"光谱"舱重 1.96 万千克，是一个可居住的科学舱，载有开展地球观测和地球大气研究的来自各国的补充仪器，舱体长 14.4 米，直径 4.35 米，配备有 4 个太阳能电池板，能产生 6.9 千瓦的电能。像"和平号"空间站上所有其他的舱一样，"光谱"舱还有一个操纵臂，可以使它在第一次对接后重新对接到其他端口上（如果有必要）。1997 年 6 月 25 日，"光谱"舱与"进步号"供给飞船进行对接操作时，发生碰撞而严重受损。

"自然"舱主要是一个遥感舱。它载有各种地球观测仪器，例如合成光圈雷达、各式辐射计以及若干种分光计。12 个国家在上面开展实验，实验涉及电磁的微波、可见光、近红外线以及热红外线部分的研究，使用了主动式和被动式遥感技术。"自然"舱重 1.97 万千克，长约 12 米，直径为 4.35 米。它是对接到"和平号"空间站上的最后一个永久性的可居住舱。然而，与其他舱不同的是，它没有配备太阳能电池板，因此，需要依靠"和平号"空间站的其他部分提供电力。

如前所述，俄罗斯与美国合作建造的对接舱，由"亚特兰蒂斯号"航天飞机在执行 STS-74 任务时送入太空（1995 年 11 月），停靠在"水晶号"舱的雌雄同体对接端口上。这个对接舱成为"和平号"空间站的永久舱，为航天飞机的轨道器与"和平号"空间站对接提供更好的间隙。

从 1986 年起，"和平号"空间站开始成为俄罗斯人类太空飞行计划的主角。在其早期的轨道任务中，就开始接待国际宇航员或宇航研究员。到 1995 年，国际空间合作大大增强了。1995—1998 年，"和平号"参与了一系列与美国的联合空间任务。美国把其作为实施"国际空间站"的第一阶段。与"和平号"的第一次合作开始于 1995 年 2 月，内容是与美国国家航空航天局的"发现号"航天飞机交会（但不对接）。当时"发现号"航天飞机正在执行 STS-63 任务。STS-63 任务有着特殊重要性，它是随后美国和俄罗斯系列合作的先导与技术演练，内容包括航天飞机与"和平号"空间站的交会对接。"发现号"航天飞机靠近离"和平号"空间站约 11 米的地方，然后在"水晶"舱的对接端口对面保持静止不动 10 分钟。在近距离交会后，"发现号"航天飞机向后退大约 122 米，然后进行围绕俄罗斯空间站的环绕飞行。

这幅图片展现了"亚特兰蒂斯号"航天飞机对接到俄罗斯"和平号"空间站的情景。1995 年 7 月 4 日，宇航员暂时退出"联盟号"飞船与"和平号"空间站的对接，正在进行一次短暂的环绕飞行。当执行 STS-71 任务的宇航员和 3 名执行"和平 18 号"任务的宇航员退出"亚特兰蒂斯号"航天飞机与"和平号"空间站的对接，踏上返回地球之旅时，执行"和平 19 号"任务的宇航员阿纳托利·Y. 索罗耶夫（Anatoliy Y. Solovyev，指挥官）和尼古拉·M. 布达林（Nikolai M. Budarin，飞行工程师）抢拍下了这幅图片。索罗耶夫和布达林是由"亚特兰蒂斯号"航天飞机的 STS-17 任务经过上升飞行送回到"和平号"空间站的。（美国国家航空航天局）

"和平号空间站 18 号大探险"（Mir Principal Expedition 18）任务包括 1995 年 3 月 14 日美国宇航员诺尔曼·萨伽德（Norman Thagard）搭乘"联盟-TM2-1 号"飞船从拜科努尔航天发射场升空。萨伽德在"和平号"空间站上担任了为期 115 天的宇航研究员，然后由"亚特兰蒂斯号"航天飞机带回地球。1995 年 6 月 29 日 13 时（格林尼治时间），"亚特兰蒂斯号"航天飞机在执行美国国家航空航天局 STS-71 任务期间与"和平号"空间站对接。当两个航天器（"亚特兰蒂斯号"航天飞机和"和平号"空间站）成功地连接在一起时，它们处于俄罗斯贝加尔湖（Lake Baikal）地区上空 400 千米的高度。作为 STS-71 任务的一部分，"亚特兰蒂斯号"航天飞机还向俄罗斯空间站运送了"和平 19 号"探险任务的宇航员阿纳托利·索罗耶夫和尼古拉·布达林，并且把在"和平号"空间站上执行"和平 18 号"探险任务的宇航员弗拉基米尔·德朱罗夫（Vladimir Dezhurov）和根纳迪·斯特卡罗夫（Gennadiy Strekalov）连同美国宇航员诺尔曼·萨伽德送回地球。

"和平号大探险 20 号"（Mir 20）任务从 1995 年 9 月 3 日持续到 1996 年 2 月 27 日。这次任务使用了"联盟-TM-22 号"飞船，并且接待了执行"欧洲和平 95 号计划"的欧洲宇航局（European Space Agency，缩写为 ESA）的宇航员托马斯·雷特（Thomas Reiter）。雷特是德国人，他是被授权具有"飞行工程师"资格的执行"和平号"空间站飞行任务的首位非俄罗斯宇航员。"欧洲和平 95 号计划"的科学目标是研究微重力对人体的影响、试验新型空间设备以及进行空间材料加工实验。雷特不仅每天花费 4.5 小时的时间进行"欧洲和平 95 号计划"实验，而且还帮助维护空间站上的设备以及参与俄罗斯的实验。在"和平 20 号"任务期间，11 月 17 日和 18 日实施了第二次航天飞机与"和平号"空间站的对接实验，在这次实验中，作为执行美国国家航空航天局 STS-74 任务的一部分，"亚特兰蒂斯号"航天飞机与俄罗斯空间站连接在了一起。1996 年 2 月 29 日，执行"和平 20 号"任务的宇航员尤里·吉津科（Yuri Gidzenko）、塞尔盖·阿夫得耶夫（Sergey Avdeyev）和德国宇航员托马斯·雷特穿上飞船发射和返回时用的"救生太空服"（Sokol），进入"联盟-TM-22 号"飞船，安全地返回地球——在距离哈萨克斯坦的阿尔卡雷克（Arkalyk）大约 105 千米的地点着陆。

1996 年 2 月 21 日，随着"联盟-TM-23"飞船从拜科努尔航天发射场发射升空，"和平大探险 21 号"（Mir 21）任务开始了。这艘飞船搭载着"和平 21 号"任务指挥官、宇航员尤里·昂努夫利恩科（Yuri Onufrienko）和尤里·尤塞切夫（Yuri Usachev，飞行工程师）飞往俄罗斯空间站。3月23日，执行"和平21号"任务的第三位人员，美国宇航员香农·卢西德（Shannon Lucid）在美国STS-76任务期间，搭乘"亚特兰蒂斯号"航天飞机到达"和平号"空间站与他们会合。"亚特兰蒂斯号"此行也是执行"国际空间站第一阶段任务"中的第三次航天飞机与"和平号"空间站对接任务。卢西德从飞船转移到空间站里，然后开始担当起了称职的宇航研究员。在她的众多任务中，她测试和激活了美国在"自然"舱和"光谱"舱里的设备。她还进行了太空种植试验，在一个特制的太空温室里种植矮秆小麦。

1996年8月17日，俄罗斯"联盟-TM-24"飞船从拜科努尔航天发射场发射到"和平号"空间站。飞船上搭载的是执行"和平大探险22号"（Mir 22）任务的新宇航员和一名来自法国宇航局（French Space Agency，缩写为CNES）的宇航研究员克劳蒂·安德烈·达索（Claudie Andre-Deshays），他陪同执行"和平22号"任务的宇航员一起进入轨道，并在"和平号"空间站上开展了为期两周的多项科学研究。9月

1996年3月28日，美国宇航员香农·卢西德在安装在俄罗斯"和平号"空间站内的脚踏车上锻炼身体。定期锻炼身体有助于宇航员抵抗长期置身于微重力环境下对身体造成的有害的生理影响。（美国国家航空航天局）

2 日，当执行"和平 21 号"任务的宇航员离开"和平号"空间站，搭乘"联盟-TM-23 号"飞船返航时，安德烈·达索与昂努夫利恩科和尤塞切夫一同返回地球。在参与"和平 21 号"任务期间，昂努夫利恩科和尤塞切夫创造了在太空 194 天的纪录，安德烈·达索也在太空停留了 17 天。

在"和平 21 号"宇航员离开俄罗斯空间站时，卢西德仍留在"和平号"空间站上。她将搭乘 9 月中旬的"亚特兰蒂斯号"航天飞机返回地球。在此期间，她继续监控着她所进行的"和平 21 号"任务实验。1996 年 9 月，作为美国国家航空航天局 STS-79 任务的一部分，"亚特兰蒂斯号"航天飞机完成了与"和平号"空间站的第四次对接。美国宇航员卢西德离开了"和平号"空间站，代替她的是宇航研究员约翰·E. 布拉哈（John E. Blaha）。截至 9 月 26 日"亚特兰蒂斯号"航天飞机在肯尼迪航天中心着陆，卢西德创造了女性航天员在太空执行历时 188 天 5 小时的长期任务的世界纪录。在"和平号"空间站停留的大约 6 个月期间，她进行了诸多实验，其中包括植物在微重力环境下是如何生长的有趣研究。

1997 年 9 月末，"亚特兰蒂斯号"航天飞机从肯尼迪航天中心点火起飞，到"和平号"空间站实施第七次交会对接任务。作为 STS-86 任务的一部分，"亚特兰蒂斯号"航天飞机还将进行围绕"和平号"空间站的飞行任务以帮助空间站上的宇航员精确定位"光谱"舱的受损位置。以前的一次事故曾经造成"光谱"舱发生严重空气泄漏（1997 年 6 月 25 日，"进步号"供给飞船在实施对接操作时与"光谱"舱发生了碰撞）。宇航研究员迈克尔·福勒（C. Michael Foale）结束了他在"和平号"空间站上的停留，与"亚特兰蒂斯号"航天飞机上的宇航员一同返回地球。1997 年 10 月 6 日，当"亚特兰蒂斯号"航天飞机降落在肯尼迪航天中心时，福勒完成了 145 天的太空之旅，其中包括他在"和平号"空间站上与宇航员大卫·沃尔夫（David A. Wolf）一同度过的 134 天。大卫·沃尔夫也是搭乘"亚特兰蒂斯号"航天飞机进入轨道的，他作为来访的美国宇航研究员替换了"和平号"空间站上的福勒。

1998 年 1 月，在执行 STS-89 任务期间，"奋进号"航天飞机完成了与俄罗斯空间站的第八次对接，这也是整个航天飞机与"和平号"空间站对接计划的一部分。两个航天器对接后，进行了第五次宇航员交换。来访的美国宇航研究员大卫·沃尔夫离开"和平号"空间站，搭乘"奋进号"航天飞机返回地球，而美国宇航员安德鲁·托马斯（Andrew S.W. Thomas）则加入了"和平号"空间站。1998 年 1 月 31 日，

"奋进号"航天飞机降落在肯尼迪航天中心，至此，沃尔夫创造了在太空总计128天的纪录，其中包括他在俄罗斯空间站上度过的119天时间。托马斯是最后一位在"和平号"空间站长期停留的美国宇航员。

1998年6月，作为STS-91任务的一部分，"发现号"航天飞机与"和平号"空间站进行了第九次也是最后一次对接。这次太空对接完成了"国际空间站"计划的第一阶段，宇航员安德鲁·托马斯得以离开"和平号"空间站返回地球。当"发现号"航天飞机打开舱门，托马斯从"和平号"空间站转移到航天飞机上时，托马斯已在俄罗斯空间站上生活和工作了130天，至此，所有7名美国宇航员在"和平号"空间站上度过的时间总计为907天。6月12日，"发现号"航天飞机在肯尼迪航天中心着陆，顺利地完成了STS-91任务。在"和平号"空间站上作为宇航研究员参与长期太空研究任务的7名宇航员是（按年代顺序）：诺尔曼·萨伽德（"和平18号探险"）、香农·卢西德（"和平21号"）、约翰·布拉哈（"和平22号"）、杰里·M.林恩格（Jerry M. Linenger，"和平22号""和平23号"）、迈克尔·福勒（"和平23号""和平24号"）、大卫·沃尔夫（"和平24号"）、安德鲁·托马斯（"和平24号""和平25号"）。

如前所述，第一次航天飞机与"和平号"空间站之间的宇航员转移，是在1995年夏季"亚特兰蒂斯号"航天飞机执行STS-71任务期间进行的。STS-71任务也是首次航天飞机与"和平号"空间站对接任务。作为国际交会对接操作的一部分，"亚特兰蒂斯号"航天飞机把执行"和平19号"探险任务的宇航员阿纳托利·索罗耶夫和尼古拉·布达林运至俄罗斯空间站，然后又于1995年7月7日在肯尼迪航天中心着陆，把执行"和平18号"探险任务的宇航员弗拉基米尔·德朱罗夫、杰纳迪·斯特雷卡罗夫和诺尔曼·萨伽德送回地球。"和平大探险19号"是全部由俄罗斯宇航员完成的太空活动，1995年6月27日—9月11日，宇航员索罗耶夫和布达林在"和平号"空间站上停留了75天。在9月11日搭乘"联盟-TM-21"飞船离开空间站之前，这两名宇航员迎接了搭乘"联盟-TM-22号"飞船来执行"和平大探险20号"任务的国际宇航员。

航天器与和平号空间站对接计划一结束，俄罗斯政府就开始在财政上面临着两方面的压力：一是要维护年久失修的"和平号"空间站，二是要积极参与"国际空间站"计划余下阶段。于是，俄罗斯在1999年放弃了"和平号"空间站。俄罗斯的航天器控制人员于 2001 年 3 月使这个巨大的空间站脱离轨道，并有意将它的残骸坠毁于太平洋偏远的地区。他们使用载有姿态控制 / 轨道操控推进器的"进步 M1-5 号"自动运货飞船（绰号为"灵车"）与丢弃的空间站对接并把它轻轻地推出轨道。3 月 23 日 6 点 45 分（格林尼治时间），当"和平号"空间站呼啸着坠入地球的太平洋上空的大气层时，莫斯科城外的俄罗斯任务控制中心一位官员庄严地当众宣布："'和平号'轨道空间站已经成功地完成了载人空间探索史上空前的，也是人类迄今为止充分了解的飞行任务。"

美国国家航空航天局给航天飞机起的正式名称为"美国空间运输系统"，这个名称包含了航天飞机计划本身、政府间的机构要求以及国际的联合项目，例如"太空实验室"（Spacelab）。航天飞机系统的主要部件有：带翼轨道器（常常被称为"航天飞机"），3个主发动机，一个给3个主发动机提供液态氢燃料和液态氧燃料的巨大的外贮燃料箱以及2个固体火箭推进器。

根据美国国家航空航天局出示的航天历史报告，"航天飞机"这个名称来自媒体、联邦政府以及航天工业对可重复使用空间运输系统这一基本构想有关的描述。随着这些早期构想逐渐发展为全面的美国国家航空航天局计划，20世纪60年代末这个名称被美国国家航空航天局正式采纳。

20世纪50年代早期，航天领域首次公开使用"航天飞机"这个词汇，当时沃纳·冯·布劳恩写了一篇题为《穿越最后的边疆》（*Crossing the Last Frontier*）的文章，发表在1952年3月22日的《科利尔》杂志上，它探讨了火箭的未来和太空旅行。冯·布劳恩构想了绕地轨道上的空间站，巨大的带翼火箭飞船会进入轨道给空间站提供给养，然后"像普通飞机着陆"那样返回地球。这位德裔美国人还提到使用小型火箭驱动的航天器或"太空出租车"，在空间站和从地球起飞的、更大的、像飞机一样的火箭飞船之间运送人员和物资。

从1958年美国民用空间机构诞生之初，美国国家航空航天局就支持能够进入太空并返回地球翻新再利用的可再利用型发射器。20世纪50年代，美国国家航空航天局（前身为"国家航天咨询委员会"）与美国空军合作开展X-15型可再利用火箭飞机计划（实际上在1959—1968年间载着人类到达太空之门）以及X-20型高超音速滑翔机概念太空飞机计划（1958—1963年间开展，但是还未飞行，项目就被取消了）。

美国国家航空航天局的马歇尔航天中心位于亚拉巴马州的亨茨维尔市，它的高

"亚特兰蒂斯号"航天飞机组装完毕，安置在肯尼迪航天中心的移动发射器平台（MLP）顶部（1996 年 8 月）。轨道器配合外贮燃料箱及 2 个固体火箭助推器为执行 STS-79 任务做好准备。MLP 爬行者运输车把航天飞机从 160 米高的飞行器组装大厦运到 39-A 号发射台。（美国国家航空航天局 / 肯尼迪航天中心）

级研究和未来计划小组从大约 1962 年开始研究回收和再利用"土星 5 号"发射器的可能性。航天中心的一些工程师们研究带翼的返回式"土星 5 号"发射器这一构想，而另一些工程师则研究主要用来进行空间后勤运输的一些特殊设计的可再利用型航天器系统。随着"阿波罗计划"的逐渐成熟，美国国家航空航天局资助的这些未来发射器研究扩大为包括完全可重复使用的、经济的载人以及不载人的空间运输系统。

1968 年，美国国家航空航天局总部的高级策划人员开始使用"航天飞机"这一词汇来表示可重复使用的空间运输系统。截至 1969 年，"航天飞机"这个词已经成为美国国家航空航天局的一个标准的名称，而不再仅仅出现在位于华盛顿特区的总部的研究之中。同年 9 月，尼克松总统成立一个太空任务工作组（Space Task Group），负责帮助制定美国"阿波罗计划"完成后的太空目标。工作组建议国家应当开发一个可重复使用的、经济的空间运输系统。这项建议进一步强化了"航天飞机"这一构想。此后两年间（1970—1971），航天工程师和任务策划人员参与了若干项细致入微的设计、技术以及成本研究，并最终形成航天飞机的建造计划。1972 年 1 月 5 日，尼克松总统公开宣布美国将发展航天飞机。

航天飞机将主导美国国家航空航天局在未来 30 年的活动。如同最初策划的，航天飞机将是一个具有三角形机翼，并且像飞机一样的航天器。它的大小约为一架中等商业喷气式客机，例如 DC-9。工程师们把这个轨道飞行器称为航天器，是因为它既可以在大气层中，也可以在外太空中飞行。航天飞机为垂直发射，固定在一个大型的、一次性的液体推进剂贮箱上，两侧为 2 个可回收并且可重复使用的固体推进剂火箭助推器。美国国家航空航天局策划人员预计航天飞机的货物舱将承载大部分的国家民用和军用载荷。为使这项计划划得来，计划人员乐观地推测，一年进行 60—70 次飞行，每架航天轨道器可执行 100 次左右的太空任务。他们还预计，轨道器可以进行快速翻新并且归航，固体火箭助推器可以回收。只有巨大的外贮箱在每次任务中都要被弃置。

20 世纪 70 年代初，随着航天飞机计划的开始，美国国家航空航天局为这种新型的太空飞行器进行了策划，它将由 3 名宇航员驾驶飞行，携带卫星进入轨道，在轨道上进行维修，然后再驾驶着它返回地球进行维修、翻新，重复利用。航天飞机还可以携带最多 4 名科学家或者工程师进入太空，或许是进入一个特殊设计的增压实验室，例如太空实验室。在太空执行 7—30 天的任务后，轨道器会重返大气层，像飞机一样着陆，并且开始为下一次飞行做准备。以上这些就是 20 世纪 70 年代美国国家航空航天局航天飞机系统的主要性能特点及飞行构想。

由于"阿波罗计划"的突然终结，美国航天工业工人大量失业，截至 1974 年末，美国航天工业急切地开始了"弯曲金属"计划——制造、组装和测试航天飞机的零件。美国国家航空航天局的策划人员安排在 1979 年 3 月开始轨道测试，1980 年的某个时间进行完整操作系统的测试。

这些策划以及构想中的一些实现了，但其他的则远未实现。例如预计轨道器的下次归航时间、每次翻新所用的整个成本被证明过于乐观。首次轨道测试飞行（称为 STS-1）直到 1981 年 4 月才进行。新提出的、雄心勃勃的航天计划试图马上沿着若干前沿领域扩展空间技术的界限，然而，技术上的延误或者安排未如期进行的情况并非少见。美国国家航空航天局的工程师们在开发航天飞机过程中遇到许多没有预料到的困难——一些困难很大而且难以解决；另一些则费力，但是解决起来却相对容易。这些技术上的挑战共同造成了安排推迟，迫使工程师们在设计上妥协，或者减少一些设想的新型航天飞机性能特点和操作特征。尽管技术上存在困难，所需费用增加了，但结果却令人感到惊奇，现代航天工程技术以及航天飞机的建成促成美国历时 30 多年的人类太空飞行。

◎航天飞机系统的基本特征

美国国家航空航天局航天飞机复杂，令人惊异。它具有 2.5 万个部件，其中包括 370 米长的缆线，1 440 多个电路开关，大约 1 060 个管道阀，2.7 万个隔热瓦片和保温层。轨道器温度变化范围从-157℃到重返地球大气层时高达 1 650℃。

根据美国国家航空航天局收集的有关航天飞机的一些有趣事实，航天飞机在起飞时质量超过 200 万千克。1.6 万千克的起飞质量属于推进剂，它在航天飞机上升穿越大气层并且进入轨道的 8 分半钟时间里全部消耗掉。点火发射时，航天飞机的两个固体火箭助推器每秒消耗超过 10 吨的燃料，产生 32 824 百万瓦特的马力——数量相当于 1.47 万辆现代火车机车所产生的动力。3 台液体推进燃料的主发动机在以最大推力运转时，产生的动力相当于胡佛大坝水电站所产生动力的 23 倍。如果航天飞机的主发动机抽取的是水而不是推进剂，它们每 25 秒钟就能抽干一个中等大小的游泳池。航天飞机主发动机和固体火箭内部温度高达 3 315℃以上，比铁的沸点还高。然而，主发动机的燃料液态氢（LH_2），却是地球上温度第二低的液体（仅次于液态氦），必须得在-253℃保存。最后，发射后大约 8 分半钟，轨道器的轨道飞行速度从零加速到每小时 2.8 万千米——大约为一支步枪发射的子弹速度的 9 倍。美国国家航空航天局的航天飞机轨道器确实令人感到惊异，它是目前人类所设计、建造和操作的最为复杂的机器之一。

轨道器是航天飞机系统中唯一一个除部件编号以外拥有名字的组成部分。建造的第一个轨道器是"企业号"［Enterprise（OV-101）］，它被设计用来在地球大气层中进行飞行测试，而不是在太空中飞行。它现在陈列在位于华盛顿特区外的史密斯索尼亚航空和航天博物馆（Smithsonian Air and Space Museum）。美国共生产了 5 个可运行的轨道器（按完成时间顺序）："哥伦比亚号"（OV-102），"挑战者号"（OV-99），"发现号"（OV-102），"亚特兰蒂斯号"（OV-104）和"奋进号"（OV-105）。1986 年 1 月 28 日，"挑战者号"航天飞机及其机组人员失事，2003 年 2 月 1 日，"哥伦比亚号"航天飞机及其机组人员在重返大气层时失事。

航天飞机从佛罗里达州肯尼迪航天中心的 39-A 发射台或 39-B 发射台发射升空。根据具体任务的要求，航天飞机可以携带大约 2.27 千克的有效载荷进入低地轨道。一架组装完毕的航天飞机在起飞时的质量大约是 200 万千克。

航天飞机有两个固体火箭助推器，每个高 45.4 米，直径 3.7 米，每个质量大约为 59 万千克。它们的固体推进剂由粉末状的铝（燃料）、高氯酸铵（氧化剂）和微量的用以控制燃烧速度的氧化铁构成。这个固体混合物由聚合物黏合剂黏合在一起。每个助推器在点火后最初几秒钟可以产生大约 1 380 万牛的推力。然后在余下的两分钟内，推力逐渐减弱，以避免飞行器过载。航天飞行器连同轨道器上的 3 个液体推进剂主发动机，在起飞时可以产生总计 3 250 万牛的推力。

固体火箭助推器通常会在飞行器到达高度大约 45 千米、速度达到每小时 4 970 千米时才烧毁。接着它们会与航天飞机的其余部分分离，落到大西洋中，然后被回收、翻新，准备

"奋进号"航天飞机从肯尼迪航天中心轰然升空（1993）。它由 3 个主发动机和 2 个固体火箭助推器（SRB）提供动力。进入低地轨道耗时 8.5 分钟，此间轨道器第一次投弃了固体火箭助推器（在大约 45 千米的高度），然后在进入绕地轨道之前投弃了巨大的外贮燃料箱。[美国国家航空航天局/斯坦尼斯航天中心（SSC）]

下一次飞行。固体火箭助推器被投弃后，轨道器的 3 个主发动机由一个巨大的外贮燃料箱提供燃料，继续燃烧，为自己也将被关闭前提供 6 分钟的推力。这时，外贮燃料箱被投弃，落回到地球，它在大气层中碎裂，残片落入偏远的大洋水域。

巨大的外贮燃料箱长 47 米，直径为 8.4 米，发射时，它的总质量大约为 76.03 万千克。两个内置推进剂燃料箱分别含有最多 145.80 万升的液态氢和 54.27 万升的液态氧（LO_2）。每次发射时，外贮燃料箱是唯一被消耗掉的航天飞机部件。2003 年

2月"哥伦比亚号"航天飞机失事之后，对外贮燃料箱的设计进行了重大改进，使发射时产生的可能会对轨道器造成危害的碎片（尤其是脱落的泡沫和冰）已被降到最低水平。

带翼轨道器是美国航天运输系统的"心脏"和"大脑"。它的大小和质量约同于DC-9型商业喷气式飞机，具有一个增压乘员舱（通常可以搭载最多8名乘员），一个长18.3米，直径为4.57米的巨大货物舱以及安装在机尾端的3个主发动机。轨道器本身长37米，高17米，翼展宽24米。每个飞行器在建造上略有不同，因此，一

知识窗

降低外贮燃料箱绝缘泡沫碎片的风险

1983年，美国国家航空航天局执行了STS-6航天飞机飞行任务，这次任务中使用了重新设计的一个重量较轻的外贮燃料箱，比原先设计的燃料箱轻大约4 545千克。这一工程上的变化提高了相同质量航天飞机的运货能力。1998年，超轻外贮燃料箱在执行STS-91任务中被使用。这进一步减少了3401千克的燃料箱质量，再一次提高了相同质量航天飞机的运货能力。

这种新型的超轻外贮燃料箱由洛克希德·马丁公司（Lockheed Martin）开发的铝锂合金制造，不但轻便，而且比原先设计的燃料箱坚固30%。外贮燃料箱的铝合金表面大部分地方为0.25厘米厚，上面覆盖着一层类似于聚氨酯的通常约为2.54厘米厚的泡沫。绝缘泡沫不仅使15层楼高的巨大燃料箱具有明亮的橘色外表，而且对液态氢和液态氧推进剂进行了绝缘处理——防止其在燃料箱外部结冰，保护燃料箱表面免受上升进入轨道期间出现空气动力加热影响。大约90%的泡沫由自动化系统铺设，其余部分则是手工铺设的。

燃料箱的改进设计降低了起飞时的质量，由此改善了货物运输性能，但是，这种新型的燃料箱具有一些无法预见的问题，从而导致"哥伦比亚号"航天飞机在结束STS-107轨道任务返回地球途中失事。在太空成功地执行了16天任务后，7名宇航员登上"哥伦比亚号"航天飞机，重返地球大气层，距离肯尼迪航天中心着陆点仅剩下16分钟的路程。突然，航天器

在得克萨斯州东部上空分解，7名宇航员全部丧生。在对悲剧事故进行细致的调查后，找出了原因。外贮燃料箱的碎片撞击到"哥伦比亚号"航天飞机左翼前缘的热绝缘层。显然，碎片撞击是由燃料箱上的一个巨大绝缘泡沫（具体说，它是左面两足支架的泡沫斜面）以及机翼的增强碳/碳复合材料隔热瓦片遭受严重的损坏引起的。宇航员并不知道机翼受损情况的严重性，继续进行着历时16天的太空任务，在他们重返地球大气层时，机翼的受损部位使得极其热的大气渗入并摧毁机翼的内部结构，"哥伦比亚号"航天飞机迅速失去空气动力稳定性并瓦解。

美国国家航空航天局停飞航天飞机两年多，这一期间，工程师和管理人员试图解决在将来的航天飞机任务中外贮燃料箱的泡沫和冰碎片撞击轨道器并造成潜在致命损坏的问题。2005年7月26日，当STS-114"返回飞行"任务从肯尼迪航天中心发射升空之时，众多的摄影机和目光对准了"发现号"航天飞机。在由宇航员艾琳·玛丽·柯林斯（Eileen Marie Collins）担任指挥官的"发现号"航天飞机安全进入轨道后，录像分析显示一块泡沫——大约长91.4厘米，最宽处28厘米——从外贮燃料箱上脱落。尽管努力修复这个问题，在航天飞机飞行127秒钟时，最新的泡沫脱落事件还是发生了。美国国家航空航天局的工程师们在地面仔细地研究所得到的每一帧高分辨率影像，"发现号"航天飞机上的宇航员们则使用新型的"轨道器遥控臂传感器系统"（OBSS）中的激光扫描仪，检查轨道器隔热瓦片的状况。每个人都想确认"发现号"航天飞机没有严重受损。倘若发现潜在的致命性损坏，宇航员们将暂避国际空间站等待救援。

在与国际空间站对接之前，当"发现号"航天飞机距离空间站下方大约183米时，指挥官柯林斯进行了首次交会投掷操作。由于操作熟练，"发现号"航天飞机以每秒钟仅0.75度的速度轻轻地首尾翻转过来。当航天飞机翻转到空间站前面时，"探险11号"宇航员们对"发现号"航天飞机的下部拍摄了大量高分辨率的电子照片，他们尤其注意查看并记录下轨道器隔热瓦片的明显受损地方。然后，空间站上的宇航员们把这些图片传给地面上正仔细监视这一情况的工程师们。

给地面工作人员提供的大量影像数据显示，隔热瓦片上以及隔热瓦片之间的缝隙填充料凸起的两个区域上有一些小凹痕。幸运的是，他们没有发现任何严重受损的隔热瓦片。此后的两天，工程师们和管理人员进行着思考，"发现号"航天飞机则与国际空间站进行对接，并且卸载生活物资和技术设备。作为一项特殊的预防措施，此次航天任务专家史蒂芬·罗宾逊（Stephen K. Robinson）实施了一次出舱活动。他系在空间站里的机器人臂［被称为"机械臂2号"（Canadarm 2）］的脚铐上，进行了太空行走，他轻轻地把隔热瓦片之间凸起的缝隙填充料拽走。然后，"发现号"航天飞机被认为已经做好了重返地球大气层的准备。2005年8月9日，当"发现号"航天飞机在位于加利福尼亚州的爱德华空军基地着陆时，STS-114任务以成功告终。

但是，外贮燃料箱的问题依然存在，直至圆满地解决了泡沫脱落问题之后，才再进行航天飞机的发射。美国国家航空航天局的工程师们重新审视了这个问题，想出了外贮燃料箱的另一种改进方案（一个被称为ET-119的设计），完全消除了斜面进入空气而突起的问题。ET-119方案中还有其他一些工程上的改动，使得燃料箱在下一次被称为STS-121任务或者"第二次重返飞行任务"的航天飞机飞行中更加安全。2006年7月4日，"发现号"航天飞机从肯尼迪航天中心的发射台起飞，与空间站交会对接，然后，于7月17日在肯尼迪航天中心着陆，安全地返回地球。发射期间采集的影像、在轨道上所做的检查以及飞行之后对隔热瓦片系统的外观检查表明，对于119号外贮燃料箱所做的工程改动，足以缓解泡沫脱落可能会对轨道器在上升进入太空时造成损害的问题。

个空轨道器的质量通常在7.6万千克到7.9万千克之间。

轨道器有3个主发动机，每个都能产生在海平面时的166.8万牛的推力以及在真空环境时209万牛的推力。当这3个发动机以全功率运行时，在发射上升期间可以燃烧大约8分钟，每分钟共消耗大约24.23万升的低温推进剂。

轨道器还有2个更小一些的只在太空运行的轨道操纵系统发动机。这两个发动机燃烧时，以四氧化二氮作为氧化剂，甲基肼作为燃料。推进剂由位于轨道器后部上方的两个分离舱里携带的机上燃料箱供应。轨道操纵系统发动机被用于在轨道上时进行的一些主要操作，在结束太空任务时减慢轨道器重返地球大气层的速度。在执行大多数任务时，轨道器会进入一个椭圆形轨道，然后绕地运行到轨道的另一面。接着轨道操纵系统发动机会启动足够长的时间，以稳定环绕轨道的运行。执行大多数任务时，在外贮燃料箱分离后不久，轨道操纵系统发动机也会点火，以便把环绕轨道运行的轨道器送至希望的高度进行第二次轨道操纵系统发动机的燃烧。以后，轨道操纵系统发动机还可以提高或者调整轨道以满足具体任务的需要。航天飞机一次飞行可以持续几天至一两个星期左右。轨道器在部署完有效载荷飞船（其中一些附带着上级火箭，可以把它们带到高度更高的运行轨道，例如：地球同步轨道），使飞船上的科学仪器运行，开展对地球或者天空的科学观测，或者进行其他一些航天活动（如与空间站的交会对接）之后，将重返地球大气层并且着陆。着陆地点通常选在位于佛罗里达州的肯尼迪航天中心（主要着陆点）或者位于加利福尼亚州的爱德华空军基地（首要备用着陆点）——取决于主要着陆点的天气状况。跟以前沿着弹射轨道飞行的载人飞船不同的是，轨道器（现在像一架无动力滑翔机在飞行）的横向航程能力为大约 2 000 千米——它可以移动到重返地球大气层直线路线的左侧或者右侧。它的着陆速度在每小时 340 千米和每小时 365 千米之间。轨道器着落后，地面工作人员使用特殊的设备使其处于安全状态。这种使其安全的操作也是为其进行下一次太空任务做准备。

轨道器的乘员舱有 3 层。最上面一层为驾驶舱，指挥官和驾驶员控制着任务。中间舱为厨房、厕所、卧室、储藏间和实验室所在地。中间舱还有一个用于发射前和着陆后进出轨道器的侧舱口，一个进入货物舱和到外太空进行舱外活动的密封舱口。中间舱下面为空气和水储箱的应用区。

轨道器里巨大的货物舱可适应多种任务。它可以携带卫星和大型空间平台，例如：长时照射设施（Long-Duration Exposure Facility），甚至是整个科学实验室。例如：欧洲宇航局的"空间实验室"往返于低地轨道。它还可以作为宇航员维修卫星的工作站，搭起建筑的基地，存放从轨道上收回的准备运回地球的卫星。

安装在轨道器乘员舱后面货舱端口边上的是遥控操作系统（RMS），它由加拿大政府开发和资助。遥控操作系统是一种自动机械手臂，具有 3 个连接处，与人的肩、肘和腕部的关节相似。在其"肘"部和"腕"部附近，还安装着两台电视摄像机。这两台摄像机可以为宇航员在轨道器飞行甲板上的尾部进行遥控操作时提供视频信息。遥控操作系统长约15米，宇航员可以用它把任何东西从自己那里遥控移动到卫星、货舱和外太空附近的不同地点。

知识窗 ━━━━━━━━━━━━━━━━━━━━━━━━━━━━━━━━━━●

空 间 实 验 室

"空间实验室"是在轨道上运行的实验室设施，它被送入太空轨道，安置在航天飞机轨道器的大型货物舱内。它由欧洲宇航局与美国国家航空航天局合作开发，安装有若干可互换使用的部件以满足某一飞行的具体要求。主要部件为一个居住舱（短的或者长的）和若干平板架。在可居住的增压研究舱内，宇航员科学家（有效载荷专家）在相对舒适、不拘形式的简单环境里工作，在微重力环境中进行各种实验。

轨道器居住舱后面的货舱里还可以放置一些平台（称为"平板架"）。当轨道器进入绕地轨道后，打开货舱门时，这些平板架上安装的所有仪器和进行的实验都直接暴露于太空环境。无须同时使用居住舱也可以放置一系列的平板舱。

为实现每一次具体任务科学目标，"空间实验室"的各种配置部件都位于轨道器货舱内。居住舱被设计为单独运输或者同时安置一个或更多

平板架进行运输。平板架本身被设计为不使用居住舱而运输到太空执行任务。虽然没有居住舱，但是只有一个平板架的配置仍然被称为"空间站实验室"任务。

"空间实验室"居住舱有两个直径为4米的分区。核心区里面有增压舱和平板架一起飞行时使用的数据处理设备和各种应用设施，还有各种实验室的固定装置，例如：一些空气冷却实验架和一个工作台。居住舱的另一个区被称为实验区，提供更多的增压舱工作空间和额外的实验架。核心区可以单独飞行（"短舱"配置）或者与实验舱（"长舱"配置）双双齐飞。短舱配置由一个核心区和两个锥形的终端区组成，长约4.26米。长舱配置有一个最长的外面段，其中包括7米长的锥形终端区。

"空间实验室"平板架都为统一规格。每个平板架均为一个U型铝架，宽度、长度分别为4米和3米。科学家和工程师把实验设备连接到平板架

主框架上的系列"硬点"上。在只有平板架配置的"空间实验室"中，执行一次任务只能飞行5个平板架。当平板架没有居住舱时，用于设备操作的分系统（通常位于居住舱的核心区）放置在安装于第一个平板架前框架上的增压汽缸里。工程师们把这个汽缸称为"圆顶小屋"。

当居住舱作为"空间实验室"任务的一部分在轨道上飞行时，一个通行隧道把居住舱与轨道器的中层船舱连接在一起。这个通行隧道直径大约为1米。在执行任务期间，轨道器船舱和通行隧道之间的舱门保持开着，以便使轨道器船舱、隧道和"空间实验室"的居住舱具有同样的压力和气体。轨道里有灯光照明和扶手，使"空间实验室"和轨道器的中层船舱之间的通行变得容易。通行隧道的长度随货舱里"空间实验室"的配置不同而有所差异。当把"空间实验室"的居住舱移到轨道器

货舱的前部时，使用的隧道长度为2.7米；当把居住舱移至轨道器货舱的尾部时，使用更长的隧道，长度约为5.8米。

1983年11月，首次"空间实验室"任务（称作STS-9任务或"空间实验室号"）发射升空。这是由美国国家航空航天局和欧洲宇航局联合开展的一次任务，这次的"空间实验室"由一间居住舱和一个露天的仪器平台构成。1993年4月，最后一次"空间实验室"任务（称为STS-55任务或者"空间实验室D-2"任务）发射升空。这是德国"空间实验室"的第二次飞行，这次飞行任务继续进行1985年10月由德国首次"空间实验室"任务（STS-61任务或者"空间实验室D-1"任务）开展的微重力研究。在"空间实验室D-2"任务期间开展的90多项实验中，美国国家航空航天局、其他欧洲宇航局国家以及日本都各自参与其中的一些实验。

◎航天飞机任务

这部分选取一些航天飞机任务作一下简要总结。所述任务时间跨度为1981年4月12日的STS-1任务（航天飞机首次发射）到2006年7月4日的STS-121任务。下列精心挑选的任务概述了在人类太空飞行中使用美国国家航空航天局航天飞机系统的诸多伟大成就。此外，这一部分还探讨了两次极其痛苦的悲剧——"挑战者号"失事（1986）和"哥伦比亚号"失事（2003）。

STS-1 任务

航天飞机计划的初次飞行开始于 1981 年 4 月 12 日，当时"哥伦比亚号"航天飞机从肯尼迪航天中心的 39-A 发射台点火起飞，搭载着宇航员约翰·W. 杨（指挥官）和罗伯特·L. 克里平（Robert L. Crippen，驾驶员）进入轨道。这次首飞非常成功，宇航员能够测试航天运输系统的所有主要部件，其中包括轨道器的反应控制系统和轨道操纵系统。在绕地飞行 36 圈之后，杨和克里平驾驶着航天飞机重返地球大气层，安全着陆于加利福尼亚州的爱德华空军基地。爱德华空军基地为大多数早期航天飞机任务的主要着陆地点。对"哥伦比亚号"航天飞机飞行后的检查表明，轨道器的隔热瓦片在发射时遭受了重大损毁，其中 16 片隔热瓦片丢失，148 片隔热瓦片损坏。工程师们把隔热瓦片丢失归因于发射时强大的固体火箭助推器所产生的过大压力。随后对发射台的水声抑制系统所做的改进消除了此类问题。STS-1 任务是人类太空飞行以及太空科技的重大里程碑，因为它是载人航天器首次进入太空，完成任务，然后像现代喷气式飞机一样着陆（滑行坡度更大，滑行速度更快），因此，航天飞机可以被翻修，然后再次重返太空。

STS-3 任务

美国国家航空航天局的 STS-3 任务既是"哥伦比亚号"航天飞机的第三次飞行任务，也是航天飞机计划的第三次任务。宇航员杰克·洛斯马担任指挥官，戈尔登·福勒顿（C. Gordon Fullerton）担任驾驶员。1982 年 3 月 22 日，"哥伦比亚号"航天飞机从肯尼迪航天中心的 39-A 号发射台点火起飞。在这次第三次轨道飞行测试中，宇航员们对遥控操控器系统——轨道器的多功能机器人手臂进行了大量测试。即使这次任务主要是一次测试飞行，美国国家航空航天局的空间科学办公室（Office of Space Science,缩写为 OSS）还是利用进入太空这一机会把大量试验和科学仪器（整体上被称为"空间科学办公室 1 号"有效载荷）带入飞行轨道，安置在轨道器船舱中的"空间实验室"平板架上。

太空病（太空适应性疾病）和发生故障的马桶是宇航员在这次 8 天任务中所遇到的一些困难。3 月 30 日，在完成绕地飞行 130 圈后，航天飞机重返地球大气层，着陆于新墨西哥州白沙航天发射场努尔斯勒普地带的 17 号跑道，选择此处作为替换着陆点是由于加利福尼亚州的爱德华空军基地跑道太湿。这次是到目前为止航天飞机首次也是唯一一次着陆于新墨西哥州。轨道器在白沙航天发射场着陆时制动器受损，而在等待返回佛罗里达州的肯尼迪航天中心期间（在改进的 747 商用喷气式飞机上面），沙尘暴又造成了轨道器大面积污染。

知识窗

航天飞机任务小结

在下面表格中，按年代顺序总结了 1981—2006 年 12 月 31 日的所有航天飞机飞行任务。

美国国家航空航天局航天飞机发射（1981—2006）

年　份	发　　射
1981	STS-1，STS-2
1982	STS-3，STS-4，STS-5
1983	STS-6，STS-7，STS-8，STS-9
1984	STS 41-B，STS 41-C，STS 41-D，STS 41-G，STS 51-A
1985	STS 51-C，STS 51-D，STS 51-B，STS 51-G，STS 51-F，STS 51-I，STS 51-J，STS 61-A，STS 61-B
1986	STS 61-C，STS 51-L（"挑战者号"失事）
1987	无发射
1988	STS-26，STS-27
1989	STS-29，STS-30，STS-28，STS-34，STS-33
1990	STS-32，STS-36，STS-31，STS-41，STS-38，STS-35
1991	STS-37，STS-39，STS-40，STS-43，STS-48，STS-44
1992	STS-42，STS-45，STS-49，STS-50，STS-46，STS-47，STS-52，STS-53
1993	STS-54，STS-56，STS-55，STS-57，STS-51，STS-58，STS-61

（续表）

年　份	发　　　射
1994	STS-60，STS-62，STS-59，STS-65，STS-64，STS-68，STS-66
1995	STS-63，STS-67，STS-71，STS-70，STS-69，STS-73，STS-74
1996	STS-72，STS-75，STS-76，STS-77，STS-78，STS-79，STS-80
1997	STS-81，STS-82，STS-83，STS-84，STS-94，STS-85，STS-86，STS-87
1998	STS-89，STS-90，STS-91，STS-95，STS-88
1999	STS-96，STS-93，STS-103
2000	STS-99，STS-101，STS-106，STS-92，STS-97
2001	STS-98，STS-102，STS-100，STS-104，STS-105，STS-108
2002	STS-109，STS-110，STS-111，STS-112，STS-113
2003	STS-107（"哥伦比亚号"失事）
2004	无发射
2005	STS-114
2006	STS-121，STS-115，STS-116

资料来源：美国国家航空航天局（2006 年 12 月 31 日）

STS-7 任务

1983 年 6 月 18 日，美国国家航空航天局从肯尼迪航天中心的 39 号发射台发射了 STS-7。这是"挑战者号"航天飞机第二次飞行，并且也是美国空间计划中首次搭载女性宇航员进入太空。女性宇航员莎莉 · 莱德（Sally K. Ride）是担任这次飞行任务的一位专家。执行这次 STS-7 任务的其他宇航员包括罗伯特 · L. 克里平（指挥官）、弗雷德里克 · 豪克（Frederick H. Hauck，驾驶员）、约翰 · 法比安（John M. Fabian，任务专家）和诺尔曼 · 萨伽德（任务专家）。任务专家作为航天飞机的乘员以及美国国家航空航天局的职业宇航员负责协调有效载荷和航天飞机的相互作用。

在进行航天飞机有效载荷操作期间，任务专家负责指导轨道器和宇航员资源的分配，以便完成有效载荷相关的任务。STS-7任务创造了在一个太空飞行器上搭载5名宇航员的太空飞行世界纪录。宇航员部署了两颗商业通信卫星：加拿大的"安尼克C-2"（Anik C-2）远程通信卫星和印度尼西亚的"帕拉帕-B1"（Palapa-B1）通信卫星。

1983年6月"挑战者号"航天飞机绕地飞行执行STS-7任务期间，宇航员莎丽·莱德正与地面控制人员通话。莱德在此次飞行任务中担任任务专家，并且成为首位美国女太空人。（美国国家航空航天局）

一旦安全地远离"挑战者号"航天飞机，通过点燃附带的被称为"有效载荷支持模块D"（Payload Assist Module-D，缩写为PAM-D）的上级固体火箭发动机，把每颗通信卫星带入更高的运行轨道。然后，宇航员部署，交会并收回德国制造的"航天飞机板台卫星"（Shuttle Pallet Satellite），这颗卫星对太空中的整个轨道器进行了首次全景拍照。由于佛罗里达州的主着陆点天气状况恶劣，原计划的任务被延长为再绕地球运行两圈。6月24日，在第98圈飞行期间，"挑战者号"航天飞机及其乘员安全地着陆于加利福尼亚州的爱德华空军基地。宇航员在太空共度过6天2小时24分。

STS-9任务

1983年11月28日，美国国家航空航天局成功地发射了"哥伦比亚号"航天飞机。这架航天飞机的巨大货舱里搭载着欧洲宇航局的"空间实验室"（居住舱）进入太空执行轨道实验室的首次任务。在整个任务期间，"空间实验室"一直放在轨道器货舱内的支架上。一旦进入轨道，航天飞机上的宇航员便打开货舱门，使居住舱和所有的平板架暴露于外太空之中。执行STS-9任务的宇航员包括：约翰·W.杨（指挥官）、布鲁斯特·肖（Brewster H. Shaw，驾驶员）、欧文·K.加里欧特（Owen K. Garriott 任务专家）、罗伯特·帕克（Robert A.R. Parker，任务专家）、拜伦·利克滕贝格（Bryon K. Lichtenberg，有效载荷专家）、乌尔夫·梅波尔特（Ulf Merbold，有效载荷专家）。德国人梅波尔特是代表欧洲宇航局的首位宇航员，还是乘坐美国航天飞机的首位外国人。在美国国家航空航天局的航天飞机计划里，有效载荷专家是非职业宇航员，他以乘员的身份在轨道器上飞行，负责完成有效载荷或者实验目标。他是航天飞机上负责一次具体的有效载荷或者大量实验操作的科学专家。STS-9 或 SL-1 任务期间共开展了 73 项研究。这些实验涉及的领域有：天文学、物理学、地球观测、大气层和空间物理、生命科学、材料科学。这次任务是第一次在一架航天飞机上同时搭载 6 名宇航员进入太空。12 月 8 日，"哥伦比亚号"航天飞机在加利福尼亚州的爱德华空军基地着陆，STS-9 或 SL-1 任务结束。

STS 41-B 任务

1984 年 2 月 3 日，美国国家航空航天局成功地发射了"挑战者号"航天飞机执行 STS 41-B 任务。这次飞行，美国国家航空航天局开始为航天飞机使用相当不寻常的由字母与数字符号构成的名称。对于这次任务来说，"4"表示原先安排的发射之年（本例中指 1984 年）。第二个数字"1"是指发射是在肯尼迪航天中心进行的。美国国家航空航天局为所有从加利福尼亚州范登堡空军基地（Vandenberg Air Force Base）发射的航天飞机保留了数字"2"——但是，虽然考虑到了把航天飞机送入极轨道的发射，但是这类发射从未进行过。最后，"B"表示 STS 41-B 任务是在财政年度内的第二次发射。财政年度是美国政府为了预算上的方便而使用的日历。当时，财政年度（FY 84）开始于 1983 年 10 月 1 日，发射于 1983 年 11 月 28 日的 STS-9 任务成为 1984 财政年度的首次发射。

你是否感到糊涂了？答案是肯定的，甚至对于资深的航天工业人士来说也是如此。当美国国家航空航天局在 1988 年 9 月 29 日发射了"发现号"航天飞机去执行 STS-26 任务时，美国国家航空航天局的官员们又恢复了原先不太复杂的命名系统。在原先的飞行命名系统中，根据原先多年计划安排的发射时间，每次航天飞机的飞行以数字递进的顺序列出。轨道器的设备问题、运送有效载荷安排时间超期，或者最佳发射时机有时会使美国国家航空航天局在发射数字较小的任务前而发射一次数字较大的任务。例如 1999 年，美国国家航空航天局发射了如下任务：STS-96（5 月 27 日），STS-93（7 月 23 日），STS-103（12 月 19 日）。

执行 STS 41-B 任务的宇航员包括万斯·勃兰德（Vance D. Brand，指挥官）、罗伯特·吉布森（驾驶员）、布鲁斯·麦克坎德雷斯二世（Bruce McCandless Ⅱ，任务专家）、罗纳德·麦克内尔（Ronald E. McNair，任务专家）和罗伯特·斯图尔特（Robert L. Stewart，任务专家）。此次任务的中心是由麦克坎德雷斯和斯图尔特使用美国国家航空航天局的新型单人机动装置（MMU）而实施的非脐带式的太空行走。这种单人机动装置是一个自助式推动器背包，它允许在太空行走的宇航员离开轨道器自由飞行约 98 米远。

执行 STS 41-B 任务的宇航员还在此次任务期间部署了两颗通信卫星"西部之星 6 号"（Westar-Ⅵ）和"蒲葵 B-2 号"（Palapa B-2）。然而，由于这两颗卫星的上级火箭发动机（有效载荷助推模块）没有点燃，而未能到达预定的运行轨道。但这次"临时失误"有了良好结局，因为两颗卫星后来被执行 STS 51-A 任务的宇航员收回并带回到地球（1984 年 11 月）。1984 年 2 月 11 日，"挑战者号"航天飞机成为首架从太空返回并在肯尼迪航天中心着陆的航天飞机，由此 STS 41-B 任务成功结束。

STS 41-C 任务

1984 年 4 月 13 日，美国国家航空航天局发射了"挑战者号"航天飞机执行 STS 41-C 任务。执行这次任务的宇航员包括罗伯特·克里宾（Robert L. Crippen，指挥官）、弗朗西斯·斯科比（Francis R. Scobee，驾驶员）、乔治·纳尔逊（George D. Nelson，任务专家）、詹姆斯·范·霍夫腾（James D. A. van Hoften，任务专家）、泰利·哈特（Terry J. Hart，任务专家）。这次成功发射涉及了航天飞机的首次径直上升轨道。宇航员们实施了一次出舱活动，他们使用单人机动装置使首颗卫星进入轨道服务。"挑战者号"航天飞机与"太阳极大使者号"［Solar Maximum Mission（Solar Max）］飞船进行交会，并把它收回，因为"太阳极大使者号"飞船在太空服役 4 年后已经不能正常工作了。"太阳极大使者号"飞船安全地固定在航天飞机的货物舱，在舱外活动的宇航员纳尔逊和范·霍夫腾在这颗卫星上替换了一个错误姿态控制系统和一个科学仪器。在太空维修好之后，"挑战者号"宇航员再一次把"太阳极大使者号"卫星放入绕地轨道。

STS 41-C 任务另一个精彩之处在于它部署了"长期辐照设施"美国科学卫星。美国国家航空航天局的"长期辐照设施"是一个大型的（大约一辆公共汽车大小）、自由飞行的被动式飞船，它在 1984 年 4 月—1990 年 1 月的长达 69 个月的绕地轨道飞行任务期间进行了大量实验。"长期辐照设施"对于太空辐射环境、原子氧、流星体、飞船污染以及太空垃圾对航天硬件和飞船部件可能造成的影响搜集了大量信息。"长期辐照设施"被部署在轨道上,计划大约 10 个月后收回。然而,直到 1990 年 1 月,它才由执行 STS-32 任务的"哥伦比亚号"航天飞机宇航员收回并带回地球。

STS 41-D 任务

"发现号"航天飞机的首次轨道任务给人的教训是"耐心"和"不屈不挠"。执行这次任务的宇航员包括:亨利·哈茨菲尔德(Henry W. Hartsfield,指挥官)、迈克尔·寇茨(Michael L. Coats,驾驶员)、朱迪思·莱斯尼克(Judith A. Resnik,任务专家)、理查德·穆雷恩(Richard M. Mullane,任务专家)、史蒂芬·霍利(Steven A. Hawley,任务专家)和查尔斯·沃克(Charles D. Walker,有效载荷专家)。

1984 年 6 月 25 日,"发现号"航天飞机进行了首次发射,但由于轨道器的备用通用计算机(General Purpose Computer,缩写为 GPC)失灵,而被迫在预定点火起飞前 9 分钟取消。第二次尝试发射发生在 6 月 26 日,但也在主发动机点火前 4 秒钟,也就是在固体火箭发动机即将点火的一刹那间被取消(无法挽回的一次行动)。最后一分钟发射中止,是因为"发现号"航天飞机的通用计算机发现轨道器的 3 号主发动机出现异常。美国国家航空航天局使"发现号"航天飞机返回到轨道处理设施,替换了出现异常情况的主发动机。8 月 29 日,"发现号"进行了第三次发射,但此次点火起飞再次被推迟,因为发射组人员注意到飞行软件中一个不一致之处。8 月 30 日,"发现号"航天飞机成功地点火起飞,上升进入轨道——但此前也难以预料地推迟发射 7 分钟,因为一架私人飞机闯入距离卡纳维拉尔角不远的禁飞区。

一旦进入轨道,"发现号"宇航员便成功地部署了 3 颗商业通信卫星:卫星商业系统(Satellite Business System,缩写为 SBS-4)、通信卫星 3-C(Telstar 3-C)和同步通信 IV-2 号(Syncom IV-2,也称为 LEASAT-2)。宇航员还从货物舱之处安装了一个试验性的太阳能电池板,它高 31.1 米,宽 4 米。在乘员舱里,有效载荷专家沃克(一位麦道航空公司的工程师)进行着公司的商业实验,这项实验被称为"连续流动电泳系统"(Continuous Flow Electrophoresis System),它被设计为在微重力环境下分离材料。

STS 51-C 任务

1985 年 1 月 24 日,"发现号"航天飞机从肯尼迪航天中心的 39-A 号发射台点火起飞，开始执行 STS 51-C 任务——这次航天飞行任务的成果全部奉献给国防部。对于这次任务只公布了少量细节。执行这次任务的宇航员包括：托马斯 · 马丁利二世（指挥官）、罗伦 · 施里弗(Loren J. Shriver,驾驶员)、詹姆斯 · 布克利(James F.Buchli,任务专家)、埃里逊 · 奥尼祖卡（Ellison S. Onizuka,任务专家）和盖里 · 佩顿（Gary E. Payton, 有效载荷专家）。在 STS 51-C 任务期间，宇航员部署了惯性上级段（IUS）助推器（由美国空军开发）以及机密的美国国防部的有效载荷。这次任务实现了预定目标。这是使用惯性上级段助推系统所执行的首次任务。关于 STS 51-C 任务的进一步细节仍然是机密。"发现号"航天飞机在 1 月 27 日着陆于肯尼迪航天中心。

STS 51-J 任务

STS 51-J 任务是奉献给国防部所执行的第二次任务，它也是"亚特兰蒂斯号"航天飞机的首航。执行此次任务的宇航员包括卡罗尔 · 勃布科（Karol J. Bobko, 指挥官）、唐纳德 · 格拉比（Ronald J. Grabe, 驾驶员）、罗伯特 · 斯图尔特（任务专家）、大卫 · 希尔默斯（David C. Hilmers，任务专家）、威廉 · 派利斯（William A. Pailes，有效载荷专家）。1985 年 10 月 3 日，"亚特兰蒂斯号"航天飞机从肯尼迪航天中心的 39-A 发射台发射升空，并于 4 天后（10 月 7 日）降落在加利福尼亚州的爱德华空军基地。此次任务期间，"亚特兰蒂斯号"航天飞机绕地飞行 64 圈，而所有其他细节仍然保持机密状态。

STS 61-A 任务

在 STS 61-A 任务中，首个德国的"空间实验室"（D-1）参与了在轨道上实验室的飞行。1985 年 10 月 30 日，"挑战者号"航天飞机从肯尼迪航天中心的 39-A 发射台发射升空，携带着"空间实验室 D-1 号"进入轨道。执行此次任务的宇航员包括亨利 · 哈茨菲尔德（指挥官）、斯蒂芬 · 纳格尔（Steven R. Nagel，驾驶员）、詹姆斯 · 布克利（任务专家）、吉翁 · 布鲁弗德（Guion S. Bluford，任务专家）、雷恩哈德 · 弗瑞尔（Reinhard Furrer，来自德国的有效载荷专家）、恩斯特 · 梅瑟施米（Ernst Messerschmid, 来自德国的有效载荷专家）、乌波 · 欧克斯（Wubbo J. Ockels，来自欧洲宇航局的有效载荷专家）。"空间实验室 D-1 号"任务包括 75 项实验，涉及微重力环境下的材料科学、生命科学、空间技术以及通信技术。"挑战者号"航天飞机在

搭乘"挑战者号"航天飞机执行悲剧性的 STS-51L 任务的宇航员在飞行前的训练课上站在肯尼迪航天中心 39-B 发射台的"白屋"里（1986 年 1 月）。遇难的宇航员为（从左至右）：莎朗·克里斯塔·麦考利夫、格里高利·杰维斯、朱迪思·莱斯尼克、弗兰西斯·理查德·"迪克"·斯科比、罗纳德·麦克奈尔、迈克尔·史密斯和埃里逊·奥尼祖卡。（美国国家航空航天局 / 肯尼迪航天中心）

太空停留 7 天后，降落在加利福尼亚州的爱德华空军基地。STS 61-A 或者"空间实验室 D-1 号"任务是美国第一次主要载荷由另一个国家资助（联邦德国）的人类太空飞行任务。8 名宇航员是当时所能搭载的最多的乘员。

STS 51-L 任务——"挑战者号"失事

1986 年 1 月 28 日上午 11 点 38 分（美国东部时间），执行 STS 51-L 任务的"挑战者号"航天飞机从佛罗里达州肯尼迪航天中心的 39-B 发射台起飞。就在飞行 74 秒钟时，发生了爆炸，机毁人亡。遇难的宇航员为：弗兰西斯·理查德·"迪克"·斯科比（Francis R. "Dick" Scobee，指挥官）、迈克尔·史密斯（Michael J. Smith，驾驶员）、埃里逊·奥尼祖卡（任务专家）、朱迪思·莱斯尼克（任务专家）、罗纳德·麦克奈尔（Ronald E. McNair，任务专家）、莎朗·克里斯塔·麦考利夫（Sharon Christa McAuliffe，有效载荷专家）、格里高利·杰维斯（Gregory Jarvis，有效载荷专家）。

麦考利夫是来自新罕布什尔州（New Hampshire）的一名中学教师，作为美国国家航空航天局"教师在太空计划"（Teacher-in-Space）的一部分，搭乘"挑战者号"航天飞机。格里高利·杰维斯是代表美国休斯飞机公司（Hughes Aircraft Company）的一名工程师。其他 5 名乘员是美国国家航空航天局的职业宇航员。罗纳德·里根总统对此悲剧事件作出反应，成立一个独立委员会——"'挑战者号'航天飞机事故调查总统委员会"（Presidential Commission on the Space Shuttle Challenger Accident）。委员会由与 STS 51-L 任务无关的人员组成，负责全面调查此事故，并向总统报告调查结果以及提供建议。

总统调查委员会以及其他一些参与调查的机构一致认为，"挑战者号"航天飞机失事是由右面的固体火箭助推器发动机的两个偏下的部件连接处出现故障造成的，具体说故障就是焊接处受损，而焊接处则是用来在固体火箭助推器的推进剂燃烧期间防止热气从焊接处泄漏。调查委员会进一步指出，焊接处的故障是由于设计上存在缺陷，而这种有缺陷的设计对一些因素极为敏感。这些因素包括温度的影响、规格的大小、材料的特征、可重复利用的影响、加工、对动态装载的反应。

调查委员会还发现在那天发射"挑战者号"航天飞机是错误的，而这恰恰是造成此次事故的原因——STS 51-L 任务发射当天，佛罗里达州的天气冷得不合时令。那些决定发射的人员不清楚 O 型环以及焊接处造成问题的历史；他们也不清楚承包商的最初书面建议，即不要在气温低于 11.7℃时发射，而且不知道锡奥科尔公司（Thiokol，固体火箭发动机制造商）已经成为管理方，这个公司的工程师们一直反对发射；他们还不清楚洛克威尔国际公司（Rockwell，美国国家航空航天局航天飞机的主要承包商之一，轨道器的制造商）的担忧，即因为发射台上有冰，发射是不安全的。调查委员会由此得出结论：如果发射决策人员了解以上的所有情况，他们绝对不可能做出在 1986 年 1 月 28 日发射"挑战者号"航天飞机，执行 STS 51-L 任务的决定。

从历史角度看，STS 51-L 任务计划的主要目标是部署美国国家航空航天局的"数据追踪中继卫星 2 号"（Tracking Data Relay Satellite 2）。作为一名中学教师宇航员，克里斯·麦考利夫将在太空授课，作为"教师在太空计划"的一部分。另一位有效载荷专家，同时也是宇航员工程师的格里高利·杰维斯将进行一些具有潜在商业价值的微重力实验。

"挑战者号"航天飞机的爆炸也归因于美国宇航员飞行管理人员内部渐渐滋生的自满情绪。先前，航天飞机的大量成功飞行几乎使太空飞行成为一种例行工作——

一种几乎可以按照航空公司管理规定进行的任务。事实上，情况远非如此，驾驶一架强大的、化学燃料推进火箭进入太空不仅在当时，甚至在今天仍然是很危险的一项活动。由于此次悲剧性事故，美国国家航空航天局暂停了所有航天飞机的飞行，直到详细的调查做出结论，并且做出安全改进。STS 51-L 任务还导致美国国家航空航天局航天飞机计划的重大变化。从那天起，航天飞机不再被用来发送商业卫星进入轨道。

STS-26 任务

"挑战者号"航天飞机失事之后，美国国家航空航天局对航天飞机进行了 200 多处的安全改进，1988 年 9 月 26 日，"发现号"航天飞机重返太空。航天飞机所做的改进包括：重新设计的固体火箭助推器，增加的宇航员逃生和紧急跳伞系统，更坚固的着陆装置，更强大的飞行控制计算机，升级的惯性导航设备以及几个升级的航空电子设备。

执行 STS-26 任务的宇航员包括：弗雷德里克 · 豪克（指挥官）、理查德 · 科维（Richard O. Covey, 驾驶员）、约翰 · 朗治（John M. Lounge, 任务专家）、大卫 · 希尔默斯（任务专家）、乔治 · 德莱沃 · 尼尔森（George D. Nelson，任务专家）。此次全部由老宇航员执行的为期 4 天的任务标志着在 1986 年 1 月 STS 51-L 灾难后航天飞机重返太空飞行。在轨道上的第一天，宇航员成功地部署了一个主要载荷——美国国家航空航天局的"数据追踪中继卫星 3 号"（TDRS-3），及其附带的惯性上级火箭发射器。之后，惯性上级火箭推动着"数据追踪中继卫星 3 号"进入地球同步运行轨道。在发射和进入地球大气层期间，宇航员们穿着新型的部分加压的飞行服。10 月 3 日，"发现号"航天飞机在进行第 64 圈绕地飞行期间重返地球大气层，在加利福尼亚州的爱德华空军基地安全着陆。

STS-31 任务

STS-31 任务涉及部署美国国家航空航天局 4 个"大观测台"中的第一个，即"哈勃太空望远镜"（Hubble Space Telescope，缩写为 HST）——一个使现代光学、天文学发生革命的、以太空为基地的仪器。执行此次任务的宇航员包括：罗伦 · 施里弗（指挥官）、查尔斯 · 博尔登（Charles F. Bolden，驾驶员）、史蒂芬 · 霍利（任务专家）、布鲁斯·麦克坎德雷斯二世（任务专家）、凯瑟琳·苏利文（Kathryn D. Sullivan，任务专家）。1990 年 4 月 24 日，"发现号"航天飞机从肯尼迪航天中心的 39-A 发射台点火起飞，把"哈勃太空望远镜"部署在 611 千米高的绕地轨道上。

这个自由飞行的天文观测台重 1.1 万千克，长 13.1 米，直径 4.27 米。哈勃太空望远镜在太空开始运行不久，地球上的宇航员就注意到望远镜光学系统中出现球面像差。实际的解决方案很快被找到，"奋进号"航天飞机执行 STS-61 任务（1993 年 12 月），对这个重要天文望远镜进行了首次在轨维修。

STS-31 任务其中一个有趣的次要载荷为 IMAX 货舱摄影机，它被用来记录乘员舱外的活动。乘员舱内还有一个手持式 IMAX 摄影机。宇航员们使用辐射监控设备测量航天飞机增压舱内的辐射水平。这套数据尤其令人感兴趣，因为哈勃太空望远镜的部署任务涉及迄今为止使用航天器所部署的最高轨道高度。

4 月 29 日，"发现号"航天飞机降落在加利福尼亚州的爱德华空军基地。到此次任务结束为止，"发现号"航天飞机共完成了 80 圈绕地飞行，宇航员们共飞行了 5 天 1 小时 16 分钟。最后，此次任务还对着陆时首次使用碳刹闸进行了验证。着陆后，航天飞机继续滑行了 2 710 米才停下来。

STS-49 任务

1992 年 5 月 7 日，"奋进号"航天飞机从肯尼迪航天中心的 39-B 发射台发射升空，开始执行 STS-49 的首航任务。"奋进号"航天飞机的首航标志着航天飞机诸多改进的首次亮相，包括：着陆时帮助刹闸的阻力伞、改进的前轮转弯、更轻更可靠的水力发电单元以及对各类航空电子设备进行了升级。

执行此次任务的宇航员包括丹尼尔·勃兰登斯坦（Daniel C. Brandenstein，指挥官）、凯文·克林顿（Kevin P. Chilton，驾驶员）、布鲁斯·梅尔尼克（Bruce E. Melnick，任务专家）、托马斯·埃克斯（Thomas D. Akers，任务专家）、理查德·赫耶布（Richard J. Hieb，任务专家）、凯瑟琳·桑顿（Kathryn C. Thornton，任务专家）、皮埃尔·苏厄特（Pierre J. Thuot，任务专家）。此次任务是美国首次具有 4 次出舱活动的太空飞行——其中一次舱外活动有 3 名身穿宇航服的宇航员同时在航天飞机的增压舱外面工作。宇航员们成功地捕获并重新部署了"国际通信卫星 6 号"（INTELSAT Ⅵ）。"国际通信卫星 6 号"自从 1990 年 3 月由"大力神 3 号"运载火箭从卡纳维拉尔角发射场发射升空，一直搁浅在无法使用的轨道上。对卫星的捕获和援救需要若干天时间以及 3 次出舱活动。第三次出舱活动史无前例地由 3 名宇航员进行。3 名宇航员赫耶布、苏厄特以及埃克斯花费了大约 8 小时 29 分钟的时间维修这个长 11.7 米、直径为 3.6 米的巨大通信卫星。在其他操纵航天飞机遥控操控系统的宇航员的帮助下，这 3 名宇航员把重达 2 560 千克的"国际通信卫星 6 号"放在开放的货物舱里的近地点发动机之上。宇航员们的集体努力标志着宇航员首次把一个正在运行的火箭发动机安置于正在轨道上运行的卫星上。

STS-49 任务的第八天，宇航员们使用"奋进号"航天飞机的遥控操作系统从货舱部署了通信卫星及其新安装的火箭发动机。当"奋进号"航天飞机处于安全距离时，国际通信卫星公司的地面控制人员向近地点发动机发送了点火信号。近地点发动机点火启动，并把修复的通信卫星送入地球同步轨道。执行 STS-49 任务的宇航员们通过艰苦工作，拯救了一颗能够同时容纳 12 万部电话和 3 个电视频道、有价值的通信卫星。"国际通信卫星 6 号"由休斯航天和通信集团（Hughes Space and Communications Group，现在为波音公司的一部分）为国际通信卫星组织制造，代表了迄今为止最大的新型系列通信卫星。

5 月 16 日，"奋进号"航天飞机在进行第 141 圈绕地飞行期间重返地球大气层，降落在加利福尼亚州的爱德华空军基地。执行 STS-49 任务的七位宇航员在太空总计停留了 8 天 21 小时。

STS-61 任务

1993 年 12 月 2 日，美国国家航空航天局发射了"奋进号"航天飞机，执行首次哈勃太空望远镜维修任务。执行此次任务的宇航员包括：理查德 · 科维（指挥官）、肯内斯 · 鲍威索克斯（Kenneth D. Bowersox，驾驶员）、斯多里 · 马斯格雷夫（F. Story Musgrave，任务专家）、杰弗里 · 霍夫曼（Jeffrey A. Hoffman，任务专家）、凯瑟琳 · 桑顿（任务专家）、托马斯 · 埃克斯（任务专家）、克劳德 · 尼克列（Claude Nicollier，代表欧洲宇航局的瑞士任务专家）。STS-61 是美国所进行的一次最复杂、最具挑战性的人类太空飞行任务。在创纪录的历时 35 小时 28 分钟的 5 次连续的出舱活动期间，两组太空行走宇航员完成了哈勃太空望远镜首次维修任务，在第四次出舱活动期间,宇航员桑顿和埃克斯安装了太空望远镜光轴补偿校正光学（COSTAR）

单元，此仪器被设计用来重新引导光线进入到 4 个余下的哈勃太空望远镜中的 3 个，以补偿望远镜主镜面的一处小瑕疵。宇航员在第 9 天重新部署了哈勃太空望远镜，使经过维修的望远镜以改进后的方式继续天文观测任务。

1993 年 12 月 13 日，在太空停留 10 天 19 小时 59 分后，"奋进号"航天飞机及其成员在绕地飞行第 163 圈时，安全返回地球，降落在肯尼迪航天中心。

STS-71 任务

在人类太空飞行历史上，美国国家航空航天局的 STS-71 任务创造了多个第一。首先，1995 年 6 月 27 日，"亚特兰蒂斯号"航天飞机从肯尼迪航天中心的 39-A 发射台点火起飞，这是美国从卡纳维拉尔角发射的第 100 次载人太空飞行。其次，作为实施"国际空间站"计划的第一阶段，此次任务还是首次美国航天飞机与俄罗斯的"和平号"空间站在轨道上实施的对接任务。另外，当"亚特兰蒂斯号"航天飞机与"和平号"空间站对接后，这个联合体成为轨道上飞行的最大人造物体（到当时为止）。最后，STS-71 任务还首次进行了在轨道上实施航天飞机乘员的交换。

"亚特兰蒂斯号"航天飞机搭载如下宇航员进入轨道：罗伯特·胡特·吉布森（Robert L. "Hoot" Gibson，STS-71 任务指挥官）、查尔斯·普里克特（Charles J. Precourt，驾驶员）、艾伦·贝克（Ellen S. Baker，有效载荷指挥官）、格里高利·哈巴（Gregory J. Harbaugh，任务专家）、波妮·唐巴尔（Bonnie J. Dunbar，任务专家）。此外，两名俄罗斯宇航员也搭乘此架航天飞机进入"和平号"空间站。他们分别是：阿纳托利·索罗耶夫（"和平探险 19 号"任务指挥官）和尼古拉·布达林。之后，"亚特兰蒂斯号"航天飞机搭载着执行"和平探险 18 号"任务的宇航员弗拉基米尔·德朱罗夫（"和平 18 号"指挥官）、根纳季·斯特列卡洛夫（"和平 18 号"飞行工程师）和诺曼·萨加德（"和平 18 号"宇航研究员）返回地球。

6 月 29 日上午 9 点（美国东部时间），"亚特兰蒂斯号"航天飞机在位于俄罗斯联邦贝加尔湖地区上空 400 千米的太空与"和平号"空间站对接。当航天飞机的舱门打开，执行 STS-71 任务的宇航员进入到"和平号"空间站，他们受到空间站里宇航员的欢迎。两个太空飞行器之间的物理连接包括"亚特兰蒂斯号"航天飞机上的轨道器对接系统（ODS）和"和平号"空间站上的雌雄同体外设对接系统。

当天，"和平 18 号"任务宇航员正式把值守空间站的责任转交给航天飞机运送过来执行"和平 19 号"任务的宇航员，随后，"和平号"空间站上的宇航员转移到航天飞机上。在此后的 5 天，美国和俄罗斯宇航员联合开展了各种实验，其中包括生物医学研究。两个太空飞行器上的宇航员们还进行了向"和平号"空间站移入设备和从空间站移出设备。7 月 4 日，两艘太空飞行器取消了对接。7 月 7 日，在太空停留了 9 天 19 小时 22 分之后，"亚特兰蒂斯号"航天飞机在绕地飞行第 153 圈时，返回地球，降落在肯尼迪航天中心。在"和平号"空间站度过 100 多天后，为使重返地球重力环境变得容易，就在开始重返地球大气层之前，执行"和平 18 号"任务的宇航员们萨加德、德朱罗夫和斯特列卡洛夫仰卧在量身订制的俄罗斯座椅上，它安装在"亚特兰蒂斯号"航天飞机轨道器的中层区域。

STS-88 任务

1998 年 12 月 4 日，美国国家航空航天局从 39-A 发射台发射了"奋进号"航天飞机，开始执行 STS-88 任务——这是"国际空间站"的首次在轨组装任务。执行此

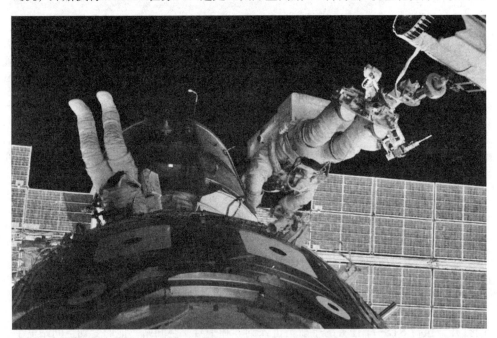

美国宇航员詹姆斯·纽曼（左）和杰里·劳斯（右）正在"曙光号"舱和"联合号"太空舱（在前景中）之间工作，这是他们搭乘"奋进号"航天飞机执行 STS-88 任务（1998 年 12 月）而进行的首次（共计 3 次）太空行走。纽曼用管缆系在船舱上，而劳斯则固定在安装于航天飞机遥控操作系统手臂末端的移动系统的底部上。这是"国际空间站"的首次组装任务。（美国国家航空航天局 / 约翰逊航天中心）

次任务的宇航员包括：罗伯特 · 卡波纳（Robert D. Cabana，指挥官）、弗莱德"里克" · 里克 · 斯特尔（Frederick W. "Rick" Sturckow，驾驶员）、南希 · 居里（Nancy J. Currie，任务专家）、杰里 · 劳斯（Jerry L. Ross，任务专家）、詹姆斯 · 纽曼（任务专家）和瑟盖 · 康斯坦丁诺维奇 · 克里卡列夫（Sergei Konstantinovich Krikalev，俄罗斯宇航员、任务专家）。

STS-88 任务历时 12 天，它的主要目标是开始组装"国际空间站"，宇航员实现了所有任务目标。12 月 5 日，宇航员把重达 12.8 吨的美国建造的"联合"舱连接到"奋进号"航天飞机的对接系统上。第二天（12 月 6 日），宇航员们使用"奋进号"航天飞机的遥控操作系统从共轨地点捕获了俄罗斯建造的"曙光号"控制舱，然后小心翼翼地把它与"联合"舱对接在一起。接着，宇航员劳斯和纽曼实施了 3 次太空行走，把缆绳、连接器和扶手固定在船舱上。除了把两个船舱连接在"国际空间站"上之外，劳斯和纽曼还利用出舱活动测试简单舱外机动辅助救生装置（Simplified Aid for EVA Rescue，缩写为 SAFER），它是一种简单的舱外机动辅助装置，能帮助航天员顺利离开空间站，在空间站附近自由行走，完成任务后安全返回空间站。

12 月 10 日，宇航员卡波纳和克里卡列夫通过对接舱从"奋进号"航天飞机进入到"联合"舱，其他宇航员也跟随而至。这一具有历史意义的事件标志着人类首次驻足于"国际空间站"。大约 3 小时之后，卡波纳和克里卡列夫打开了通向"曙光"舱的舱门（现在对接到"联合"舱上），进入并查看了由俄罗斯建造的船舱内部。他们开启了各种系统，确保一切运行正常以适合人类到访此地。12 月 11 日，卡波纳和克里卡列夫分别关闭了通向"曙光"舱和"联合"舱的舱门，返回到"奋进"航天飞机。12 月 13 日，"奋进号"航天飞机驾驶员里克 · 斯特尔驶离空间站，此后"国际空间站"开始了它在太空的自由飞行——标志着人类太空飞行新时代的开始。

在执行 STS-88 任务期间，"奋进号"航天飞机共完成 185 圈绕地飞行，并于 12 月 15 日降落在肯尼迪航天中心。此次任务，宇航员总计在太空停留 11 天 19 小时 19 分钟。

STS-107 任务——"哥伦比亚号"失事

2003 年 1 月 16 日，"哥伦比亚号"航天飞机从肯尼迪航天中心的 39-A 发射台起飞，开始执行 STS-107 任务。此次任务为期 16 天，主要目标是宇航员进行各项基于每天

2003年2月1日,"哥伦比亚号"航天飞机在完成STS-107任务后,重返地球大气层期间发生了解体,机上宇航员全部遇难。遇难的宇航员是(从左至右):前排为美国宇航员里克·赫斯本德、卡尔帕娜·乔拉和威廉·麦库尔;后排为大卫·布朗、劳雷尔·克拉克、迈克尔·安德森和以色列宇航员伊兰·拉蒙。(美国国家航空航天局)

24小时的科学实验。许多实验是在位于"哥伦比亚号"航天飞机货舱的"空间实验室"商业实验舱内进行的。

执行STS-107任务的宇航员包括:里克·赫斯本德(Rick Husband,指挥官)、威廉·麦库尔(William McCool,驾驶员)、迈克尔·安德森(Michael Anderson,有效载荷指挥官)、卡尔帕娜·乔拉(Kalpana Chawla,任务专家)、大卫·布朗(David Brown,任务专家)、劳雷尔·克拉克(Laurel Clark,任务专家)和伊兰·拉蒙(Ilan Ramon,来自以色列的有效载荷专家)。此次航天飞机轨道飞行非常顺利,宇航员们开展了大量有价值的科学实验。从国际角度看,此次科学任务的成功之处还在于有效载荷专家拉蒙的加入——首位以色列的太空人。

然而,2003年2月1日,当"哥伦比亚号"航天飞机返回地球时,灾难却发生了。就在"哥伦比亚号"航天飞机还有16分钟即将降落在肯尼迪航天中心的预定着陆点时,它发生了解体,7名宇航员全部遇难。随后的事故调查显示,在发射期间碎片撞击造成机体受损，从而使"哥伦比亚号"的左翼出现严重的加热故障。具体说，就是专家们怀疑碎片撞击损坏了"哥伦比亚号"左翼最边缘的碳碳强化隔热瓦片。在重返地球大气层期间所产生的热气穿透受损区域，进入机翼的内部损坏机翼，造成航天飞机失去航空动力稳定性，从而导致航天飞机在得克萨斯州东部地区上空高速飞行期间解体。近 8.5 万片航天飞机碎片被找到，并被送往位于肯尼迪航天中心的美国国家航空航天局碎片复原工作组。美国国家航空航天局的工作人员在对碎片进行细致的分析后，复原了"哥伦比亚号"航天飞机大约 38% 的机体。所找到的碎片仍然可以提供具有价值的数据。

由于在点火起飞期间，从外贮燃料箱脱落的碎片会对航天飞机造成威胁，美国国家航空航天局立即暂停所有航天飞机飞行任务，开始对外贮燃料箱的设计进行改进，实行新的操作程序，开发了在轨道上进行检查和维修的技术——所有这些均为避免再次发生"哥伦比亚号"航天飞机重返地球大气层时所发生的悲剧。以上这些改动影响了 STS-114 任务（2005 年 7 月）和 STS-121 任务（2006 年 7 月），并将继续影响所有余下的航天飞机飞行任务，直至目前的航天飞机舰队（"发现号""亚特兰蒂斯号"和"奋进号"）在 2010 年退役为止。

STS-114 任务

2005 年 7 月 26 日，美国国家航空航天局发射了"发现号"航天飞机，执行STS-114 任务。STS-114 任务又称为"重返飞行"（Return to Flight）任务，它是2003 年 2 月 1 日"哥伦比亚号"航天飞机失事后所执行的首次航天飞机飞行任务。美国国家航空航天局的管理人员和工程师们花费了两年半的时间研究并实施余下 3架航天飞机的安全改进工作。他们所做的改进包括更为细致地检查用于航天飞机机翼最边缘的碳碳强化热防护系统面板，为外贮燃料箱换置新的螺栓，并制定了新的泡沫使用程序。对于此次发射，人们担心颇多，它成为航天飞机历史上书面记载最多的一次发射。通过地面上升级过的新的摄像机、雷达系统以及在高空飞行的飞机上的摄像机，"发现号"航天飞机爬升进入轨道的过程被详细地记录下来。

执行 STS-114 任务的宇航员包括：艾琳·柯林斯（指挥官）、詹姆斯·凯利（James Kelly，驾驶员）、查尔斯·卡马达（Charles Camarda，任务专家）、温蒂·劳伦斯（Wendy Lawrence，任务专家）、史提芬·罗宾逊（任务专家）、安德鲁·托

"哥伦比亚号"航天飞机失事后,美国宇航员长期暂停航天飞机的飞行任务。2005年7月26日,美国国家航空航天局从肯尼迪航天中心成功地发射了"发现号"航天飞机,到"国际空间站"执行STS-114任务,由此结束了航天飞机的长期停飞。(美国国家航空航天局)

马斯(任务专家)、野口宗千(Soichi Noguchi,来自日本太空发展署的任务专家)。

"发现号"航天飞机在发射期间收集的大量影像,还有"发现号"新安装的"轨道器吊杆传感器系统"(OBSS)激光扫描仪上的激光系统所提供的影像资料,航天飞机两翼内传感器收集的数据,都有助于此次任务的管理人员确定"发现号"航天飞机热防护系统的状态和情况。他们始终担心的问题还是泡沫脱落以及由碎片造成的可能的致命性撞击。发射期间拍摄的影像显示一片泡沫从外贮燃料箱脱落,一些较小的隔热瓦片和泡沫所造成的凹痕。录像还显示"发现号"航天飞机侧面的热防护系统有两处地方的间隙填充物凸起。当"发现号"航天飞机驶向"国际空间站",并按计划与之交会对接之时,美国国家航空航天局的任务管理人员们则在忙于评估航天飞机是否能够安全地重返地球大气层。如果无法安全重返地球大气层,则安排宇航员暂避"国际空间站",同时等待救援(很可能将由"亚特兰蒂斯号"航天飞机来完成)。

"发现号"航天飞机一进入轨道并在到达"国际空间站"之前,机上的任务专家们就开始使用加拿大制造的新型"轨道器吊杆传感器系统"来检查隔热瓦片是否受损。轨道器吊杆传感器系统包括两种类型的激光器和一个高分辨率的电视摄像机,它们安装于吊杆的末端。此系统提供的数据可使宇航员快速评估热防护系统的"健康"

状况。首次检查未发现大问题，但是有两个凸起的间隙填充材料以及驾驶员座舱附近的一个胀起的隔热瓦片引起了专家们的担忧。

当"发现号"航天飞机靠近"国际空间站"，这次任务的指挥官柯林斯，在距离空间站下方大约183米的地方进行了首次与空间站交会的倾斜操作。当航天飞机慢慢地首尾翻转过来（速率仅为每秒钟0.75°），"国际空间站"的指挥官瑟盖·克里卡列夫和飞行工程师约翰·菲利普使用400—800毫米的高倍数码相机拍摄了"发现号"航天飞机的热防护隔热瓦片、航天飞机头部的关键区、主要的起落架门。他们拍摄的所有数码影像都传给了地面上的美国国家航空航天局的工程师们和飞行支持人员。

接着，"发现号"航天飞机与"国际空间站"进行了对接，STS-114任务宇航员开始拜访了"国际空间站"，送去大量急需的供给品和设备。"发现号"航天飞机宇航员共进行了3次出舱活动，在首次出舱活动之前，任务专家劳伦斯以及航天飞机驾驶员凯利操纵着空间站的机械臂（称为"机械臂2号"），从"发现号"的货舱处举起"拉斐尔"（Raffaello）多用途后勤舱固定在"联合"舱上。

"拉斐尔"多用途后勤舱由意大利宇航局建造，设计为可以用航天飞机运输并往返于"国际空间站"。它配备有11个架子，上面有供给品硬件设备以及用于向"国际空间站"进行转移东西的"人类研究设施2号"（Human Research Facility 2，缩写为HRF-2）架子。"人类研究设施2号"架子上有一个制冷离心机，可以区分开不同密度的生物物质。"人类研究设施2号"一从"发现号"航天飞机卸载到"国际空间站"上，宇航员们就开始把供给品和"人类研究设施2号"架子移至空间站里面。接着，他们把3 207千克重的旧设备、不需要的硬件以及垃圾放到"拉斐尔"架子里，然后再把架子装载到"发现号"航天飞机的货舱里，返回地球。

为了准备"发现号"航天飞机的返地之旅，宇航员罗宾逊实施了STS-114任务的第三次出舱活动——一次历时6小时的太空行走。在此次勇敢的出舱活动期间，他把自己固定在"国际空间站"的"机械臂2号"上，到达"发现号"航天飞机隔热瓦片之间凸起的两处间隙填充材料的地方，然后轻轻地把它们拽了出来。

"发现号"航天飞机与"国际空间站"解开对接，返回地球。2005年8月9日，在太空停留了13天32小时33分钟之后，"发现号"航天飞机及其乘员安全地降落在加利福尼亚州的爱德华空军基地。虽然"发现号"航天飞机安全返回，美国国家

2005 年 7 月，7 名美国宇航员搭乘"发现号"航天飞机，成功地执行了 STS-114 任务。他们是：（前排从左至右）詹姆斯 · 凯利（驾驶员）、温蒂 · 劳伦斯（任务专家）和艾琳 · 玛丽 · 柯林斯（指挥官）、（后排从左至右）史蒂芬 · 罗宾逊、安德鲁 · 托马斯、查尔斯 · 卡马达和野口宗千（所有任务专家），野口宗千代表日本太空发展署。（美国国家航空航天局）

航空航天局还是再次暂时停飞了所有航天飞机。总的说来，美国国家航空航天局所关心的是在另一组宇航员遇到由发射上升时产生的碎片所造成的危险以前，这个始终存在的外贮燃料箱的泡沫脱落问题必须尽快更加有效地加以解决。

STS-121 任务

2006 年 7 月 4 日，"发现号"航天飞机及其 7 名宇航员发射升空，是在"哥伦比亚号"航天飞机失事后，美国国家航空航天局"重返飞行"系列的第二次任务。在此次为期 13 天的任务期间，宇航员们对提高航天飞机运行安全的新设备和程序进行了测试。执行此次任务的宇航员包括：斯蒂夫 · 林德塞（Steve Lindsey，指挥官）、马克 · 凯利（Mark Kelly，驾驶员）、皮尔斯 · 塞勒斯（Piers Sellers，任务专家）、迈克尔 · 弗萨姆（Mike Fossum，任务专家）、丽莎 · 内瓦克（Lisa Nowak，任务专家）、史蒂芬尼 · 威尔森（Stephanie Wilson，任务专家）、托马斯 · 雷特（代表欧洲宇航局的德国任务专家）。宇航员雷特驾驶着"发现号"航天飞机进入轨道,在与"国际空间站"对接后,进入到空间站,成为"国际空间站远征 13 号"任务的第 3 位成员。STS-121 任务建立在 STS-114 任务（2005 年 6 月）中首次亮相的安全改进措施的分析基础之上。

"发现号"航天飞机与"国际空间站"进行了对接,运送了重达 12 725 千克的设备和供给品。7 月 17 日,到"发现号"航天飞机降落在肯尼迪航天中心为止,宇航员们在太空共计停留 12 天 18 小时 38 分钟。

◎ 超越航天飞机

虽然 1986 年（STS 51-L 任务期间）发生了"挑战者号"航天飞机失事,7 名宇航员遇难,以及 2003 年发生了（STS-107 任务期间）"哥伦比亚号"航天飞机失事,7 名机组人员全部遇难的悲剧,美国航天飞机计划仍然成功地执行了累计 100 多次任务,在人类太空飞行中起了重要作用。然而,在建成"国际空间站"之后,美国宇航员计划于大约 2010 年让年久失修的航天飞机退役,包括"发现号""亚特兰蒂斯号"和"奋进号"航天飞机。2005 年 9 月 19 日,美国国家航空航天局管理人员迈克尔·格利芬（Michael Griffin）提出了一种称为"猎户座"或者"太空旅行车"（Crew Excursion Vehicle,缩写为 CEV）的新型航天器,被设计用来运送宇航员往返于月球,并在未来的火星任务中能搭载 6 名宇航员,向"国际空间站"运送宇航员和供给品。

2006 年 6 月 30 日,美国国家航空航天局宣布了能够使人类重返月球,并最终把首批探索者送上火星的下一代发射器的名字。这种搭载宇航员的发射器叫"战神 1 号"（Ares 1）,搭载货物的发射器称为"战神 5 号"（Ares 5）。美国国家航空航天局选择"战神"这个名字是因为它是火星的古希腊名字。因此,新型发射器的名称体现出人类长期的梦想。使用罗马数字 I 和 V 是为了对"阿波罗计划"中"土星 1 号"和"土星 5 号"火箭及其成功的发射表示敬意。这两种型号的火箭是美国为支持人类太空飞行而最早设计和开发的大型发射器。

2014—2015 年间,太空旅行车将取代美国国家航空航天局的航天飞机进行人类的空间探索。"战神 1 号"将是一中同轴火箭,上方为"太空旅行车",服务舱和发射终止系统。发射器的第一级火箭是一个由 5 个部件构成的可以重复使用的固体火箭助推器,这种固体火箭助推器来自航天飞机计划中所使用的可重复使用的固体火箭发动机,可以燃烧一种经特殊配制的被称为"聚丁二烯丙烯腈为"的固体推进剂。

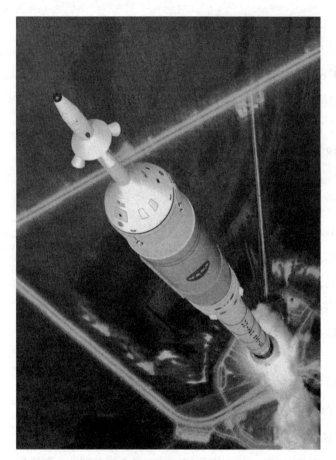

美国国家航空航天局的工程师们现正在设计一种新型的前置接合器，这种接合器可以使"战神1号"发射器的一级段对接在二级段上，它还配备有助推器分离发动机，以便在火箭上升阶段使火箭的各级分离。

"战神1号"的二级或上级是一种完全新型的部件，由以液态氢和液态氧为燃料的J-2X主发动机推进。J-2X发动机是两种火箭发动机的一种改进版，这两种具有历史意义的火箭发动机分别为：用于推进"阿波罗计划"时代的飞船到达月球的"土星IB"和"土星5号"火箭强大

这幅图片描绘了被称为"战神1号"的新型载人发射器（约2015年）正从佛罗里达州肯尼迪航天中心点火起飞时的情景。这个由两级段构成的火箭上方为"太空探索车"、服务舱和发射终止系统。[美国国家航空航天局/马歇尔航天飞行中心（MSFC）]

的J-2上级发动机以及J-2S发动机。J-2S发动机是J-2发动机的简化版本，它由美国的火箭工程师们于20世纪70年代初开发并试飞。但是，与相当成功的J-2发动机不同的是，J-2S发动机从未在载人太空飞行任务中使用过。

"战神1号"的主要任务目标是搭载4~6名宇航员到达绕地轨道。在前两分半钟飞行期间，一级助推器为飞行器提供的能量大约能到达6.1万米的高度。在所有的火箭固体推进剂耗尽后，可重复使用的助推器将会分离，然后，液体推进剂上级J-2X发动机点火，继续为"太空探索车"提供动力，到达大约101千米的高度。接着，"太空探索车"的上级段分离，服务舱推进系统完成飞船进入太空之旅——最终把"太空探索车"送入298千米高度的绕地轨道。一旦进入轨道，"太空探索车"及其服务

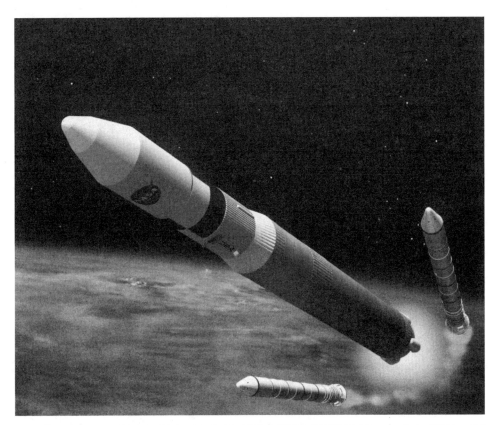

　　这幅图片描绘了被称为"战神5号"的新型货物发射器发射的情景（约2015年）。"战神5号"是美国国家航空航天局用于向太空安全、可靠地运送资源的主要发射器，运送的资源包括用于建立永久性月球基地所需的硬件和材料以及人类在地球轨道外远的地方生存所需的新鲜的食物、水和其他补给品。（美国国家航空航天局/马歇尔航天飞行中心）

舱可以与"国际空间站"或者与能够把宇航员送往月球的登月车和驶离地球的组合飞行器对接在一起。美国国家航空航天局计划不迟于2015年把"太空探索车"送到"国际空间站"。首次使用"太空探索车"实施的载人登月任务预计在2020年进行。由于"战神1号"能够把2.5万千克重的载荷送入低地轨道，美国国家航空航天局还可以使用这种新型的发射器运送急需的资源和供给品到"国际空间站"。

　　"战神5号"是一种重型发射器，它的一级段有5个RS-68液态氢或液态氧发动机，安装在航天飞机外贮燃料箱的下面，两个具有5个部件的固体推进剂火箭助推器。RS-68发动机是目前应用在"德尔它4号"（Delta Ⅳ）火箭上的发动机的一个升级版本，"德尔它4号"火箭是由美国波音公司于20世纪90年代为美国空军发射器计划以及商业应用所开发的一种强大的发射器。"战神 5 号"货物发射器的上级火箭也使用了在"战神 1 号"发射器中所使用的同一种 J–2X 发动机。"战神 5 号"发射器在发射台上的高度大约为 110 米，能够把 13 万千克重的载荷送入低地轨道，或者 65 455 千克重的载荷送往月球。美国国家航空航天局计划使用"战神 5 号"作为安全可靠地运送资源到太空的主要火箭发射器——运送的资源包括用于建立永久性月球基地的大规模的硬件和材料，以及人类在地球轨道外远的地方时所需的新鲜食物、水和其他主食。在目前的计划中，美国国家航空航天局所设计的"战神 5 号"还不能搭载人类进入太空。

回首过去，展望未来，"战神 1 号"和"战神 5 号"发射器浮现在近期"科技的地平线"上。这些发射器是美国国家航空航天局"星座计划"（Constellation Program）空间运输基础设施的重要组成部分。"星座计划"是美国国家航空航天局当代制定的一项计划，欲使人类探索者重返月球，并继续把人送往火星以及太阳系的其他目的地。

1984 年 1 月，作为国情咨文的一部分，罗纳德·里根（Ronald Reagan）总统主张建立一个由许多美国与其他国家共同参与的空间站项目。美国国家航空航天局接受了总统的授权，于 1984 年 4 月成立了空间站项目办公室，并且要求美国航空航天工业提供建议。到 1986 年 3 月，基准设计为双层的龙骨结构，这是一个在中间部分架有固定空间站的起居工作舱和太阳能电池板的桁架的长方形结构。

1985 年春天，日本、加拿大和欧洲宇航局分别与美国签署了双边谅解备忘录，同意加入空间站计划。1987 年，在 1986 年 1 月 28 日的"挑战者号"失事之后，专家们对空间站的双层龙骨结构进行了改进以弥补航天飞机飞行速度降低这一不足。改进后的基准有一个嵌入式桁架以改进双层龙骨式设计。专家们还确定，空间站需要一条"救生船"，叫"宇航员援救器"。

1988 年，里根总统给要建的空间站取名"自由号"。随着每一轮年度预算的降低，"自由号"的设计都因为美国国会要求降低成本而进行修改。桁架变短了，计划中的由美国建造的居住舱和实验舱的尺寸减小了。桁架将被分段发射升空与已经在太空的次系统组成一体。尽管进行了重新设计，美国国家航空航天局及其承建者还是建造了相当数量的硬件设备。

随着冷战的结束，在空间站的指向上发生了重大改变。非常具有戏剧性的是，大约从 1989 年开始，美国和苏联之间在空间探索方面新的合作已成为家常便饭而不再特殊，这一点在 1975 年 7 月的"阿波罗-联盟对接试验计划"中得到体现。

国际合作的重要一步开始于 1992 年，当时美国同意购买俄罗斯的"联盟号"飞船作为"自由号"的救生船。这一举动表明美俄间的合作水平得到了极大的提高，使真正意义上的国际空间站得以发展。同年，另一个重要的活动，航天飞机-"和平号"空间站计划（后来叫"国际空间站计划第一阶段"）也开始了。航天飞机计划用现有的装备（主要是美国的航天飞机轨道飞行器和俄罗斯的"和平号"空间站）来提供联合操作的经验和进行最终会促成国际空间站成功建设和运作的联合研究。

1993年，比尔·克林顿总统要求再一次重新设计"自由号"国际空间站以降低成本并且使更多的国家参与进来。白宫的工作人员选择了一个叫"阿尔法"（Alpha）空间站的设计样本，这是一个小型结构，只使用了"自由号"原先的硬件设计的75%。在俄罗斯答应提供主要的硬件设备（其中许多都是原来打算用于建设计划中的"和平2号"空间站的）以后，"阿尔法"空间站被正式叫"国际空间站"。

国际空间站项目分为3个基本阶段：第一阶段（航天飞机-"和平号"空间站对接任务计划的扩展）为美国和俄罗斯的航空航天工程师、飞行指挥人员和宇航员提供合作组建国际空间站所需的宝贵经验。第一阶段正式开始于1995年，总共需要7名美国宇航员在俄罗斯"和平号"空间站上连续停留2年，进行9次航天飞机和"和平号"空间站的对接任务。这一阶段的项目于1998年6月成功地完成了STS-91任务——一项"发现号"航天飞机与"和平号"空间站对接并接回俄罗斯空间站上的最后一名美国居民，宇航员安德鲁·托马斯的飞行任务。第二和第三阶段需要在轨

1998年12月13日，从"奋进号"的货舱被放出之后，连在一起的"曙光"舱和"联合"舱在外太空和地球边缘的背景映衬下威严神气地飘浮在轨道上。早先已花费了大部分的工作时间来修理串联在一起的太空硬件设施的6名执行STS-88飞行任务的宇航员，从"奋进号"注视着这架航天飞机慢慢地远离国际空间站。（美国国家航空航天局/约翰逊航天中心）

道上组装空间站的部件——第二阶段组装国际空间站的核心部分，第三阶段组装国际空间站的各种科学实验舱。

　　航空航天史上历史性的一刻出现在20世纪末。1998年12月10日，执行STS-88任务的指挥官罗伯特·卡巴纳（Robert Cabana）和俄罗斯宇航员兼任务专家谢尔盖·克里卡列夫（Sergei Krikalev）推开"奋进号"航天飞机和"国际空间站"的第一个组成部分之间的舱门。随着这一举动，执行STS-88任务的宇航员完成了"国际空间站"轨道建设的第一步。1998年11月下旬，一枚俄罗斯"质子号"火箭成功地将美国国家航空航天局所拥有的俄罗斯制造的"日出号"控制舱完美地送入停泊轨道。几天以后，在12月上旬，"奋进号"航天飞机载着美国制造的"联合号"连接舱进入轨道与"日出号"进行交会。然后，宇航员杰瑞·罗斯和詹姆斯·纽曼进行了3次艰苦的飞行器舱外活动（总计21小时22分）来完成空间站最初的组装工作。当他们的太空行走完成时，卡巴纳和克里卡列夫实际上是打开了一个重要的崭新的空间站时代的大门。正如康斯坦丁·齐奥尔科夫斯基在20世纪初所预言的那样，人

　　2006年7月15日，在2个航天器刚刚退出对接后，"发现号"航天飞机上的宇航员拍摄了这张"国际空间站"的全景照片。在完成了作为STS-121任务一部分的与"国际空间站"的交会对接任务后，"发现号"航天飞机顺利地返回地球，于7月17日降落在肯尼迪航天中心。（美国国家航空航天局）

类将会很快离开"地球的摇篮",在通往其他星体的道路上建立一个永久的太空前哨。

2003 年 2 月的"哥伦比亚号"事件对空间站的建成造成重大延误。假设剩下的航天飞机轨道飞行舰队("发现号""亚特兰蒂斯号"和"奋进号")能继续飞行完成轨道任务,美国国家航空航天局的官员们计划,在 2010 年完成空间站的建设,然后让轨道飞行舰队退役。2006 年 7 月,"发现号"对"国际空间站"实施的 STS-121任务被认为是整个日程的重要里程碑。

◎关于国际空间站的基本情况

"国际空间站"是美国国家航空航天局主持的一个重大的人类太空飞行计划。在这个位于低地轨道上成为人类在外太空进行微重力研究和验证先进空间技术的永久前哨的巨大模块化空间站的建设中,俄罗斯、加拿大、欧洲、日本和巴西也起了关键性的作用。在轨组装于 1998 年 12 月开始,预计到 2004 年完成。

然而,2003 年 2 月 1 日发生的造成 7 名宇航员丧生、轨道飞行器焚毁的"哥伦比亚号"航天飞机事件对"国际空间站"的工作日程产生重大影响。现在"国际空间站"预计到 2010 年建成,与美国国家航空航天局目前的 3 个轨道飞行器("发现号""亚特兰蒂斯号"和"奋进号")的退役时间保持一致。虽然空间站仍在建设中,但进行前 14 次探险的宇航员们已经进行了有用的科学活动以及帮助进行在轨组装和熟练操作的活动。

为补救在建成"国际空间站"必需的航天飞机飞行任务中出现的未预料到的延误,俄罗斯已经提供向空间站运送宇航员和必需品的发射器和宇宙飞船〔例如"联盟 TMA 号"(Soyuz-TMA)飞行器〕。向空间站大量运送货物,从空间站运走已经用过的设备和积攒的垃圾使设施得到补给并适于居住。总的来讲,最近的航天飞机飞行,像 STS-114 任务(2005 年 7 月)和 STS-121 任务(2006 年 7 月)已使延误的情况得到缓解。

"曙光号"航天飞机重 3.11 万千克,由俄罗斯制造并由美国提供资金,它是构成"国际空间站"的众多航天飞机中第一个被发射升空的。"国际空间站"在一个高度为 386 千米,倾角为 52.6° 的近似于圆形的轨道上绕地球飞行。"国际空间站"的第一个组装步骤开始于 1998 年 11 月下旬和 12 月上旬。在进行以航天飞机为支柱的轨道组装操作期间,宇航员们把最初的控制舱"曙光号"与美国的六舱门可居住的连接舱"联合号"连接在一起。"曙光号"也叫"功能货物舱"(Functional Cargo

Block），或 FGM（用俄语按字母直译时的相对应的首字母缩略词）。因为"曙光号"是国际空间站的第一个绕轨道飞行的部件，所以它的国际宇宙飞船识别编码（1998-067A）也被用作国际空间站的宇宙飞船识别编码。

"联合号"飞船是第一个由美国制造的"国际空间站"部件。它是一个六边形的连接舱和通道。在 1998 年 12 月上旬的 STS-88 任务中，"联合号"是"奋进号"航天飞机运送的主要货物。一旦被送入轨道，宇航员就把"联合号"飞船和俄罗斯制造的、由从拜科努尔航天发射场发射升空的俄罗斯"质子号"火箭先期送入轨道的"曙光号"飞船连接在一起。

这幅图展示了在 STS-100 任务期间，当轨道飞行器与空间站分离进行环飞勘测时，"奋进号"的宇航员所看到的"国际空间站"的景象。2001 年 4 月醒目地出现在图片中部偏下位置的是"加拿大臂 2 号"（Canadarm 2）机械臂——在"奋进号"造访期间增加上去的，空间站的 16.8 米长的机器臂。（美国国家航空航天局）

"星辰号"飞船是服务于"国际空间站"的俄罗斯服务舱。这个 20 吨重的太空舱有 3 个对接舱口和 14 扇窗户。在 2000 年 7 月 12 日由一枚"质子号"火箭从拜科努尔航天发射场发射升空后，这艘飞船在 7 月 26 日与正在轨道上飞行的"国际空间站"的"曙光号"控制舱自动对接。在与"国际空间站"对接之前，"星辰号"服务舱有一个国际宇宙飞船编号"2000-037A"。

一旦固定到空间站上并且开始运转使用，这个太空舱就成为国际空间站不可分割的一个组成部分，开始用作宇航员在进行轨道组装时的起居舱。第一批国际空间站宇航员被称为"远征 1 号"宇航员，他们于 2000 年 11 月 2 日开始入驻国际空间站，住在"星辰号"太空舱中。直到 2001 年 3 月 14 日，美国宇航员比尔·史菲德（Bill Shepherd）和俄罗斯宇航员尤里·吉津科和谢尔盖·克里卡列夫一直都把"星辰号"太空舱作为他们在地球外的家。在那天，"远征 2 号"宇航员——由俄罗斯宇航员尤里·乌萨切夫、美国宇航员苏珊·赫尔姆斯（Susan Helms）和吉姆·沃斯（Jim Voss）组成——接替"远征 1 号"宇航员成为"星辰号"上的居民。除了支撑人类在太空中居住外，这个太空舱还提供电力分配、数据处理、飞行控制的功能，以及可以作为空间站的在轨推进器。

"联盟 TMA-1"飞船于 2002 年 11 月 1 日靠近"国际空间站"的"码头号"（Pirs）对接舱。这艘俄罗斯飞船搭载了"联盟 5 号"的宇航员：俄罗斯指挥官谢尔盖伊·扎利奥汀（Sergei Zalyotin）、比利时飞行工程师弗兰克·德·温内（Frank De Winne，代表欧洲宇航局）和俄罗斯飞行工程师尤里·隆查科夫（Yuri V. Lonchakov），对空间站进行为期 8 天的访问。除了其他的设计改造外，"联盟 TMA-1 号"飞船还拥有升了级的电脑，一个新的驾驶舱控制板和改进后的航空电子技术。（美国国家航空航天局 / 约翰逊航天中心）

"命运号"（Destiny）飞船是在 STS-98 任务（2001 年 2 月）期间由"亚特兰蒂斯号"航天飞机运送到国际空间站的美国建造的实验舱。"命运号"是研究美国飞船有效载荷航要实验室。这个铝制的太空舱长 8.5 米，直径 4.3 米。它由 3 个圆柱形部分和 2 个带有可以与其他的空间站部件相匹配的舱口的末端锥形体组成。在中心部分的侧面还有一扇直径为 0.51 米的窗户。太空舱外部用一个华夫饼干样式的装置来加固外壳，并且在壳外还覆有由类似于地球上执法人员穿的防弹衣所用的材料制成的宇宙碎片防护罩。在防护罩上还有一层薄薄的铝制碎片防护罩，防止太空碎片和流星对太空舱造成损坏。

美国国家航空航天局的工程师们把实验舱设计为可以容纳成套的太空舱搁物架，这些搁物架在必要时可增加、拿掉或者进行替换。这个实验舱包括：一个人类研究设施、一个材料科学研究架、一个微重力科学干燥箱、一个流体和燃烧装置、一个窗口观察研究设施以及一个基础生物居住舱支架。实验舱搁物架上有液体和电连接器、视频设备、传感器、控制器和运动减震器，可以进行许多实验。"命运号"的窗户（占了一个架的空间）是一块光学宝石，可以使空间站的宇航员们拍摄到高质量的地球四季风景变化的照片和视频。从这个窗口捕捉到的影像，为科学家提供了研究如洪水、冰川、雪崩、浮游生物过量繁殖、珊瑚礁、城市发展以及野火等的特点的机会。

到 2006 年 12 月 31 日，国际空间站的可居住空间为 425 立方米，质量为 17.859 4 万千克，面积（太阳能电池板）为 892 立方米，宽度（横跨太阳能电池板）达 73 米，高度为 27.5 米，从"命运号"实验舱到"星辰号"服务舱的长度为 44.5 米。当俄罗斯的"进步号"宇宙飞船与"星辰号"飞船对接后，空间站的长度增加到 52 米。在空间站的在轨组装完成和系统能完全操作之前，其他由航天飞机运送的飞船和设备也是不可缺少的。

美国国家航空航天局计划，一旦"国际空间站"完全组装完毕并可投入使用，就在 2010 年让航天飞机机队退役。从 2010 年到大约 2014 年，俄罗斯的发

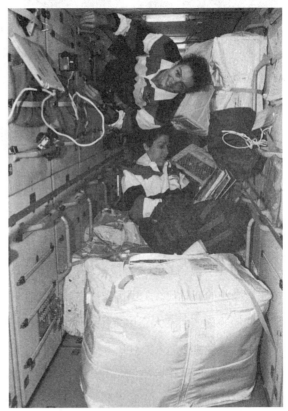

在俄罗斯建造的"星辰号"飞船上，宇航员朱力·佩耶特（Julie Payette）（上）和艾伦·奥乔亚（Ellen Ochoa）（中），摆弄着在 STS-96（1999 年 6 月）任务期间从对接后的"发现号"航天飞机搬过来的一部分设备。佩耶特代表加拿大航天局，奥乔亚是美国国家航空航天局的职业宇航员。（美国国家航空航天局 / 约翰逊航天中心）

射器将继续向空间站运送宇航员和供给物。到那时，美国国家航空航天局计划中的以"猎户座号"飞船作为有效载荷的"宇宙神 1 号"发射器，将开始执行宇航员定期轮换和给"国际空间站"补充供给的飞行任务。欧洲宇航局也可能用它的"阿丽亚娜 5 号"（Ariane V）发射器向国际空间站运送有效载荷。

这幅图描绘了美国国家航空航天局计划中的"猎户座号"宇航员探索飞行器到达"国际空间站"的情景（约 2015 年）。（美国国家航空航天局 / 约翰 · 弗拉桑尼特及合作者）

◎空间站宇航员

21 世纪人类持续的太空探索从"国际空间站"开始。空间站开启了在太空中进行永久操作的新时代。美国国家航空航天局在航天飞机-"和平号"空间站计划期间取得的经验为如何在太空中维持长期的操作提供了多种答案。而且，在空间站上工作的宇航员将会增加人类对在太空居住情况的了解。

虽然人类向"国际空间站"永久性派驻宇航员，但是在宇航员交接飞行任务时会进行宇航员的轮换。当新来的宇航员准备接替即将离职的宇航员时有一段交接期。目前空间站的宇航员通过电话会议就遇到的罕见情况、所学到的新技术或任何关于在空间站生活的必要话题与地球上的工作人员进行联系。一旦新来的宇航员登上空间站，即将离去的宇航员要对他们就安全问题、飞行器的更换以及有效载荷操作等方面做简要的说明。下面按年代顺序列举了到 2006 年 12 月 31 日为止对国际空间站进行的探险任务。

远征 1 号

发射：2000 年 10 月 31 日

着陆：2001 年 3 月 18 日

时间：140 天 23 小时 28 分

宇航员：指挥官威廉姆·谢菲尔德（William Shepherd），"联盟号"飞船的指挥官尤里·吉津科，飞行工程师谢尔盖·克里卡列夫

远征 2 号

发射：2001 年 3 月 8 日

着陆：2001 年 8 月 22 日

时间：167 天 6 小时 41 分

宇航员：指挥官尤里·乌萨切夫，飞行工程师苏珊·赫尔姆斯，飞行工程师詹姆斯·福斯

远征 3 号

发射：2001 年 8 月 10 日

着陆：2001 年 12 月 17 日

时间：128 天 20 小时 45 分

宇航员：指挥官弗兰克·库尔伯特森（Frank Culbertson），"联盟号"飞船的指挥官弗拉基米尔·德朱罗夫，飞行工程师米哈伊尔·图林（Mikhail Tyurin）

远征 4 号

发射：2001 年 12 月 5 日

着陆：2002 年 6 月 19 日

时间：195 天 19 小时 39 分

宇航员：指挥官尤里·昂里弗利恩科，飞行工程师丹·博斯克（Dan Bursch），飞行工程师卡尔·沃尔兹（Carl Walz）

远征 5 号

发射：2002 年 6 月 6 日

着陆：2002 年 12 月 7 日

时间：184 天 22 小时 14 分

宇航员：指挥官沃乐瑞 · 克尔赞（Valery Korzun），飞行工程师佩吉 · 惠特森（Peggy Whitson），飞行工程师谢尔盖 · 特列谢夫（Sergei Treschev）

远征 6 号

发射：2002 年 11 月 23 日

着陆：2003 年 5 月 3 日

时间：161 天 19 小时 17 分

宇航员：指挥官肯 · 鲍尔索克斯（Ken Bowersox），飞行工程师尼古拉 · 布达林，飞行工程师唐 · 佩帝（Don Pettit）

远征 7 号

发射：2003 年 4 月 25 日

着陆：2003 年 10 月 27 日

时间：184 天 21 小时 47 分

宇航员：指挥官尤里 · 马连琴科（Yuri Malenchenko），飞行工程师卢杰（Ed Lu）

远征 8 号

发射：2003 年 10 月 18 日

着陆：2004 年 4 月 29 日

时间：194 天 18 小时 35 分

宇航员：指挥官迈克尔 · 福勒，飞行工程师亚力山大 · 卡勒里（Alexander Kaleri），飞行工程师（欧洲宇航局）彼得罗 · 杜克（Pedro Duque）★

★ 欧洲宇航局宇航员杜克随同执行"远征 8 号"任务的宇航员乘坐"联盟 TMA-3"飞船一起升空，然后，随同执行"远征 7 号"任务的宇航员乘坐"联盟 TMA-2 号"

飞船返回。

远征 9 号

发射：2004 年 4 月 18 日

着陆：2004 年 10 月 23 日

时间：187 天 21 小时 17 分

宇航员：指挥官杰纳迪·帕达尔加（Gennady Padalka），飞行工程师迈克·芬克（Mike Fincke），飞行工程师安德尔·库珀斯（Andre' Kuipers）★

★ 欧洲宇航局宇航员库珀斯随同执行"远征 9 号"任务的宇航员乘坐"联盟 TMA-4 号"飞船一起升空，然后，随同执行"远征 8 号"任务的宇航员乘坐"联盟 TMA-3 号"飞船返回。

远征 10 号

发射：2004 年 10 月 13 日

着陆：2005 年 4 月 24 日

宇航员：指挥官焦立中（Leroy Chiao），飞行工程师萨力江·沙里波夫（Salizhan Sharipov），飞行工程师尤里·沙尔金（Yuri Shargin）★

★ 俄罗斯宇航员尤里·沙尔金随同执行"远征 10 号"任务的宇航员乘坐"联盟 TMA-5 号"飞船一起升空，然后，随同执行"远征 9 号"任务的宇航员乘坐"联盟 TMA-4 号"飞船返回。

远征 11 号

发射：2005 年 4 月 14 日

着陆：2005 年 10 月 10 日

宇航员：指挥官谢尔盖·克里卡列夫，飞行工程师约翰·菲利普斯（John Phillips），飞行工程师（欧洲宇航局）罗伯特·维托里（Roberto Vittori）★

★ 欧洲宇航局宇航员维托里跟随同执行"远征"第 11 组任务的宇航员乘坐"联盟 TMA-6 号"飞船一起升空，然后，随同执行"远征 10 号"任务的宇航员乘坐"联盟 TMA-5 号"飞船返回地球。

远征 12 号

发射：2005 年 9 月 30 日

着陆：2006 年 4 月 8 日

宇航员：指挥官威廉·麦克阿瑟（William McArthur），飞行工程师瓦列里·图卡瑞夫（Valery Tokarev），太空飞行参与者格雷戈里·奥尔森（Gregory Olsen）★

★ 根据与俄罗斯"联邦太空总署"（Federation Space Agency）签订的商业合同，奥尔森随同执行"远征"第 12 组任务的宇航员乘坐"联盟 TMA-7 号"飞船一起升空，然后，随同执行"远征"第 11 组任务的宇航员乘坐"联盟 TMA-6 号"飞船返回地球。

远征 13 号

发射：2006 年 3 月 29 日

着陆：2006 年 9 月 28 日

时间：182 天 23 小时 44 分

宇航员：指挥官帕维尔·维诺格拉多夫（Pavel Vinogradov），飞行工程师杰弗里·威廉姆斯（Jeffrey Williams），飞行工程师（欧洲宇航局）托马斯·雷特★，宇航员马考斯·庞泰斯（Marcos Pontes，巴西）★★

★ 雷特是一名欧洲宇航局宇航员，2006 年 7 月，作为搭乘"发现号"航天飞机执行 STS-121 任务的一员，他参加了"远征"第 13 组飞行任务，然后，与执行 STS-116 任务的宇航员乘坐"发现号"一起返回了地球。

★★ 根据与俄罗斯联邦宇航局签订的商业合同，巴西宇航员庞泰斯随同执行"远征"第 13 组宇航员乘坐"联盟 TMA-8 号"飞船一起升空，然后，随同执行"远征"第 12 组任务的宇航员乘坐"联盟 TMA-7 号"飞船返回地球。

远征 14 号

发射：2006 年 9 月 8 日

时间：任务将进行到 2006 年 12 月 31 日

宇航员：指挥官迈克尔·洛佩斯·阿莱格利亚（Michael Lopez-Alegria），飞行工程师米哈伊尔·图林，飞行工程师（欧洲宇航局）托马斯·雷特★，飞行工程师（美国国家航空航天局）宇航员苏尼塔·威廉姆斯（Sunita Williams）★★，太空飞行

参与者阿努什 · 安萨里（Anousheh Ansari）★★★

★ 雷特是一名欧洲宇航局宇航员，2006 年 7 月，作为搭乘"发现号"航天飞机执行 STS-121 任务的一员，他参加了"远征"第 13 组飞行任务，然后，与执行 STS-116 任务的宇航员乘坐"发现号"一起返回了地球。

★★ 美国国家航空航天局宇航员威廉姆斯随同执行 STS-116 任务的宇航员一起乘坐"发现号"航天飞机升空，然后，加入执行"远征"第 14 组任务的宇航员当中。

★★★ 安萨里是一位伊朗籍美国女商人。根据与俄罗斯联邦宇航局签订的商业合同，她随同执行"远征"第 14 组任务的宇航员一起搭乘"联盟 TMA-9 号"飞船升空，然后，随同执行"远征"第 13 组任务的宇航员乘坐"联盟 TMA-8 号"飞船返回地球。

永久的月球基地：超越
地球低空轨道的下一站

2004 年 1 月 14 日，乔治·布什总统授权美国国家航空航天局进行一项大胆的、历时几十年的"空间探索规划"。他指示民用空间机构的官员让航天飞机重新进行飞行（在 2003 年 2 月 1 日的"哥伦比亚号"事件之后），建成"国际空间站"，把人类重新送到月球，然后继续向火星进军。

　　布什总统给美国国家航空航天局下达的这个概括性的指令，如果执行完成的话，将会使人类的足迹扩展到太阳系。但是实现这个宏伟蓝图需要一个政府支持并负担得起的，能创新而高效地综合利用人类探险者和遥控系统的太空项目；实现这个宏伟蓝图还需要美国国会（主要是同意通过完成这个历时几十年的尝试所需要的财政预算）和美国人民（主要是以表现出公众热情和投赞成票的形式）的不断支持。没有这两个最基本的基石，再雄辩的政治说辞，再吸引人的技术方案也无法完成这项工作。就像在"阿波罗计划"中美国宇航员登上月球成为冷战期间民族特征中必不可少的一部分一样，人类长久驻足于整个太阳系内并且超越太阳系的伟大梦想成为众所周知的"美国梦"的不可分割的一部分。

　　为了响应总统的指示，2006 年夏天，美国国家航空航天局引进了一个叫"猎户座号"的新型"载人探险飞行器"（Crew Exploration Vehicle，简称 CEV）。大约在 2015 年，"猎户座号"宇宙飞船在飞行任务中将被安放在"宇宙神 1 号"新型火箭飞行器顶部发射进入太空，到达"国际空间站"。到 2020 年，美国国家航空航天局打算用"猎户座号"飞船将宇航员重新送回到月球上。

　　美国国家航空航天局的官员用夜空中最明亮、人们最熟悉、最容易认出的星座之一来给"猎户座号"新型宇宙飞船取名。按照目前的进展情况，"猎户座号"将能够向"国际空间站"往返运送货物和 6 名宇航员。这艘新型的宇宙飞船还将能够在飞行任务中载着 4 名宇航员回到月球。作为美国国家航空航天局战略性的空间探索计划的一部分，"猎户座号"宇宙飞船还将运送宇航员进行未来的火星探险任务（也

这幅图展现了美国国家航空航天局计划中"猎户座号"载人探险飞行器在绕月轨道上与一艘月球登陆车宇宙飞船对接时的情景(约 2020 年)。(美国国家航空航天局/约翰·弗拉桑尼特及合作者)

许最早在 2030 年开始)。

"猎户座号"飞船将沿袭人们所熟悉的在"阿波罗计划"中成功地完成飞行任务的宇宙飞船的口香糖外形。太空舱的圆锥形外形对于高速重返地球大气圈的空间飞行器来说是最安全、最可靠的设计,尤其是从月球直接返回地球时。但是"猎户座号"并不是过去空间计划的翻版。这艘宇宙飞船将使用在计算机系统、电子系统、生命保障系统、推进系统和热保护系统方面的最新科技成果。

美国国家航空航天局的管理人员和工程师们设想,"猎户座号"的底部直径将达到 5 米,质量将达到 2.5 万千克。这艘新型的载人探险飞行器的内部容积将会是"阿波罗计划"中指挥舱宇宙飞船的 2.5 倍。美国国家航空航天局为"猎户座号"确定的主要目标之一就是这艘宇宙飞船能够承担将人类送回月球的任务。这次宇航员重返月球并不是一个短期旅行,而是打算使这些未来的探索者在月球表面建立一个既用于科学,又为最终的人类进军火星的飞行任务做准备的永久基地。

为什么要借道月球去火星?乍一看,这个方案似乎是一种倒退,因为"阿波罗计划"在差不多40多年前就已经把人类送上月球。实际上，美国国家航空航天局内外部的一些拥护空间探索的人一直在积极地为直接的载人探索火星的飞行任务（也许使用在"国际空间站"组装和配备的远征飞行器）进行游说。

但是，在一项耗时几百天甚至更长时间的飞行任务中，用一个巨大的、复杂的、相对来说还未检测的星际太空飞行器飞向火星，会造成技术上的意外，需要花费高昂的成本并给宇航员带来极大压力。任何这样不利的情况对宇航员以及对把人类扩大到太阳系内的未来计划来说都可能意味着一场灾难。如果花了2 500亿—3 500亿美元对火星进行一次性探险，而这次飞行任务失败了，或者宇航员在星际空间，或者在那个红色的星球上深陷险境，提供赞助的政府及其国民的反应将会如何？这些赞助国的政府官员会急切地或者他们的国民会允许很快再投资约4 000亿美元重新再试一次吗？极有可能的是，因为成本太高，风险太大，许多震惊而失望的国民可能会投票否决未来的任何飞行计划。这种不利的社会反应将会从根本上限制人类在接下来几个世纪或更长的时间里对地球低空轨道或者也许是远至月球的太空旅行。行星际探索极有可能会留给日臻复杂的太空机器人系列来完成。

这种借道月球飞向火星是一种保守的、阶梯式的方法，或许它最大的好处是，这个战略计划有能力逐步研制空间技术的基础设施，并且人类能获得确保任何早期的火星探险都有一定的成功可能性所需要的经验。

这幅图描绘了人类计划建立的月球表面基地的情景（约2020年）。（美国国家航空航天局／约翰逊航天中心）

美国国家航空航天局的战略策划人员响应总统的"空间探索的伟大构想",已经逐渐充分意识到,在把宇航员送到火星之前,重返月球是一个合乎逻辑和情理的步骤。人们可以在月球表面为长期的飞行任务进行生活、工作和科研活动方面的实践。大约在 2020 年开始,人类在月球上做永久性停留,将使宇航员能够研究和验证全新的空间探索科技,甚至可能利用月球的丰富资源,通过降低这种星际探险的整个成本使人类能够探索太阳系内更遥远的地方。美国国家航空航天局的许多设计人员希望,建立永久的月球基地和人类在月球表面长期停留会最终降低 21 世纪后来进行的空间探索活动的成本。例如以月球为基地的载人宇宙飞船,能够用比以地球为基地的飞行器少得多的能量摆脱较小的月球引力。这些星际太空飞行器的推进器很可能成为利用月球当地资源的产物。

永久性月球基地还有另外一个重要方面,将会直接影响对火星及太阳系其他遥远地方进行的具体的探索活动。以到 2020 年把人类送回月球这个既定目标为中心,美国国家航空航天局现在正增加机器人宇宙飞船的使用,来提高目前对太阳系星体的科学认识水平和为更加雄心勃勃的载人飞行任务做准备。机器人探测者、登陆车和类似的智能机器飞行器将成为开路先锋,搜集大量的重要资料以便地球上的科学家能够对地球以外的世界进行深入研究,决定什么样的地点最适合未来的研究和人类到访。当然,火星是候选名单上的首选。但是火星是一个巨大的行星,飞行任务设计人员需要知道人类探险者首次拜访的最佳地点。21 世纪智能机器人将与人类探险者结成紧密的伙伴关系。

本章的余下部分将讨论月球的一些特性,用各种从技术角度上来说非常准确的艺术家的透视图来描绘,当人类在 10 年左右的时间内重返月球并在那里建立永久基地时可能发生的一些事件。

◎月球——地球最近的邻居

月球是地球唯一的天然卫星和最近的邻居。尽管地球上的生命因太阳而存在,但是却受到月球周期性运动的影响。例如从历史上看,一年中的月份是根据月球绕地球的规律运动来划分的,由于地球和月球之间的重力拉锯战而出现了潮涨潮落。纵观整个历史,月球对人类的文化、艺术和文学都产生了重要的影响。在太空时代,先是机器人然后是人类到达月球被证明是地球当代依赖于技术的全球文明发展的主要刺激因素。随着1959年开始的美国"先驱者4号"和苏联的"月球1号"飞行任务，美国和俄罗斯进行了各种向月和绕月飞行任务。这些飞行任务中最令人兴奋的是从1968年到1972年底"阿波罗计划"中的人类对月球的探险任务。

1994年，作为对先进太空科技的验证，由美国国防部的弹道导弹防御组织（Ballistic Missile Defense Organization）研制并发射的"克莱门汀号"（Clementine）宇宙飞船在月球轨道上花了70天时间对月球表面进行测绘。随后对"克莱门汀号"传回的数据进行分析给人们带来了迷人的暗示：在月球两极的一些永久冻土地区可能有冰冻水的存在。美国国家航空航天局在1998年1月开始了"月球勘探者号"（Lunar Prospector）飞行任务，对月球表面的构成进行深入的研究并且寻找猜想中的沉积冰冻水的迹象。从这次飞行任务中获得的数据有力地表明了，月球两极地区存在冰冻水，尽管这个结果还需要进一步确认。月球上的水（在月球两极地区的永久冻土层里以沉积的表层冰的形式存在）将会是极其宝贵的资源，将会为未来月球基地的发展提供许多可能。2008年美国国家航空航天局计划用另外一艘叫"月球侦察轨道器"（Lunar Reconnaissance Orbiter）的机器人宇宙飞船去搜寻极地地区的资源，确定未来的机器人漫游车和人类探险者可以着陆的地点，并测量月球的放射环境。

从早期的机器人月球飞行任务（像"旅行者号""勘测号"以及"月球轨道器"）和"载人阿波罗"飞行任务收集来的证据中，研究月球的科学家们已经对月球有了更多的了解，并且能够编制一个追溯到月球初期阶段的地质史。

因为月球没有任何海洋或者其他可以自由流动的水体以及缺少大气层，所以在那里没有明显的侵蚀或者"天气"变化发生。数十亿年来静静地躺在月球表面的古老物质还保持着原状。科学家们相信，月球形成于40多亿年前，然后，可能仅仅是在1亿多年以后才发生一些变化。月球上的月壳构造活动已停止了数十亿年。月球的月壳和月幔非常厚，向内深达800千米多。然而，月球的内部深层还不为人类所知。也许在月球的中心有一个小铁核。有证据显示，月球的内部可能很热，甚至可能部分熔化。人们在月球岩石圈和内部测到了月震，大部分都是引力压力造成的结果。从化学成分来看，地球和月球是非常相似的。尽管与地球相比，月球上容易汽化的物质要少得多。月球表面由富含氧化铝的岩石构成的高地和由大约35亿年前露出月球表面的火山熔化物构成的月海组成。然而，虽然所有的科学家在过去的30多年里对距离地球最近的天上邻居已经有所了解，但对月球的探险才刚刚开始。还有几个令人困惑的疑团尚待解决，其中包括月球的起源。

关于月球起源的一个新理论认为，月球诞生于一次巨变。支持这个较新理论的科学家们认为，在太阳系的原始星云物质堆积形成地球快结束时（地核已经形成而地球还处于熔化状态时），一个火星大小的天体（被称为"撞击物"）从一个斜角击中地球。这次远古的大碰撞使汽化了的撞击物和地球熔化物进入地球轨道，然后，这些物质形成月球。

月球的表面有两个地质特点和演化历史分明的主要区域。一个是伽利略原来称之为"月海"（maria）（因为他认为那些地方是海或是大洋）的相对来说比较平坦的阴暗区，另一个是伽利略称之为"土地"（terrae）的凸凹不平坑洼遍地的高原（高地）。高原大约占月表面积的83%，通常海拔较高，高于月球平均水准面5千米。在其他地方，月海比月球平均水准面低大约5千米，主要集中在月球的正面，即月球总是朝向地球的那面。

影响月球表面的主要的外在地质过程是陨石撞击。环形山的大小从直径不到100万分之5英寸（0.635毫米）的小坑到几百千米的巨大盆地不等。

月球表面碎石遍地。这层松散的岩屑覆盖物叫"浮土"。它由岩石碎块矿物和陨石撞击而形成的特殊的玻璃质岩石组成。浮土的厚度不定，取决于下面岩床的年龄和环形山与它们的溅射物间的距离。通常，月海为3—16米厚的浮土所覆盖，而较古老一些的高原地区浮土则至少厚达10米。

借道月球进军火星方案的支持者们指出，两个世界之间存在一些非常有趣的物理方面的相似之处。月球只有地球1/6的引力，火星的引力只有地球的1/3。月球上基本没有大气层，火星的大气层极其稀薄。月球上非常寒冷，在太阳不能照射到的阴影区的温度低至-240℃；火星的表面温度从-20℃到-100℃不等。

两个星体都覆盖着叫"浮土"的细微尘粒。浮土是由陨石微粒不断的撞击、宇宙射线以及几十年来使月球表面岩石碎裂的太阳风的强大微粒造成的。科学家们相信，火星土壤是质量更大的陨石甚至是小行星的撞击以及长期风和水侵蚀的结果。在月球和火星上都有浮土厚度超过10米的地方。

在有这么多微尘的情况下对机械设备进行操作是一个相当大的技术挑战。一方面，月尘像玻璃碎片一样非常粗糙锋利。"阿波罗17号"宇航员尤金·A.塞尔南和哈里森·H.施密特发现，即使是在很短时间的月球行走之后，这些锋利的奇形怪状的月尘颗粒也会塞满他们宇航服的肩部接缝处。这些讨厌的月尘会刺破密封，导致宇航服漏气，失去内部的压力。因为太阳的紫外线会使月尘颗粒产生静电，所以当宇航员在有阳光照射的地区行走时，微小的尘粒就会飘浮在他们的膝盖上，有时候甚至是飘浮在他们的头顶上。吸附在宇航员身上的带有静电的月尘颗粒很容易随着宇航员一起回到他们的住处，飘浮在空中，引起眼睛和肺部的不适。减少月尘对在月球表面上工作的机器人系统和宇航员所产生的影响是一个主要问题。

科学家们估计，在火星上也会有类似的问题，尽管火星上的自然天气的作用可能已经磨钝了火星尘颗粒的棱角，火星尘可能不像月尘那样锋利。然而不像在无风的月球上，在火星上出现的尘暴能吹起具有侵蚀性周转率的尘粒，可能达到每小时160千米或者更快，对所有暴露在火星表面的东西造成刮伤和过早的磨损。美国国家航空航天局的工程师们已经观测到火星尘（可能带有静电）附着在"勇气号"（Spirit）和"机遇号"（Opportunity）火星表面漫游车的太阳能电池板上挡住阳光，造成每个机器人产生的电能减少。因此，不管是在由机器人进行的还是由人类进行的星球表面飞行任务期间——尤其是在需要进行繁忙往来、挖掘、建造和采集能源的操作期间，月球和火星上的尘土都可能干扰太阳能发电。

在月球上进行的减轻尘土试验，如用一层薄薄的涂层使宇航服和机器不沾尘土，将会帮助工程师们设计出火星上用的更防尘的设备。在离地球只有2—3天旅程的月球上测试这样的技术，比把离地球有6个月甚至更长时间的旅程的火星作为飞行任务中重要设备的试验基地和野外实验室，要更容易、风险更小。即使是在地球上，工程师们也会经常遇到在计算机模拟期间或在控制实验室测试设备或一些新的操作程序时工作良好，在野外试验或实际操作中却莫名其妙地失败了的情况。造成操作失败或不尽如人意的原因，常常是不易觉察但却具有破坏性的环境条件或是忽略了一些构成这些错误的事件在现实世界中的相互配合作用。这样复杂的操作环境和现场情况，在控制实验室环境中是很难模拟的。保守的航空航天工程师们总是抓住一切时机对飞行任务中的重要设备进行现场试验。未来人类对火星的探险，极有可能在很大程度上将依靠有效地利用永久性的月球基地作为一个"外来世界的"试验基地。

在过去的20年中，一个很受火星飞行任务设计人员欢迎的战略叫"就地利用资源"（In Situ Resource Utilization，缩写为ISRU）方案。这个方案提出，未来的火星探索

这幅图描绘了一个月球表面漫游器和正在相伴进行月球表面出舱活动的宇航员。背景使用了月球表面的实景。（美国国家航空航天局）

者将带着能使他们在"地球之外"生活的设备。这些机器能采集和加工月球当地的原材料，例如：氧气（用来呼吸和用作火箭燃料）、水（用来饮用和用作火箭推进剂——当分解为氢气和氧气时）和各种矿物（用作建筑材料和防辐射材料）。永久性月球基地将再一次从可靠性、能源消耗和功效方面为试验"就地利用资源"设备提供绝好的机会。

也许，最令人兴奋的地外资源寻宝活动是寻找水。科学家们推测，月球和火星都可能有沉积在地里的冷冻水。虽然目前还没有直接的证据，但是在下一个10年中先登陆月球，然后再登陆火星的机器人漫游车会帮助确定任何重要的沉积水的存在和数量。如果这些冰冻水能够被开采、解冻并分解成氢和氧（可能通过电解），用于生命保障系统的消耗品和火箭推进剂的水矿开采将会成为月球上、继而是火星上的主要工业。在月球基地验证这项技术的重要性不应该被低估，因为从月球两极地区采集到的充足的水将会极大地减轻月球基地运行的经济负担，还会大大降低一次重要的人类火星探险的整个成本。月球在人类超越地球低空轨道向太空扩张的过程中起着关键性的作用。

月球距离地球只有 3 天的火箭发射旅程，它是一个测试人类远征火星所需的硬件和操作的好地方。这幅图展示了一次模拟的火星飞行任务，包括改造后的火星飞行器在月球环境中着陆，这个飞行器能够检验许多与火星探险相关的系统和技术。［美国国家航空航天局 / 约翰逊航天中心 / 帕特 · 罗林斯（Pat Rawlings）］

◎ 月球基地与月球定居

有许多因素（有些是有利的，有些是不利的）和物质资源评估数据会极大地影响和改变 2007 年提出的开发月球基地的方案。认识到当今技术方案的这些局限性，如果人类的空间探索活动包括开发永久性月球基地，那么本节将对在 21 世纪余下的时间里可能会发生的事情进行概述。

当人类重返月球时，将不再是像美国国家航空航天局的"阿波罗计划"那样只是做一个短暂的科学访问，而是作为一个新世界的永久居民居住在那里。他们将建立基地探索月球表面，建立可利用月球环境特殊性的科技实验室和为支持人类的地外扩张采集月球资源（包括猜测中的月球极地地区的沉积冰）。

月球基地是月球表面上的一个永久性居住区。在第一个永久性月球基地的营地

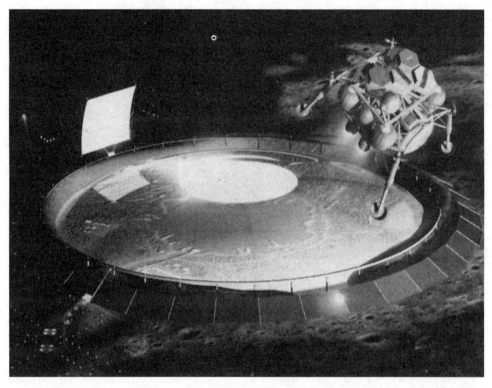

科学家目前怀疑,在月球两极阳光永远不能照射到的地区可能有冰冻水沉积。如果这被证明是真的,采集这种珍贵的资源将会是人类永久驻留月球期间的一个重要活动内容。这幅图展示了设想在月球南极环形山里,一个太阳能基地正在采集月球冰冻水和为图中所示的月球宇宙飞船制造火箭推进剂的情景。在这幅图中,基地的居民正在通过提供额外的宇宙辐射屏蔽罩穹顶的容器对采集来的水进行循环。(美国国家航空航天局 / 约翰逊航天中心 / 帕特 · 罗林斯)

中,一个有 10—100 名月球工作者的小分队开始着手进行对月球的全面探索工作。"永久性"一词在这里的意思是人类将一直住在这个基地里,工作人员个人将在月球进行 1—3 年的旅行,然后返回地球。有些基地的工作人员会喜欢这种身处另外一个世界的感觉。有些人会遇到与在南极科学考察站"过冬"的科考队员同样的困难,比如与隔离有关的心理问题。还有其他一些工作者在月球基地或其周围工作时会受伤,甚至是发生致命的意外。

然而对于大部分的月球表面活动来说,月球基地的开拓者们会利用月球作为空间科学的平台进行基础工程研究,确定和弄清月球在 21 世纪余下的时间里及以后的世纪中在全面开发太空的活动中所起的作用。例如在月球两极地区深处的永久冻土

这幅图描绘了一台遥控机器人漫游车刚刚完成了对一个还未最后确定人类着陆计划中的可能着陆地点的考察工作（背景中所示）。在所展示的探索方案中，这台机器人漫游车由出现在图中左侧的机器人登月车［取名为"月亮女神"（Artemis）］送到月球表面。然后，地球上的操控人员遥控机器人漫游车进行地点勘测——如图中车辙所示。（美国国家航空航天局／帕特 · 罗林斯）

带发现冰冻的易挥发物质（包括水），可能会改变月球基地的后勤措施，并加速定居月球的发展，使月球居民的人数达到 1 万人或者更多。科学家们已经提出了许多月球基地的实际建设方案。其中一些设想包括：

1. 一个月球科学实验室区；

2. 一个承担以太空为基地的生产任务的月球工业区；

3. 一个用来观察太阳系和宇宙深处的天体物理天文台；

4. 一个给在地月轨道空间穿行的轨道飞行器加油的加油站；

5. 为首次人类远征火星建立一个训练点和组装点。

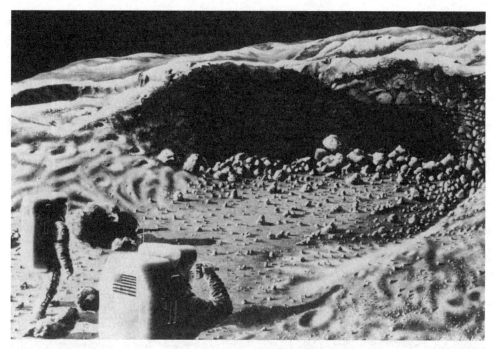

这幅图描绘了一个月表勘探队开始考察一个小熔岩隧道的情景（约 2020 年）。他们的主要目的是确定这个熔岩隧道是否能用作月球基地居住舱的天然掩体（主要是躲避陨石和宇宙辐射）。（美国国家航空航天局）

社会科学家和政治科学家表示，永久性月球基地还能成为政治、社会和文化发展的创新点——从本质上改变人类作为智慧生命提出的"我们是谁"的概念，大胆验证我们运用先进科技印证人类积极的命运归宿的能力。另一个关于永久性月球基地的有趣的建议是，把它用作保护地球免受小行星和彗星破坏的星际防御系统中快速反应部分的野外操作中心。

随着月球活动增加，原来的月球基地可能会发展为一个大约有 1 000 人的永久性居民早期定居区。然后，当月球工业区进一步发展，月球的原材料、食品和产品开始支撑整个地月轨道间的贸易时，月球定居区的人口数量将增加到 1 万人左右。到那时，原来的定居区可能衍生为几个新的定居区——每个新的定居区都是基于月球表面的某个特殊的位置或矿产资源而建立的。

下个世纪，月球上的这群人类永久定居区将会继续发展，人口总数将达到大约 50 万人，并且完全实现自给自足，这也将是人类历史上的历史性时刻。从那时起，人类将生存于两个独立而不同的"生物生境"中——人们将或者是"地球人"，或者是"非地球人"（外星人）。

随着自给自足、独立自主的月球文明的崛起，未来的几代人将会有机会选择在哪个世界居住和发展。当然，这样重大的社会发展极可能会在两个世界中产生文化对抗。22世纪的居民可能开始看到私人地面交通工具上贴着这样的标语口号："这是我的世界——要么爱它，要么离开它！""地球人回家"；或者是"保卫地球人的工作——限制月球的外来人员！"

月球基地发展研究的绝大部分内容都包括把月球作为进行空间科学研究的平台。月球上的科学设施将利用月球的独特环境为天文学、太阳系空间科学（原生质）提供一个观察平台。月球表面独特的环境特点包括：低重力（地球重力的1/6）、高度真空、月震的稳定状态、低温（尤其是在永久无阳光照射的极地阴暗地区）以及在月球背向地球一边的低无线电噪声环境。

从月球表面进行的天文学研究，具有低无线电噪声环境的完全不同的优势，并且是一个在低重力环境中的稳定平台。背向地球一面的月球能将直接的地球无线电发射永久屏蔽掉。当未来的射电望远镜达到设计极限时（理论上），这个得天独厚的安静的月球环境可能是整个地月轨道空间内唯一可以使灵敏的无线电波探测器在射电天文学和人类"寻找地外智慧生命"（SETI）方面发挥最大优势的地方。实际上，射电天文学，包括大范围寻找地外智慧生命的工作，可能是21世纪后半叶主要的"月球行业"之一。从某种意义上来说，以月球为基地的科学家们进行的寻找地外智慧生命的工作，可以看做是"地外生命"对其他地外生命的寻找。

月球还为进行精确的干涉观察和天体测量观察提供了一个坚固的、地震平稳、低重力、高度真空的平台。例如使用超高分辨率的光学远红外线和无线电天文台，将使天文学家们可以对几百光年之外环绕着附近恒星运行的太阳系外的类地行星进行仔细观察。

月球科学基地还为生命科学家提供了一个独特的机会去广泛研究在重力减少（地球重力的1/6）和低磁场环境中的生物演化过程。基因工程师们能够在舒适，但却从身体上与地球生物圈隔离开的设施中进行他们的实验。地外生物科学家能够在各种模拟的外来世界的条件下对新型植物和微生物进行实验。生长在特殊的温室设施中的基因合成的"月球植物"可能成为主要的食物来源，同时还能为各种月球生存环

这幅图中，一名迷失方向的月球工作者从一个 30 米高的陡崖上跌下来，摔断了右腿。在把伤者转到主基地的医疗设施之前，紧急救护中心的宇航员在野外提供了优质的护理（图中右侧的救援工作者正在查看医学数据平视智能显示器）。（美国国家航空航天局／帕特 • 罗林斯）

境的可呼吸大气进行补充。

　　建立大型永久性月球定居区的真正动力最可能来自对经济利益的追求——自古以来这一直是推动地球科技、社会和经济发展的因素。用月球的天然材料制造产品的能力将对月球文明发展的总体速度具有决定性的影响。现在很容易确定一些早期的月球产品，比如月球冰，尤其是被净化成纯净水或离解成重要的化学物质氢和氧后，是月球最重要的资源。其他一些重要的早期月球产品包括：

　　1.用作穿行于地月轨道间空间的轨道传输工具的推进剂的氧气（从月球的土壤中提取）；

2. 用作太空辐射防护物质的原始（大块的、尽量不加以处理的）月球土壤和岩石；

3. 用来进行大型太空建筑物和生存环境建设的经过提炼的陶瓷和金属产品。

最初的月球基地可以用来验证当地资源在工业上的应用情况和小型的实验工厂经营情况，这是一些提供在月球和地球轨道上使用的成品和半成品的小型试验型工厂。虽然实际运输距离仍然很远，但是，从月球表面向地月轨道空间运送东西的费用，可能还是比从地球表面运送同样东西的费用要便宜得多。

月球有大量的硅、铁、铝、钙、镁、钛和氧。月球的土壤和岩石可以熔化制成玻璃——制成纤维、平板、筒及棒的形状。烧结（一种通过加热但却不使其熔化而使物质形成一个整体的加工过程）可以生产出月球砖和陶瓷制品。金属铁可以被熔化铸造或者用粉末冶金变成特殊的形状。这些月球产品很快就能投入市场，用于屏蔽材料的制造、生存环境建设、大型太空设施的建设和电力生产及传输系统。

月球的采矿业和工厂将会扩大以满足地月空间内对月球产品日益增长的需求。随着月球蔬菜（在封闭的设施中生产出来的）的出现，月球甚至可能成为我们的"地外菜篮子"——提供人类地外居民消费的大部分食品。

一个有趣的太空贸易方案包括：广泛发展月球表面的采矿业，为位于拉格朗日天平动点 4 或者 5 的大型太空加工区提供经过预先加工的所需的原料。这些输出的月球资源主要是包含在各种复杂的化合物中的氧、硅、铝、铁、镁和钙。一些宇宙幻想家——如克拉夫·A. 埃利克（Krafft A. Ehricke，1917—1984）经常指出，月球将成为 21 世纪下半叶以太空为基地的工业发展的主要物质来源。

月球定居区无数其他的有形的和无形的好处将会作为它们建立和发展的一个自然组成部分，使得月球定居区数量自然增加。例如，兴起在得天独厚的月球实验区的高科技发现，月球上的前沿观点、技术、产品等能够被直接转用于地球上适当的经济和技术部门。人类永久停留在另一个世界（一个在夜空中赫然耸现的世界）将使大部分仍留在地球家园的人类感知到一个开放世界的哲学理念和宇宙归属感。那些决定冒险进入地月轨道空间并且建立永久月球定居区的人们将会为他们所取得的技术和智慧成就以及创新性的文化成就而长久受到人们的景仰。科学家们推测，最后，首批月球定居者的后代将成为先居住在太阳系内，然后居住在星际内的一部分人类，这并不是一件遥远的事情。月球将被看成是人类进军宇宙的踏板。

这幅图表现了一名宇航员正用月球起重机卸下新运来的居住舱的情景（约 2020 年）。这个太空舱被放在一个敞篷式漫游火车的平板上，然后拉到主基地（背景中）与其合成一个整体，成为人类在月球上的前哨。（美国国家航空航天局／马歇尔航天飞行中心／帕特 · 罗林斯）

◎ 克拉夫 · 埃利克和月球文明的畅想

美籍德国人克拉夫 · 埃利克是一位天才的火箭工程师。他设计了用于美国 20 世纪 50 年代和 60 年代空间计划的先进的推进系统。他最重要的技术成就之一是设计和开发了"半人马座"（Centaur）上级火箭飞行器——第一枚用液态氢作为推进剂的美国火箭飞行器。"半人马座"火箭飞行器使许多重要的军用和民用飞行任务得以完成。作为一名充满灵感的空间旅行的倡议者，埃利克富于想象的作品和演讲，有力地阐述了空间科技所产生的积极成果。他着重谈了关于建立在人类未来发展中起中心作用的人类永久性月球定居区的迫切性，这一理论具有深远意义。

1917 年 3 月 24 日，埃利克出生于德国柏林。这是一个动荡的时期，因为德意志帝国陷于与美国及大部分欧洲国家的混战中。埃利克在政治和经济都处于混乱状态的德国要塞——第一次世界大战中的魏玛共和国中长大。然而，尽管身处战乱的悲惨环境中，埃利克还是形成了毕生的信念——空间技术将成为改善人类状况的关键。第一次世界大战后，埃利克的父母面临的主要难题是使他们的儿子得到优质的适合他智力水平的正规学校教育。但不幸的是，埃利克不断与古板的普鲁士校长发生知识上的争论，在当时这对他的情况很不利，并使他学习成绩的分数变化很大。

埃利克 12 岁时，偶然看了弗里茨·朗（Fritz Lang）在 1929 年拍摄的一部电影《月球上的女人》。这名澳大利亚电影制作人在这部影片的制作过程中，曾聘请德国火箭专家赫尔曼·奥伯特和威利·莱伊担任技术顾问。奥伯特和莱伊为这部影片做了一个具有非凡预见性的二级火箭设计，它令人印象深刻的发射使观众感到震撼和大为惊喜。埃利克把这部电影反复看了 12 遍。因为具有超出他年龄所应有的数学水平，所以埃利克非常好地理解了奥伯特为使影片更真实而提供的大量技术细节。这部电影将埃利克带入了火箭和空间旅行的世界，他立刻知道了在自己的余生里该做什么了。他很快找到了康斯坦丁·齐奥尔科夫斯基关于用氢和氧作为液体推进剂这种化学火箭理论。当他还是个青少年时，他还试图翻阅奥伯特于 1929 年出版的名著《太空旅行之路》，但是书中更高深的数学知识使他读起来有些吃力。

20 世纪 30 年代初，他年纪尚小，不能参加德国的"太空旅行协会"（Verein für Raumschiffahrt，缩写为 VFR），因此，他在家中自己建立的实验室里进行试验。当阿道夫·希特勒（1889—1945）在 1933 年开始上台执政，像其他成千上万的德国年轻人一样，埃利克也卷入了纳粹青年运动中。然而，他崇尚思想自由的想法很快使他陷入麻烦之中，并且沦为第三帝国征募的一名壮丁。第二次世界大战爆发之前，他被从劳工特遣队放了出来，因此才能够进入柏林的技术大学，主修航空学，这是一门与空间科技关系最密切的学科。其中一位教他的教授是德国著名的原子物理学家汉斯·威尔海·盖革（Hans Wilhelm Geiger，1882—1945）。盖革的课把埃利克带入了原子能世界。由于对原子能非常感兴趣，后来，埃利克在 20 世纪 60—70 年代提出的许多空间发展方案中都建议使用核动力和核推进器。

但是，战时的状况毁掉了埃利克获得学位的努力。当他在柏林的技术大学上学时，被征入德国军队服役并被送到西线战场。因为受了伤，他回到柏林休养并继续他的学业。1942 年，他从柏林的技术大学获得了航空工程学学位。但是，当他正在学习轨道机械学和核物理学方面的研究生课程时，又一次被征募入伍，被提升为中尉并派到装甲（坦克）师去东线（俄国）作战。幸运之神再次伸出援手，1942 年 6 月，这名年轻的工程师又接到新的命令，这次是重新派他到佩内明德进行火箭开发工作。1942—1945 年，他在沃纳·冯·布劳恩的总体指挥之下一直为德军的火箭工程工作。

作为一名年轻的工程师，埃利克发现自己身边有许多技术熟练的工程师和技术人员，他们的共同目标就是要制造出世界上第一枚名为 A-4 火箭的现代液体推进剂弹道导弹。这枚火箭还被叫作希特勒的"复仇武器 2 号"（Vengeance Weapon-Two），或者简单称为 V-2 火箭。第二次世界大战后，这枚德国的 V-2 火箭成为冷战期间美国和苏联开发的许多较大型导弹的原型。

在第二次世界大战快要结束时，埃利克和在佩内明德的大部分德国火箭科学家一道逃往巴伐利亚州（Bavaria）以躲避节节进逼的俄军。和其他起关键作用的德国火箭工作人员一起，埃利克推迟了将近一年才接受去美国从事火箭工作的协议。他这样做是为了找到当时不知身在柏林何处的妻子尹格博（Ingebord），在经过长时间的寻找并终于幸福团聚之后，1946 年 12 月，埃利克与妻子和他们的第一个孩子踏上了去往美国的旅程，开始了崭新的生活。

在接下来的 5 年里，埃利克承担了在新墨西哥州白沙和亚拉巴马州亨茨维尔市的正处于形成阶段的美国陆军火箭项目的科研工作。20 世纪 50 年代初，他离开美国陆军，加入了新组建的"通用动力公司航天部"〔Astronautics Division of General Dynamics，以前叫康维尔分公司（Convair）〕，作为一名火箭构思与设计专家在那里工作，并参加了美国第一枚洲际弹道导弹——"宇宙神号"的研制工作。1955 年埃利克加入了美国国籍。

埃利克极力提倡使用液态氢作为火箭的推进剂。当他还在通用动力公司工作时，就建议研制用液态氢-液态氧作为上级火箭推进剂的飞行器。1965 年，他完成了在通用动力公司作为"半人马座计划"项目负责人的工作，加入了加利福尼亚州阿纳海姆市北美航空公司（North American Aviation）更尖端的科研小组中。1965—1968 年，这个新职位使他能够探索广泛应用于军事、科技和工业的空间技术发展。从此，他一生都在以饱满的热情积极研究未来空间技术及其对人类的影响。

1968—1973 年，埃利克作为首席科学家在加利福尼亚州唐尼市的洛克威尔北美航天部工作。以这个身份，他充分形成了关于空间科技在各个领域造福于人类的构想。

离开洛克威尔国际公司以后，他通过位于加利福尼亚州拉荷亚市（La Jolla）自己的顾问公司"环球航天"（Space Global）公司，继续努力推行他所设想的空间技术。20世纪70年代初，当美国政府要取消"阿波罗计划"时，埃利克继续为利用月球及其资源的想法而奔走呐喊。他在创造以月球为中心的太空文明的基础上产生了迫切开发地外的想法，这一想法产生了广泛的影响。在1984年下半年去世之前，埃利克一直不知疲倦地发表讲话、写文章，说明空间技术怎样使人类有能力去创造无国界的开放世界的文明。

埃利克是一位献身于空间发展的幻想家，他不仅设计了使人类进入空间探索黄金时代（1958—1987）的先进的火箭系统（像"宇宙神–半人马座"联合编队），而且发表讲话说明空间技术的非常重要的然而也是常被忽略的文化影响。他还创作了不少艺术作品来传达他的许多思想。他创造了许多有趣的太空科技词汇。例如：埃利克使用"安得劳斯菲尔"（Androsphere）一词描绘地球和地外的综合环境。同样，"爱斯特劳珀里斯"（Astropolis）一词是他造出来用来理解在地月轨道间的空间绕轨道飞行，并支撑长期利用空间环境来进行基础研究和应用研究以及进行工业发展的、巨大的、类似于都市的地外设施。"安得劳赛尔"（Androcell）是埃利克创造的一个更为大胆的词，用来描绘太空中一个巨大的、完全独立于地月系的人造世界。这些人类居民达到10万或者更多的地外城邦国，会给他们的居民带来居住在遍及日心空间的多种引力环境中的兴奋感。

就在1984年12月11日埃利克去世的前几周，他还在华盛顿特区举行的一个关于21世纪月球基地和空间活动的全国座谈会上担任主要发言人。尽管他已到了疾病的晚期，但仍然在全国进行令人动容的巡回报告，强调月球在为人类创造多种世界方面的重要性。他以雄辩有力的讲话结束了振奋人心、充满预见的讨论："我们宇宙的创造者希望人类成为太空旅行者，我们拥有月球-这个远在复杂的空间科技发展水平刚好可及的地方，然而，又近得可以使我们能成功完成第一次探索。"

11

人类远征火星

1952 年，德国太空飞行杂志《世界航天》发行了一期特刊，其中刊登了沃纳·冯·布劳恩的一篇报告《火星计划》。这篇具有创造性的报告，是冯·布劳恩才智上的一次实践，当时，他开始效力于美国陆军，被派驻到得克萨斯州的布里斯堡（Fort Bliss）支援 V-2 火箭从新墨西哥州白沙导弹发射场的发射工作。

这位火箭科学家在《火星计划》中设想了一支 10 艘星际宇宙飞船组成，可以搭载总计不少于 70 名宇航员的小型飞行舰队。冯·布劳恩表示，其中的 7 艘飞船将主要用作承载宇航员的客运工具，而另外的 3 艘将用作到火星旅行的货运工具。探险队将在绕地轨道上进行组装，然后动身开启去火星的旅程。7 艘客运飞船在设计与外观上完全相同，并且都带着返回月球所需的足够燃料。3 艘货运飞船都带着一个特殊的带翼着陆器（冯·布劳恩叫它"着陆船"）。一旦这个飞行舰队进入绕火星轨道，宇航员就转移到 3 个着陆器中，然后降落到火星表面。但是为了返回绕火星轨道，太空探索者们必须对所谓的"着陆船"进行改造。

设想中的火星登陆宇宙飞船的外形类似一个安装有大量侧翼的短粗的大炮壳，这些机翼可以使飞行器滑过稀薄的火星大气圈，然后，像一架装有轮子的滑翔机一样，在这颗红色星球的表面着陆。这些鱼雷状的着陆飞船的船身大约有 22 米长，两侧机翼展开的距离大约是 153 米。当到了该离开火星表面的时间时，宇航员就会从 3 个着陆器上卸下这些侧翼，将这些短粗的鱼雷状的船身抬升到一个垂直的位置，然后，给每个着陆器的火箭发动机点火。当进入火星轨道，宇航员转移回到 7 艘正在绕轨道飞行的客运飞船上，这时飞行舰队重新编队，开始他们漫长的返回地球之旅。在冯·布劳恩设想的方案中，这 3 艘货运飞船将会被遗弃在绕火星轨道上。

这个宏伟的火星探索战略是人类第一次从技术的角度认真地研究星际太空飞行。因为在 20 世纪 50 年代初，这完全被看成是一种空想，所以冯·布劳恩的这篇篇幅不长的报告（英文版发表于 1953 年）成为他在《科利尔》杂志上发表的关于太空旅行的科普文章的创作基础和他与沃尔特·迪斯尼公司之间真诚的商业合作的基础。

在整个太空时代里，其他热心于太空旅行的人和航天工程师们继续为人类探索火星献计献策。在这些精心设计的方案中，有一些需要使用核推动力（或者是热核系统，或者是核电）。其他的方案都需要使用化学推动系统，这些化学推动系统将在火星上采集资料来生产出返程所需的火箭推进剂。一些方案需要在微重力环境中旅行几百天，火星探索者们在往返于火星的练习中不得不经受严酷的磨炼和调节训练。其他的方案要求在进行星际旅行期间使用人工重力，使宇航员一到达火星表面就能准备好在那里进行身体活动。

在大约2030年，哪个方案将会实现，这时，很容易引起大量的技术上和政治上的推测。但是不管最终会实施哪个方案，几个关键性的技术问题必须得到圆满的解决。把人类探险队送上火星的火箭推进系统必须可靠、有效并且足够强大，以尽可能缩短整个旅行的时间长度。一次相对比较短暂的旅行将会把对生命保障系统的压力减少到最小，减少宇航员暴露于宇宙射线中的时间，减少长时间处于封闭狭小的空间并且身体不断处于危险之中，他们可能出现的各种有害的心理问题。其他的问题，如宇航员的人数及人员组成、用于探险的宇宙飞船的数量、飞行任务的目标以及在那个红色星球上可能拜访的地点等都必须得到解决。

只有一艘宇宙飞船的人类探险是一种孤注一掷的做法，而像原来由冯·布劳恩在《火星计划》一文中提出的由多艘宇宙飞船进行的飞行任务，则提供了富余的飞行器和更多的安全保障。从出现故障的火

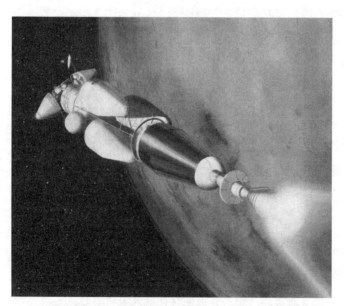

这幅图展示了人类第一批探险队靠近火星时的情景（约2030年）。当到达时，这次飞行任务的主要推进系统——一枚热核火箭点火，使飞船进入绕火星的合适的停泊轨道中。核推进技术能够减少星际旅行的次数，并且（或者）能够比化学推进技术向火星运送更多的有效载荷。（美国国家航空航天局／帕特·罗林斯）

这幅图描绘了一个在从地球轨道到绕火星轨道的长期星际旅行期间，为宇宙飞船上的宇航员提供人工重力的火星转换飞行器的情景（约 2030 年）。当整个飞行器向前飞行时，这艘宇宙飞船将缓慢地旋转，产生与火星表面引力相等的重力。按照这样的设计进行火星探险的宇航员将以良好的身体状况到达这个星球，探索火星表面。（美国国家航空航天局／约翰逊航天中心）

星探险宇宙飞船上下来的飞行人员能够转移到探险队其他飞船上，继续进行探险任务，然后安全返回地球。在筹划一次多艘宇宙飞船的火星探险时，航天工程师们必须把每艘宇宙飞船都设计成可以重新编组的样式（在星际飞行期间或者一旦进入绕火星轨道），用作对来自出现故障的飞行器的飞行人员进行救援的"救生船"。

　　一个与人有关的有趣问题是：是否所有的探险队员都可以降落到火星表面。在美国国家航空航天局的"阿波罗计划"的登月飞行任务中，3 名宇航员中，有一名不得不留在绕月轨道上，以防在月球表面出现什么问题。如果一名或几名飞行人员不得不留在绕火星轨道的狭小船舱内，而其他人则有幸建立一个营地，并且第一次探索一个新世界，这个时候可能就会出现一些心理压力问题。谁将做出这样重要的选择？是应该由远在时间极为紧迫的地区上的任务指挥小组，还是由火星探险队的宇航员——也许是通过古老的抓阄或者掷色子的方式来做出这个极其重要的决定？这个决定是在旅行开始之前，还是在到达火星时做出？如果探险任务的设计人员允许所有的飞行人员降落到火星表面，谁照看飞船，等着把他们送回地球？如果决定允许宇航员（按小组）往返于火星表面和宇宙飞船之间，将给探险任务增加极大的复杂性，尤其是在推进剂的消耗、转换飞行器的质量、硬件的可靠性方面面临很大挑战。例如：探险队需要多少艘独立的转换飞行器来运送整个探险队（按小组）降落到火星表面？这个尖锐的问题只是在接下来的 20 多年里，在人类出发去探索那个神秘的被称为火星的红色世界之前，必须认真解决和回答的几百个问题之一。

　　这幅图展示了人类在第一次火星探险期间可能采用的一个探索火星表面的方案。两名探索者在火星的"恒河峡谷"（Ganges Chasma）着陆点（背景中左侧）区域行驶一小段距离之后停了下来，进行一次火星表面的出舱活动，查看一个以前发射的机器人登陆车和它的小型漫游车。停下来还可以使宇航员仍在主营地行走范围之内时，便于去检验漫游车的生命保障分系统。（美国国家航空航天局／约翰逊航天中心／帕特・罗林斯）

　　本章使用了一组经过精心挑选的透视图来描绘一些可能是先到火星探险，然后最终在这个星球表面建立永久性前哨有关的令人激动的事件和技术。虽然插图含有较多技术内容，但它们还是生动地展示出当代（或过去）的思想观念。在接下来的 20 多年里出现的技术进步可能会极大地改变美国国家航空航天局在约 2030 年进行第一次人类火星探险所实际使用的硬件和操作方案。因此，读者应把在这里提供的材料当作一个有益的、但却是尝试性的起点。本章还起到一个富有创造性的指导手册的作用，帮助人们想象未来在寻找生命迹象时（已灭绝了或者仍可能存在于某个被保护起来的火星表面的生态环境中），在那个红色星球漫游时的情景。

◎火星——神秘的红色星球

火星是太阳系内距离太阳第 4 近的行星，赤道直径为 6 794 千米。纵观整个人类历史，火星这个红色的星球一直是天文学思考的中心。例如：古巴比伦根据这颗徘徊在夜空中发着红光的星球的运动，以他们的战神"尼尔加"（Nergal）给它取了个名字。古希腊人把这颗星球称为阿瑞斯（Ares），这是他们自己的战神。

这幅名为"20/20 畅想"的透视图描绘了一个非常令人期待的发现地外生物时的情景，这个发现在 21 世纪将具有重大的科学和哲学价值。这幅图中表现的是人类第一次到火星表面探险时（约 2030 年），一位女科学家宇航员正在仔细研究火星上已经变成了化石的原始生命迹象。（美国国家航空航天局 / 约翰逊航天中心 / 帕特 · 罗林斯）

同样对神话中的战神充满敬意的罗马人，他们给这颗星球取了它现在的这个名字。

由于火星表面存在大气圈、极地冰冠以及昼夜交替变化，这使许多太空时代之前的天文学家和科学家认为火星是一个"类地行星"——可能成为地外生命的居所。实际上，当 1938 年演员奥逊 · 威尔斯（Orson Welles）播讲了一个以赫伯特 · 乔治 · 威尔斯的科幻名著《世界战争》为蓝本的广播剧时，相当多的人相信了火星人入侵的传闻，在美国东北部的一些地区差点造成恐慌。

然而，在过去的 40 多年里，复杂的机器人宇宙飞船——飞越舱、绕轨道飞行器和登陆车已经粉碎了这些浪漫的神话，即古代的火星人极力要把水带到一个即将毁灭的更富饶之地。宇宙飞船获得的数据表明，这个红色星球实际上是一个"中间的"世界：部分火星表面像月球和水星表面一样年代久远，而其他部分则进化程度较高，类似地球。

1975年8月和9月，在一次飞行任务中发射了两艘"海盗号"宇宙飞船，来帮助人们找到火星上是否有生命这个问题的答案。每艘"海盗号"飞船都由一个绕轨道飞行器和一个登陆车组成。尽管科学家们并没有期望这些飞船能发现到处是熙熙攘攘的智慧生命的火星城市，但还是在登陆车上设计了地外生物学实验，以便发现过去的或者现在的原始生命形式存在的证据。遗憾的是，这两辆机器人登陆车传回的结果令人无法得出结论。

"海盗计划"是第一个使机器人宇宙飞船成功地在另外一个星球（不算地月系中的月球）软着陆的飞行任务。4艘"海盗号"飞船（2艘轨道飞行器、2艘登陆车）都大大超出了它们90天的预定设计使用寿命。这些飞船在1975年发射升空，然后在1976年开始围绕着或者在这颗红色的星球上运行。当1976年7月20日"海盗1号"登陆车降到克利斯平原（Plain of Chryse）时，它发现的是一片荒凉的景象。几个星期以后，它的姊妹车"海盗2号"登陆车降落在乌托邦平原（Plain of Utopia），发现的是更平缓的、绵延起伏的地貌。这些机器人探索车一个接着一个地完成了它们对火星的极其成功的访问。"海盗2号"轨道飞行器飞船于1978年7月停止运行；"海盗2号"登陆车在1980年4月失去了音讯；"海盗1号"轨道飞行器一直到1980年8月还极力维持甚少的一部分运行功能；"海盗1号"登陆车在1982年11月11日进行了最后一次信号传送。1983年5月21日，美国国家航空航天局正式结束了对火星的"海盗"飞行任务。

通过这些星际飞行任务，科学家们现在知道火星的天气变化很小。例如：两辆"海盗号"登陆车记录的最高大气温度是-21℃（仲夏在"海盗1号"所在地点），而最低的气温记录是-124℃（冬季期间在"海盗2号"所在地点的偏北部）。

科学家们发现，火星的大气主要是二氧化碳——大约占总量的95%。氮、氩和氧只占一小部分，此外，还有微量的氖、氪和氙。火星大气中只含有微量的水（大约是地球大气中所发现水的1/4）。但是，即使是这么一点点的水量，也能够凝结成飘浮在火星大气中的云或形成山谷中的晨雾。还有证据显示，过去火星的大气要稠密得多——这样的大气可以使液态水在星球表面流淌。类似于河床、峡谷、海岸线，甚至是岛屿的自然特征暗示，在这个红色的星球上曾经存在过大河，甚至可能是小一些的海洋。

　　火星有两颗形状不规则的小卫星，"火卫一"（Phobos）和"火卫二"（Deimos）。形状不规则的火卫一的最大长度是 27 千米，火卫二的长度是 15 千米。这两颗天然卫星是美国天文学家阿萨夫·霍尔（Asaph Hall，1829—1907）在 1877 年发现的。这两颗小卫星的表面都年代久远而多坑，有厚度可能达到 5 米或以上的浮土。行星科学家们指出，这两颗小卫星实际上是火星在远古时期捕获的小行星。

　　科学家们还认为，地球上发现的几块不同寻常的陨石，实际上是远古时撞击火星时炸飞的火星碎片。一块名为"ALH84001"的特殊的火星陨石，激起了人们对火星上可能存在生命这一问题的极大兴趣。1996 年夏天，美国国家航空航天局在约翰逊航天中心的一个研究小组宣布，他们已经在"ALH84001"陨石里发现了表明 36 亿年前火星上可能存在原始生命的有力证据。在这块古老的火星岩石内部，美国国家航空航天局的研究小组发现了第一个被认为是来自火星的有机分子——几个生物活动所特有的矿物特征和可能是原始的细菌类生物的微小化石（非常小的化石）。

　　因为受到火星上可能存在生命这一令人兴奋的消息的激励，美国国家航空航天局和其他太空组织发射了各种机器人宇宙飞船来完成对火星的有针对性的科学考察。自 1996 年以来，有些飞行任务已被证明极其成功，而其他的飞行任务则以令人失望的失败而告终。

　　当美国国家航空航天局于 1996 年 11 月 7 日从佛罗里达州的卡纳维拉尔角空军基地发射了"火星环球观测者"（Mars Global Surveyor，缩写为 MGS），新一轮的火星探索热潮便开始了。1997 年 9 月 12 日，宇宙飞船到达了火星，这是 20 年来第一次成功的火星之旅。在花了一年半的时间，小心翼翼地把运行轨道从椭圆形调整为更实用的环绕火星的圆形轨道之后，"火星环球观测者"在 1999 年 3 月开始了测绘任务。"火星环球观测者"用高分辨率的照相机从火星的低地轨道，差不多是极地轨道对火星进行了整整一个火星年的观察——相当于地球约两年的时间。2001 年 1 月 31 日，当主要科学任务完成时，这艘宇宙飞船进入了延时工作阶段。2006 年 11 月 2 日，"火星环球观测者"停止了与地球上科学家的联系。11 月末，美国国家航空航天局的"机遇号"火星探测车（Mars Exploration Rover Opportunity）再也无法探测到来自绕轨道飞行的宇宙飞船的任何信号。这些中断的信号表明，"火星环球观测者"超长而富有成果的飞行任务最终结束了。"火星环球观测者"成功地研究了整个火星表面、大气圈和它的内部，传回大量珍贵的科学资料，其中最重要的科学贡献是绘制出有关沟壑、岩屑流动地貌的高清晰度图像，这些地貌特征表明，在火星表面或靠近火星表面的地方可能有类似于含水层的流动液态水源。所有这些发现将影响和指导即将到来的机器人火星飞行任务。

1996 年 12 月 4 日，美国国家航空航天局用一枚"德尔它 2 号"（Delta Ⅱ）发射器发射了对这颗红色星球进行探险的"火星探路者号"飞船。这次以前叫"火星环境监测"（Mars Environmental Survey）或"MESUR"的飞行任务，主要目的是验证把一台配备仪器的登陆车和自由活动的机器人漫游车运送到火星表面的一项低成本的革新性技术。"火星探路者"不仅完成了这个重要任务，而且还传回了大量前所未有的数据，并且运行良好，超出了预期的设计寿命。从 1997 年 7 月 4 日，这艘机器人宇宙飞船创造性地使用气囊在火星表面跳跃着翻滚着陆，到 9 月 27 日最后一次进行数据传送，它传回了大量"战神谷"（Ares Vallis）着陆点区域的图像以及离降落地点最近处的岩石和土壤沉积物的有用的化学分析。从这次成功的飞行任务中获得的数据表明，远古时期火星曾经是温暖而湿润的，这进一步引发了关于当火星表面流淌着液态水，火星的大气非常稠密时，火星上是否可能出现过生命这个有趣的问题。

然而，这两次成功的飞行任务给人们带来的兴奋之情很快被两次明显的失败冲淡。1998 年 12 月 11 日，美国国家航空航天局发射了"火星气候探测器"（Mars Climate Orbiter，缩写为 MCO），这艘宇宙飞船将既用作星际气象卫星，又用作另外一次叫"火星极地探测器"（Mars Polar Lander，缩写为 MPL）飞行任务的数据传输卫星。"火星气候探测器"还载着两台科学仪器：一台大气探测仪和一台频谱仪。然而，就在 1999 年 9 月 23 日，这艘宇宙飞船到达火星时，失去了与它的一切联系。美国国家航空航天局的工程师们得出结论：由于在设计最后轨道方面出现了人为的错误，飞船极有可能在火星的大气层入轨太深而被烧毁。

1999 年 1 月 3 日，美国国家航空航天局用另外一枚"德尔它 2 号"消耗性发射器将"火星极地探测器"送往火星。"火星极地探测器"是一项雄心勃勃的计划，要使一艘机器人宇宙飞船降落在火星南极冰冠边附近的严寒地带。两个小型的"光穿透探测器"［Penetrator Probe，叫"深空 2 号"（Deep Space 2）］搭载在登陆车宇宙飞船之上登上火星之旅。在经过了平静的星际旅行之后，当宇宙飞船在 1999 年 12 月 3 日到达火星时，"火星极地探测器"和它的伙伴"深空 2 号"实验仪器却神秘地失踪了。

美国国家航空航天局的官员们并没有被接二连三的令人失望的失败所吓倒，2001 年 4 月 7 日，实施了到火星的"2001 火星之旅"（2001 Mars Odyssey）任务。轨道器飞船上的科学仪器都被设计用来确定火星表面的构成，探测水和潜藏的冰以及研究火星附近的电离环境。2001 年 10 月 24 日，飞船到达火星并且成功地进入绕火星轨道。在实施了把轨道按正常要求调整为近似于圆形的绕火星极地轨道的大气制动之后，2002 年 1 月，飞船开始进行科学测量。宇宙飞船的主要科学任务一直持续到 2004 年 8 月，直到 2006 年 12 月，"火星之旅"还在一项长期的任务中发挥作用。

2003 年夏天，美国国家航空航天局发射了两个同样的"火星探测器"，2004 年在火星表面开始运行。2003 年 6 月 10 日，"勇气号"（MER-A）飞船由一枚"德尔它 2 号"火箭从卡纳维拉尔角空军基地发射升空，2004 年 1 月 4 日在火星成功着陆。2003 年 7 月 7 日，"机遇号"（MER-B）由一枚"德尔它 2 号"火箭从卡纳维拉尔角的空军基地发射升空，2004 年 1 月 25 日成功降落在火星表面。这两次成功的着陆都采用了"火星探路者"任务中所用的用气囊进行跳跃翻滚式一样的着陆方式。到达火星表面之后，两个探测器在火星上的不同地点开始执行火星表面探索任务。截至 2017 年 1 月，两个探测器仍继续在火星表面工作。虽然漫游车的右轮不好使，但"勇气号"仍然运行良好，行进在"古谢夫陨石坑"（Gusev Crater）地区。各方面运行良好的"机遇号"目前正为地球提供"维多利亚陨石坑"（Victoria Crater）地区的全景（表面景象的）图像。

2003 年，美国国家航空航天局还参与了一项由欧洲宇航局和意大利航天局资助的名为"火星快车"（Mars Express）的飞行任务。"火星快车号"宇宙飞船在 2003 年 6 月发射，2003 年 12 月到达火星。在进行了成功的到达操作之后，宇宙飞船上的科学仪器从火星极地轨道开始研究火星的大气和火星表面。"火星快车"的主要目标是从轨道上寻找地表下可能有水的地方。宇宙飞船还发送了一辆小型的机器人登陆车，更近距离地考察最可能存在水的地点。为了纪念英国自然科学家查尔斯·达尔文（Charles Darwin，1809—1882）做出伟大科学发现所乘坐的那艘著名的船，这台小型的登陆车取名为"猎犬 2 号"（Beagle 2）。停落在火星表面之后，"猎犬 2 号"将进行地外生物学和地球化学研究。"猎犬 2 号"定于 2003 年 12 月 25 日着陆，然而，欧洲宇航局的地面指挥人员却无法联系上这台探测器，因此，他们推测"猎犬 2 号"已经失踪了。虽然"猎犬 2 号"出现了问题，但是"火星快车"飞船在绕火星轨道上一直运行良好，并完成了对火星表面进行的全球高分辨率摄影地质学和矿物学测绘的主要任务。

2005 年 8 月 12 日，美国国家航空航天局成功发射了一艘名为"火星侦察轨道器"（Mars Reconnaissance Orbiter）的功能强大的新型科学宇宙飞船。"火星侦察轨道器"在 2006 年 3 月 10 日到达火星，现在正仔细查看以前由"火星环球观测者"和"2001火星之旅"确定的那些可能含水的地方。"火星侦察轨道器"能够用 0.2—0.3 米的空间分辨率测量几千种火星地形。通过对比的方法，这艘宇宙飞船的成像能力，好得可以探测到和辨别出火星表面所有的岩石。高分辨率的影像资料可以帮助科学家们填补由登陆车和漫游车所做的详细的、局部的观察和由绕轨道飞行的宇宙飞船所做的笼统的、整体测量之间的空白。

美国国家航空航天局最早在 2009 年研制和发射一个长期的远程可移动科学实验室。这项工作将验证开发和运用真正"聪明的登陆车"（先进的机器人系统，能够自动操作，包括预防危险，绕过障碍物，到达有价值但却很难到达的科学地点）。美国国家航空航天局还打算新设定（如火星飞机）一系列小型侦察任务。这些飞行任务将包括空中机器人飞行器和特殊的小型表面登陆车或光穿透探测器。计划在 2007 年开始的这些侦察任务，将会大大增加有价值的研究地点的数量，并为 21 世纪的第二个 10 年中更复杂的机器人探索打好基础。

按照目前的计划，美国国家航空航天局计划在约 2014 年进行首次"火星采样返回任务"（Mars Sample Return Mission）。未来在机器人飞船方面的科技进步将加快对火星表面下含水层和火星生命（现存的或已灭绝的）的寻找。机器人宇宙飞船进行的历时 20 年集中的科学研究任务，将不仅增加人类对火星的科学认识，而且也将为第一次由人类探索者进行的火星探险（预计约在 2030 年进行）做好准备。

◎载人火星探险

载人火星探险是人类对另一个星球的首次拜访，极可能在 21 世纪中叶之前进行——最早可能在 2030 年。目前的许多设想提出，制定一个历时 600—1 000 天的飞行任务，这次飞行任务极可能从地球轨道开始，由一枚热核火箭提供动力，预计飞行总人数将达到 15 人。在经过几百天的星际空间旅行之后，首批火星探索者将用大

　　如果使用"大气制动"，那么从地球（或月球）起飞发射的质量就将减少50%。这幅图展示了一种"软螺钉"（Molly Bolt）的登陆器，这种登陆器的设计能够把"大气制动"设置成扁平的形状，利用大气动力进入大气层并且着陆，然后再回缩成光滑的圆锥形以便登陆器从火星上起飞。（美国国家航空航天局 / 约翰逊航天中心 / 帕特 · 罗林斯）

　　这幅图描绘了一位参加首次人类火星探险的宇航员（约2030年）正在离营地不远的一个有价值的地点进行样品采集。（美国国家航空航天局 / 约翰逊航天中心）

约 30 天的时间在火星表面做旅行活动。

人类的火星探险是一项雄心勃勃的事业，它需要政治上和社会上的几十年强有力的支持。一个或几个国家加入一项国际合作计划，必须愿意做出一份持久的声明：人类空间探索的价值是人类未来文明不可分割的一部分。一次成功的载人火星之旅将建立一个独特的科学、社会和哲学范畴的新领域。如果下一代人把第一次载人火星之旅任务看成是人类永久定居火星的一个前奏，那么第一次探险对整个社会和文明所产生的影响就将大大增强。

人类第一次火星探险之后具体会发生什么，目前还使人们产生无限遐想。地球上的人们可能只是先对另外一次出色的空间探索感到惊异，然后又回到他们更急迫的地球事务中去。这种情况和美国"阿波罗计划"中壮观的月球登陆任务完成后的情况一样。另一方面，如果这次的首次人类火星探险作为人类永久驻留太阳系的前奏而被广泛认可和理解，那么，火星将真正成为更大范围的探索活动的中心目标——也许可以对自给自足的月球文明的崛起起到补充作用。

火星是地月系之外、太阳系中对人类来说最有可能进行探索的星体，也是目前人类在 21 世纪中叶进行探索和定居的唯一可选的合适星球。火星还提供了"就地利用资源"的机会，为此，火星能够为宇航员提供呼吸的空气和为火星表面漫游车及返回飞行器提供燃料。实际上，"就地利用资源"被认为是近期许多火星探险方案中必不可少的一部分。例如：在美国国家航空航天局的一项研究中，工程师们已经表示，火星上升飞行器（用于宇航员离开火星表面）、至关重要的供给、无人居住的居住舱和"就地利用资源"提取设施，将在首批人类探索者离开地球之前提前被放置于火星表面。

当然，载人火星飞行任务的准备工作是非常复杂的，在一队人类探索者出发去火星之前，许多因素（包括"就地利用资源"）都必须被考虑到。美国国家航空航天局的长远目标计划人员现在认为，建立一个永久性的火星基地是将人类探索者送到火星之前的一个必要步骤。从长期的月表操作中获得的整个硬件设施的运行情况和人类经验，为制定火星飞行任务的人员提供了必要的资料和信心，相信最终挑选出用于火星探险的硬件设施能大大降低载人星际旅行的成本和风险。

其他一些必须认真考虑到的重要因素包括：探险的总体目标、运输飞行器及其轨道的选择，希望在火星上停留的时间，主要的拜访地点，需要的资源和设备以及在长期的旅行中宇航员的健康和安全等问题。由于星际旅行的性质,如果有不测发生,宇航员将无法很快返回地球,甚至不可能得到来自地球的额外帮助或救援。一旦宇航员离开地月系飞往火星,他们就必须要完全自给自足,并且要高度灵活以适应所有的新情况。

◎火星前哨和表面基地的构想

对于自动化的火星飞行任务来说,宇宙飞船和机器人火星表面漫游车通常都体积很小,设备齐全。然而,人类探险火星表面必须满足两个要求:生命保障(居住)和表面交通(移动)。由于必须一次维持人类几年生活,所以永久性火星表面基地中的居住舱、动力供应和生命保障系统将会更加复杂。当早期的火星探险者和定居者在离他们的营地几十到几百千米的地方旅行时,火星表面的移动系统将变得更加复杂和先进。在任何火星表面基地计划的较早时期,都必须积极试验使用火星资源为基地提供支持,然后,迅速使它成为最终支持表面基础设施发展的一部分。

在一个候选方案中,最初的火星居住舱与标准化的月球基地(或空间站)的增压舱类似,在先制造标准组合配件的条件下,由核电作为推进力的星际货船从地月间空间运送到火星。然后,这些货船将在火星表面按照需要进行编队和连接,并被大约1米厚的火星土壤覆盖,为了防止它们受到太阳耀斑辐射以及持续暴露于致命的宇宙射线的影响。与地

这幅图展示了一个可能建成的火星前哨的主要组成部分,当宇航员探索火星表面时,这个火星前哨能为7名宇航员提供支持。它的主要构成是:一个居住舱、增压漫游车对接舱/设备闸门、空气闸门和一个直径为16米的可直立的(可膨胀的)居住舱。出现在图中的还有火星气球、一辆没有增压的漫游车、一个存储工作区、一个地球物理实验区和一根局部天线。在所描绘的方案中,这个火星前哨的许多基本组成部分都来自早期的月球试验地设施。[美国国家航空航天局/约翰逊航天中心/马克·唐文/约翰·弗拉萨尼特及其合作者]

　　这幅图描绘了 21 世纪中期帕弗尼斯山（Pavonis Mons）附近的火星基地，火星赤道上一座巨大的盾形火山俯视着基地所在的古老的水蚀峡谷。这里所展示的基地的基本设施包括：一个居住舱、一个动力舱、中央基地工作设施、一个温室、一个发射和着陆区，甚至还有一架机器人火星飞机。在图的前景中，人类探索者已把火星表面漫游车带到一个有价值的地点，在那里，一个探险队刚刚有了一个世纪性的发现——一块保存完好的古老的火星生物化石。（美国国家航空航天局 / 约翰逊航天中心 / 帕特 · 罗林斯）

球的大气不同,火星稀薄的大气不能很好地抵御来自太空的电离辐射。

另外一个21世纪中叶的火星基地构想包括:一个结构复杂的居住舱组合、动力舱、中心基地工作设施、一个温室、一个发射和着陆区,甚至还有机器人火星飞机。火星上的温室将为宇航员提供一些必需的多样化饮食。当早期的火星前哨发展成为一个自给自足的大型人类永久居住区时,温室系统对于实现食物的自给自足将是必不可少的。到那时,火星基地生产的食物可以用来供应离开火星,飞往小行星带以及其他太空探索。

正如这幅图中所描绘的那样,探索火星的宇航员将修建一个可以种植蔬菜和水果的水栽试验室。这些作物将会为火星探索者们提供各种食物和额外的营养。(美国国家航空航天局/约翰逊航天中心)

◎太空政策和美国的总统任期

一个充满活力、雄心勃勃的国家空间计划包括几个方面：行政长官的设想（通常是一个传达到美国国家航空航天局的清楚的、有针对性的总统指示，然后变成一个切实可行的战略计划），空间技术的基本设施（现存的或正成功涌现的），持续财政支持（美国国会许可和授权的）以及社会支持（主要是以投票赞成和表现出热情的方式）。

在一个像美国这样的自由和开放的社会里，要保持公众对长期计划（特别是那些连跨几任总统的计划）的有力支持是一件非常困难的事。一届政府所珍视的空间计划常常遭遇下一届政府的财政削减。而且，美国人经常会因为计划耗时太长不能显示出确切的结果而变得烦躁不安。一次人类的火星探险，即使是在国际社会的共同努力下进行，也需要美国政府历时至少20年和几届政府的前所未有的持久的支持来完成。如果人类要在21世纪亲自去探索火星，社会的和政治上的阻碍可能证明，即使不比必须克服的技术障碍更棘手，也会和它一样具有挑战性。

不幸的是，人类逐渐离开这个星球并且在整个太阳系中弥散开来，与其说是一个革命性的事件，不如说是一个逐渐发展的过程。当然，这个过程会有许多令人激动的瞩目的重大事件（如1969年7月20日人类第一次登上月球）。然而，从人类历史的角度来看，使这一切成为可能的基本技术设施的出现（如永久性月球基地和火星上的前哨），更近似于一种像冰河运动般的缓慢现象，而不是一次火山爆发。然而，如果历史是未来人类行为的某种显示器，那么，未来人类在离开地球方面所取得的里程碑式进展的真正动力，将极有可能是行政决定和由政治需要引发的太空机构的活动，而不是对人类成熟的远见卓识的合理的社会反应。

1961年，肯尼迪总统做出的把美国宇航员送到月球的决定，就是出于迫切的政治需要而做出的一项关于空间探索的行政决定。肯尼迪政府面临着一个严肃的问题，就是需要恢复美国仍是世界上的第一大技术强国这个全球共识。美国国家航空航天局得到了联邦政府的专款，这项工作得以完成。然而，这项工作一旦完成，另一届政府（尼克松政府）便开始取消余下的"阿波罗计划"飞行任务（准确地说，是"阿波罗18号""阿波罗19号"和"阿波罗20号"飞行任务），这几乎与第一次两名宇航员的月球登陆同时发生，并且为了支付在东南亚耗资巨大的战争经费，政府还马上开始削减空间机构相对较大的预算。

任何一项建立永久性月球基地，然后把人类送上火星的为期 50 年的战略计划，需要几代人都具有这样一个战略远见，即空间探索对美国未来的繁荣昌盛来说是不可缺少的，并且这种重要性可以合理地延伸到人类的生存问题。当人们不能普遍接受这个重要的战略远见时，像"阿波罗计划"、"美国空间运输系统"（航天飞机）和"国际空间站"这样的太空计划，事实上将保持不可预见的循环，当新一届政府致力于下一个"政治上受欢迎"的空间计划时，他们在技术能力和成绩上的不稳定发挥常常令人沮丧。

强大的"土星 5 号"火箭就是一个例证，在 1973 年 5 月 14 日完成它的最后一次飞行（"天空实验室 1 号"飞行任务）后，这个设计精良的发射器就被完全废弃了。美国国家航空航天局正考虑恢复使用和改进"土星 5 号"飞行器的上级 J-2 火箭发动机，把它用在"战神 1 号"和"战神 5 号"的新型上级火箭中。但是，美国在这个飞行器上投入的大部分财政和技术资源都付之东流。20 世纪 70 年代，"阿波罗计划"先被缩减，然后被终止，剩下的航天工程师和计划指挥人员便共同把注意力转向发展一种新型的"可重复使用的"航天飞机。

人们常常忽略对空间探索的这种动摇所付出的社会代价。20 世纪 70 年代初，"阿波罗计划"面临着严重的缩减时，数千名训练有素的工程师和技术人员突然发现自己失业了或者濒于失业。20 世纪 60 年代的登月竞赛极大地调动了人们在数学、物理和机械方面的职业兴趣。但是，20 世纪 70 年代"阿波罗计划"后期的就业"崩溃"，使空间探索不再是一种前途光明的职业指向标。结果，许多最优秀、最聪明的美国学生开始躲避中学和大学中比较难的科学、机械、物理和数学课程。这种消极的、倒退的倾向在全美国的中学和大学中一直持续至今。尽管学生的计算机应用能力普遍相对较高，但是，现在的大部分学生却对确立当今以科技为基础的全球文明的物理原理缺乏深入的理解。

通过回顾美国国家航空航天局得到的拨款在总的联邦预算中所占的百分比，可以很容易发现美国空间计划中这种不稳定性的直接证据。与其他的国家优先项目做个比较也有助于说明问题。2003 年白宫的管理和预算办公室的数据说明，1968 年（在阿波罗计划的巅峰时期），与 7.37% 的联邦健康支出相比，美国国家航空航天局获得联邦总预算的 2.7%。1981 年，与 11.9% 的健康预算相比，美国国家航空航天局仅得到了 0.8% 的联邦预算。最后，到 2003 年，与 23.5% 的健康预算相比，美国国家航空航天局获得了 0.7% 的联邦预算。与此同时，军队和国防花费也遇到急剧下降（如果以占总的联邦预算的百分比来表示）的情况。详细地说，1968 年，国防和军队开支总计达到总预算的 45.1%；1981 年达到 22.7%；2003 年占到 16.7%。尽管这些预算的统计数字并不能说明整个问题，但是，这些数据确实能表明联邦政府在支持空间探索方面的一种倾向。

回顾一下太空时代每位美国总统对人类空间探索所作的贡献也同样有趣。在艾森豪威尔执政时期（1953—1961），太空时代刚刚开始，美国公众感到美国远远地落在苏联后面。艾森豪威尔实际上已经（秘密地）同意研制一系列成功的军事侦察卫星。但是，他的政府却对 1957 年 10 月 4 日苏联"斯普特尼克 1 号"发射升空所引发的巨大的情感冲击波和不利的公众反应感到措手不及。为了挽救国家威信，艾森豪威尔政府不得不用一枚改良型美国陆军导弹匆忙进行应对。这个临时的举动使美国在 1958 年 1 月 31 日发射了第一颗卫星（"探索者 1 号"）。随后，1958 年 10 月 1 日，组建了美国国家航空航天局，并且很快宣布实施"水星计划"。民用的空间探索，包括人类的太空飞行之梦，已经成为冷战时期地缘政治的一个非常明显的手段。

肯尼迪政府（1961—1963）时期，美国人实现首次太空飞行（艾伦·谢泼德在 1961 年 5 月 5 日）和绕地球飞行（约翰·格林在 1962 年 2 月 20 日）。1961 年 5 月 25 日，肯尼迪对美国国会做出的关于"迫切需要"的大胆而又充满幻想的讲话启动了"阿波罗计划"，并确定了美国下个 10 年的人类太空飞行工作。

在肯尼迪遇刺之后（1963 年 11 月 22 日），约翰逊（Lyndon Baines Johnson）政府（1963—1969）继续实现这位遇害总统的大胆的登月构想，并且见证了美国国家航空航天局在"水星计划""双子星计划"和"阿波罗计划"方面取得的稳步进展。尽管受到技术障碍、成本增加和"阿波罗 1 号"空难（1967 年 1 月 27 日）的困扰，作为一名执政水平高的强有力的政治家，约翰逊仍能够坚持为美国国家航空航天局提供资金。在他任期结束时，美国国家航空航天局首次成功地把"阿波罗 8 号"宇航员送入绕月轨道飞行——在冷战时期的非正式的将人类送上月球的竞赛中（部分地）获胜。

尼克松政府（1969—1974）通过首次登月任务（1969 年 7 月 20 日的"阿波罗 11 号"）获得了全球性的政治收益。但是，为了给东南亚战争中不断增长的战争开支提供资金，尼克松通过取消计划中的"阿波罗 18 号""阿波罗 19 号"和"阿波罗 20 号"

飞行任务,开始大幅削减美国国家航空航天局的预算。1972年1月,他批准了研制航天飞机计划。他的这届政府还实施了名为"天空实验室"(1973—1974)的美国第一个空间站计划。

在福特(Gerald Ford)执政期间(1974—1977),美国国家航空航天局的宇航员成功地参加了"阿波罗-联盟对接试验计划"(1975年7月)——美国和苏联之间的第一个国际交会对接计划。福特政府针对航天飞机的设计和性能做出了重大决定,其中的许多决定削弱了不断减少的空间计划预算的适应能力。

卡特(Jimmy Carter)政府(1977—1981)没有把任何美国宇航员驾驶的太空飞行考虑在内。航天飞机的研制还在继续,但是由于技术问题和预算限制,航天飞机的研制再次推迟。

里根总统任职期间(1981—1989),进行了许多次航天飞机飞行(包括1981年4月12日的STS-1)。在"挑战者号"事故(1986年1月28日)之后,里根又集全国之力建造了一艘后来叫"奋进号"的替代航天飞机。但是,尽管他很受欢迎,但美国国会根本不理会里根建一个新型空间站(名为"自由号")的要求,美国的选民对此也不屑一顾。

布什政府(1989—1993)继续不断地改变(主要是缩减)对"自由号"空间站的构想。由于对所计划的预计总花费(大约4 500亿美元)感到极大的震惊,美国国会根本不理会布什关于人类对月球和火星的飞行任务的要求。当冷战结束,美国公众和美国国会不再认为在空间探索方面的竞赛是一项急迫的国家首要任务。第一次海湾战争也使美国公民对像空间探索这样的事情心猿意马。

克林顿(1993—2001)任职期间,再次提出空间站的构想并使之国际化。国际空间站计划的第一个组装任务在"奋进号"航天飞机的STS-88任务期间(1998年12月)进行。尽管他的政府热心支持一项叫X-33计划的新型的完全可重复使用的发射器,但是,由于花费超支和巨大的技术障碍,这项工作还是在2001年3月被取消了(由美国国家航空航天局在下一届政府的指示下进行)。

布什政府(2001—2009)亲眼目睹了几个重大的改变世界的事件:对美国的恐怖袭击(2001年9月11日),全球反恐战争的开始,在阿富汗和伊拉克的反恐行动以及"哥伦比亚号"航天飞机失事(2003年2月1日)。2004年1月14日,布什提出一个大胆的"关于空间探索的设想",在这个设想中,他指示美国国家航空航天局使航天飞机重返飞行，完成"国际空间站"的建设，研制到 2020 年使人类重返月球以及在 2030 年以前把人类送上火星的基本设备。美国国家航空航天局随后通过采用"战神 1 号"和"战神 5 号"新型发射器以及"猎户座号"新型载人探索宇宙飞船对总统的最新倡议作出回应。美国国家航空航天局的官员们目前计划在 2010 年使航天飞机退役，并且在大约 2015 年用新型的"战神 I/ 猎户座"系统把宇航员送到"国际空间站"。然而，乔治·W. 布什总统的总体空间探索构想有多少会变成现实，还将取决于许多因素，其中包括超出了航空航天范围的重大政治和经济影响。

大型太空定居是伟大技术幻想的核心，它涉及建设人造小世界，促进生命和文明在整个太阳系的传播。早在太空时代开始前，英国物理学家兼作家约翰·戴斯蒙德·贝尔纳（John Desmond Bernal，1910—1971）就在其 1929 年出版的未来主义的著作《世界，生灵和恶魔》（*The world, the Flesh and the Devil*）中预测了人类将进行太空殖民和建设大型球形的太空定居点［现在称为"伯纳尔球体"（Bernal Sphere）］。虽然贝尔纳所使用的"太空殖民地"一词已经被更易于接受的"太空定居地"一词所替代，然而，他的关于在太空建造大型自给自足的人类栖居地这一基本思想却激发了人们对太空时代的无数研究。这些研究又酝酿出其他有趣的栖居地构想——其中一些是基于贝尔纳基本思想做出的工程方面的推断，而另一些则在形式以及目的上与他的思想截然不同。

本章介绍了一些令人激动的太空定居构想，这些构想是 20 世纪 60 年代"阿波罗计划"登月任务这一美国早期太空飞行计划的知识上的副产品。例如：德裔美国火箭科学家和空间梦想家克拉夫·阿诺德·埃利克完成了长期战略研究，创造性地推断了一个或者若干个世纪期间当代空间技术的发展（如登月任务以及美国国家航空航天局的"天空实验室"空间站）。通过其富有创新的关于"安得劳斯菲尔"（Androsphere）生物圈、"安得劳塞尔"（Androcell）人造世界以及"爱斯特劳珀里斯"（Astropolis）太空定居点的技术构想，埃利克试图描述创造太阳系文明将会对人类产生的巨大社会影响。

考虑到 20 世纪 60 年代和 70 年代空间技术对地球以及地球外环境的作用，埃利克创造了"安得劳斯菲尔"一词。在他对人类太空定居点的影响深远的设想中，"安得劳斯菲尔"指的是地球生物圈（包括主要陆地环境）以及太阳系的物质和能量来源（如太阳的辐射能量和月球的矿物资源）的创造性整合。

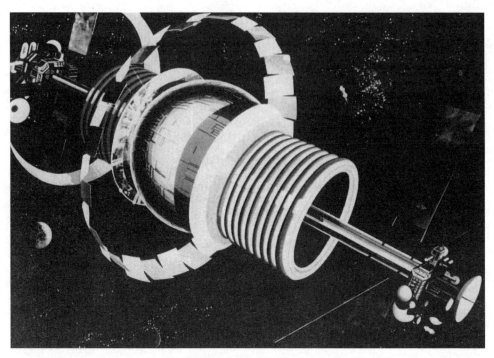

这幅图展示了一个设计成球形（伯纳尔型）居住地的大型太空定居点的外貌。[美国国家航空航天局 / 艾姆斯研究中心（Ames Research Center）]

◎ "爱斯特劳珀里斯" 太空定居点

在 20 世纪 60 年代末，克拉夫·阿诺德·埃利克开始形成他的 "爱斯特劳珀里斯" 构想——一个关于在地球附近建造太空城市设施的构想。他把 "爱斯特劳珀里斯" 看成是空间站之后的一个必然发展阶段。这个绕地轨道设施将容纳数百甚至数千位居民，工作和生活在一个巨大的有多种不同重力标准的人造世界中。他提出，这个设施将包括居住区、娱乐区（一个进行人类的动力飞行和低重力娱乐活动的封闭空间）、太空工业区、太空农业设施、科学研究实验室以及被称为 "其他世界区"（Other World Enclosures，缩写为 OWEs）的太空生物学区。埃利克的太空定居点可以对空气、水和废物加以循环利用。在其基本构想中，核电站或者太阳能电池板为太空定居点提供能源。研究区专门为基础研究和应用研究、太阳系资源的工业利用提供长期的太空环境。"其他世界区" 位于离定居点中心距离不等的区域。利用这些特殊的

"其他世界区"，太空生物学家、空间科学家、行星工程师以及星际探索家将能够模拟太阳系中人类有意拜访或定居的所有主要天体的重力环境。模拟对象将包括：月球、火星、金星、水星、某些大型小行星以及许多距离太阳系中心较远的一些大行星的主要卫星。这些开拓性的工作将为人类定居在地月空间以及太阳系空间铺平道路。

埃利克设想的太空定居点重 0.4 万—1.5 万吨，每 24 小时缓慢地旋转 92.5 圈。由于转动速度慢，所以，即使在靠近定居点中心、人工重力大幅降低的区域，"科里

知识窗

太 空 资 源

通常，每当人们想到外太空，脑海中呈现的便是宇宙浩瀚缥缈、虚无空旷的景象。然而，太空却是一个资源丰富的新疆域，包括无限的能源（太阳能）供应、各种原材料以及既特殊（高度真空、微重力，以及远离地球生物圈）又可预测的环境——尽管大型太阳耀斑有时候会是一种无法预测的威胁。

这幅图描绘了在飞往木星系的途中，热核火箭驱动的星际货物转载飞船在靠近火星的卫星"火卫一"的绕火星轨道上补给燃料的情景（1996）。（美国国家航空航天局/帕特·罗林斯）

从太空时代开始，对流星、月球、火星以及若干小行星和彗星的研究就已经对于地外环境具有的丰富矿产资源潜力提供了令人心动的线索。美国国家航空航天局的远征月球的"阿波罗计划"证实，月球上的普通土壤里含有建设复杂的太空工业设施所需的 90% 多的物质；月球高原地区的土壤里富含斜长岩，它是一种适合提取铝、硅和氧的矿物；其他一些月球土壤里已经发现含有可以提炼铁、镍、钛和铬等金属的铁矿砂。甚至在对原材料进行提炼前，就可以用磁铁掠过浮土来聚集其中的小颗粒，从月球土（称为"浮土"）中收集到铁。

美国国防部的"克莱门汀号"飞船和美国国家航空航天局的"月球勘

探者号"飞船在20世纪90年代获得的月表遥感数据，促使一些科学家提出，在月球的永久性阴暗极地地区存在着大量可用的冰冻水。如果这种猜想被证明是真实的，那么月球上的"冰矿"就可以提供氢和氧——这对于永久性月球定居点及太空工业设施来说是极其重要的资源。月球将既能够为推进系统输出化学推进剂，又能为在地月空间建造的大型人类定居区的生命保障系统提供补给。

火星巨大的矿产资源、冰冻水库和战略地位使其成为人类向矿产资源丰富的小行星带和太阳系边缘的大行星及其资源巨大的卫星扩展的重要补给站。聪明的机器人探索者将帮助首批定居火星的人类，使他们能够快速而有效地估算出这个新世界潜在的全部资源。当这些早期的火星基地发展为大型永久性定居区，他们将通过向下一批移民太阳系边缘地区的人类出口推进剂、生命保障系统消耗品、食品、原材料以及制造的产品而在经济上自给自足。货物飞船将定期往返于地月空间和火星之间，运送两个地外地区市场上急需的特殊产品。

小行星（尤其是穿越地球的小行星）是另一类重要的太空资源。近年来进行的太空飞行任务以及对流星的分析（其中许多被科学家认为是由小行星的碎片形成的）显示，碳质（C型）小行星可能含有10%的水、6%的碳、大量的硫及适量的氮。S型小行星，在主要小行星带的内侧边缘附近以及穿越地球的小行星中十分常见，它们含有多达30%的自由金属（铁、镍、钴以及高密度贵重金属的合金）。E型小行星可能富含钛、镁、锰及其他金属。最后是在穿越地球的小行星中发现的球粒状陨石小行星，这种小行星含有人类可以开采的镍，含量可能要比地球上发现的最丰富的储藏区还要大。

借助智能机器（可能包括自我复制系统），下一个世纪的太空定居者或许能够利用大量的地外物质并把它们运送到太阳系中任何有需要的地方去。其中许多太空资源将被用作行星基地工业的原料，这些工业将构成星际商贸的基础。例如：可以在木星或土星周围建造一些大气（浮升器）采矿站，提取氢和氦——尤其是在核聚变研究和应用中具有很大潜在价值的同位素氦3。同样，还可以开采金星的二氧化碳、木卫二的水以及土卫六的碳氢化合物。甚至可以使用大型机器人飞船舰队从土星环采集大冰冻水块，同时使用姊妹机器人飞船舰队从主要小行星带提取金属。甚至可以拦截某些彗星的彗核，来开采其冰冻的易挥发液体，其中包括冰冻水。最后，在冥王星轨道外是"柯伊伯带"（Kuiper Belt）及其体积大小从直径几百米到数百千米不等的成千上万颗冰冻小行星体。

奥利力"（Coriolis Force）——宇航员在旋转系统的辐射状方向移动时所感觉到的横向力（例如：具有人造重力的空间站）所造成的干扰和不适感都非常低。在这个精心设计的太空定居点里进行的研究项目和工业项目都将享有不同重力大小的良好模拟环境，所受科里奥利力的干扰极低。这种有益的环境不会出现在体积较小、旋转速度较快、机械产生人造重力的空间站。

◎ "安得劳塞尔"人造世界

"安得劳塞尔"人造世界是埃利克于20世纪70年代提出的一个大胆构想。这个大型的人造世界是一个独立的人造生物圈，它不位于任何自然存在的天体之上。在埃利克的设想中，这个人造微型世界要比大约在40—50亿年前最初由星云物质形成的，太阳系中的自然世界更能有效地利用物质。这些自然形成的类地行星（地球、火星、水星和金星）以及在太阳系中发现的各种卫星，基本上都是质量很大的"固态"球形物体。这些"固体"世界上的表面重力产生于大量物质的自身引力。然而，从人类居住的角度看，除了表面以下1.6千米之内的地方，这些自然世界的内部基本上是无用的。

"安得劳塞尔"人造世界利用旋转（而不是大量的物质）产生不同大小的人造重力。现在，自然天体无法利用的固体内部被分层居住区的密闭圆筒所取代。在这个具有多种重力的人造微型世界中，居民将享受真正丰富多彩的生活。人造世界的外部边缘重力最大，随着向中心区靠近，重力逐渐变小，直至为零。

埃利克的整个构想中最重要的一个想法是，太空定居点将不会被限制在地月系统中。相反，这个有着工厂、农田和商业飞船舰队的太空定居点，将在整个太阳系空间内自由寻求政治和经济发展。定居点里的居民可能会和地球、月球、火星或者

313

其他太空定居点进行贸易。太空时代的这些居住着 1 万或 10 万人或者更多居民的大型太空定居点,与古希腊的城邦国家类似。在多种重力条件下的生活方式还会促进定居点和其他自然世界(或许是类似地球的火星、环境已改造过的金星,甚至是太阳系边缘巨大行星的某颗大卫星)之间的相互移民。从本质上来说,"安得劳塞尔"代表了人类的细胞状分类——因为作为地外自治城邦国家的居民,他们可以选择在整个太阳系内追求具有多样文化的生活方式。

当然,人类已经拥有了最初的、自然的太空定居点,它被称为"宇宙飞船地球"(Spaceship Earth)。不久以后,人类的母体世界上的居民将会利用其技术和智慧在整个太阳系内建造一系列这样的人造世界或者其他大型太空定居点。随着这些人造居住地数目的增加,最终将会有一大群定居点围绕着太阳运转,获得并且利用太阳产生的巨大能量。到那时,人类在太阳系范围内的文明将会形成一个"戴森球"(Dyson Sphere),使下一步移民其他星系的梦想,从技术上、经济上、社会上成为可能。

◎美国国家航空航天局的太空定居点构想

面对 20 世纪 70 年代的能源危机以及卫星电力系统构想的出现,美国国家航空航天局在大学主持了一系列关于空间资源和太空定居点构想的研究。这些多学科的研究都是以太空定居地为中心。这些太空定居地中的每一个都会有 1 000—10 000 人在上面生活、工作和娱乐,同时进行着太空工业化活动,例如经营大型太空制造厂,或者建设卫星电力系统。尽管民用空间机构无意开发任何一种大型太空定居地,而美国国家航空航天局计划人员和管理人员则把这些研究视为一种有意义的智力实践,可以发现在人类大规模移民出地球疆界时可能出现的各种技术、心理以及社会问题。

20 世纪 70 年代末,美国国家航空航天局主持的研究中有一种很受欢迎的太空定居点设计方案。它是一个圆环状的居住地,能容纳大约 1 万人,位于拉格朗日天平动点 4 或者 5 的地月空间。居住地里的居民,太空制造厂的所有劳动力(及其家属)工作后将返回距离大型圆环中心将近 1.6 千米的家里。

这个圆环形的定居区将通过旋转为居住者提供与地球表面相似的重力。一个不旋转的材料壳将保护居民免受宇宙射线和太阳耀斑辐射的伤害。为了把成本降到最低,这个防护壳可以用累积起来的矿渣或是在月球或小行星上采矿的废弃物来建造。在带有屏蔽罩的居住区外,定居区的居民利用太空中源源不断的充足光照,在特殊地带种植农业作物。定居区的每一边都设有对接区和微重力工业区以及把设备产生的废弃热量散射到外太空所必需的扁平的散热器。

　　另一个可采用的设计是以原来的"伯纳尔球体"构想为基础的巨大的球形太空定居区。这个巨大的球形居住区的周长约为 2 千米。将会有多达 1 万人沿着这个大球的内部表面居住。这个定居区以大约每分钟 1.9 圈的转数旋转,在这个球体的赤道地区产生和地球一样的重力,但是在两极地区基本上仍有微重力环境存在。因为在赤道居住带的地点间距离很短,因此,没有必要使用客运飞行器。太空定居者将徒步或者可能骑自行车旅行。从赤道居住区爬升到这个球体的极地地区将花费大约 20 分钟,旅行者会经过一些小村庄,每个小村庄的人工重力水平都逐个递减。轴部的封闭走廊可以使居住者在微重力条件下安全地飘到定居区的外部设施,像天文台、对接码头以及工业和农业区等。在这种太空定居区中,在主球体上方和下方的外沿

　　这幅图描绘了一个位于地月轨道间,能容纳大约 1 万人的大型太空定居点的外观。按照 20 世纪 70 年代美国国家航空航天局的设想,这种太空定居点上的居民将从月球及近地小行星获得资源,建造大型卫星能量系统,为地球提供能源。(美国国家航空航天局 / 艾姆斯研究中心)

地区是农业圆环区。

在进行由美国国家航空航天局资助的研究项目期间提出的另一个太空定居区的设计，包括一组 32 千米长，直径为 6.4 千米的两个相似的圆柱形太空定居区。按照设想，这些巨大的太空定居区能容纳几十万人。每个圆柱体将每 114 秒绕着它的主轴旋转一次，以创造出与地球类似的人工重力水平。围绕着每个柱体的茶杯形容器将被用作农业站。每个柱体的顶部还安装着一个太空工业装置和一个发电站。在每个柱体的各面还装有巨大的可移动的长方形镜片（用铰链固定在圆柱的一端），可以把阳光引到居住地的内部，控制昼夜交替变化，甚至可以调节定居区内的季节变化。在镜片的调节环中某处有一个随机数发生器（Random Number Generator），可以用来显示天气变化，这些天气变化是无法预见的，但是它是在以前设定的一定限度内变化。当人类生活在一个完全人工的世界时可能会产生一些心理问题，这种控制下的无序状态或计划中的混乱在克服这些心理问题方面可能是很有必要的。

◎ 设计大型太空定居点应考虑的因素

基本的太空定居区的设计必须能为生活提供必需品，例如空气、食物、水和适应长期的太空生活所必需的一定的人工重力。然而，太空定居区的设计不应该仅仅能确保居住者的身体安全和舒适，还应该满足居住者的心理和审美需要。

就像居住在国际空间站的宇航员一样，居住在大型太空定居区的人类必须要有充足的膳食。大型太空定居区的食物应该是营养丰富、数量充足，甚至是十分诱人的。太空定居者可以从地球（在 21 世纪稍晚些时候）或者从月球上的永久基地获得最初的食物。但是正如大多数初期的太空定居区设计所设想的那样，居住区将有保证食物自给自足的农业设施。

由美国国家航空航天局资助的太空定居区研究项目表明，当地月轨道空间所需的食物消费品超过 1 万人的日消费量时，发展太空农业的成本（在特殊的温室设施中进行）与从地球运输食物的费用不相上下。研究结果还显示，对于大型的太空定居区来说，在植物和肉食性动物的基础上加以改进的地球农业，既可以解决营养上的需求，又可以满足膳食变化的需要。如果设计得当，居住区的农业装置还可以充当娱乐区。在参观这些装置时，居住者可能会在一个其他方面都管理有序的人造世界里获得某种程度的视觉渐渐变化的经历（看到一朵刚刚盛开的美丽的花或者茎上

这是描绘一个位于地月轨道间的未来大型太空定居点内部的剖视图。定居点内部有三层农业区。
（美国国家航空航天局／艾姆斯研究中心）

一个特别大的西红柿），从而领略到其中的乐趣。光合农业还能通过改造二氧化碳和产生氧气来帮助太空定居区大气的再生。太空农业活动还可以成为纯净水的来源，这些纯净水是由植物呼吸产生的湿气凝结而形成的。

太空定居区的设计不应该给居住者施加破坏性的心理压力。必须通过内部设计的变化性、多样性和灵活性来防止居住者产生长期的孤独感或者强烈的不自然感。大量使用自然光、视野开阔，提供密室和私人空间，较远的视线和使用较大的头顶间距（实际使用中的拱形屋顶）对大型的太空定居区的建设来说只是其中的一些环境设计标准。

太空定居区还必须有政府形式或政治组织，使它的居住者在拥挤的环境和在身体上与其他人类社会隔离的条件下享受到舒适的生活方式。因为早期的太空定居区很可能是进行一些特殊的太空贸易活动的"公司小镇"，他们的组织应该保持相当高的生产力水平和维护居住区的安全。如果没有公平的政治势力的划分和控制得当的内部安全力量，生活在一个孤立的太空的居民很容易成为恶霸和自封的神人的受害者，相反，如果有一个组织得当的机构，一个大型的太空定居区还可以以开创性的社会政治组织的姿态出现，成为 22 世纪和以后世纪中所有新型人类社会的典范。

　　大型的空间定居区，不管他们最后的设计、人口或政治结构如何，都必将在 21 世纪的最后几十年中出现，并且成为人类太阳系文明的标志性特征和技术核心。现在的战略策划人员和未来学家无法完全估计，先是散布于地月空间，然后是整个以太阳为中心的宇宙空间的一小部分人类，会对总的文明发展轨迹产生什么样的影响。根据一个令人激动的推测，当这些定居区发展壮大，并且在整个太阳系内复制时，一个"戴森球"（也许是银河系中第一个建造的）将开始形成。

◎戴森球

　　"戴森球"是一个巨大的人造生物圈，是由智慧生命作为他们的科技发展和在太阳系内扩张的一部分，围绕着恒星建造的。这个庞大的结构极可能由一群人造居住区和能基本上拦截所有来自母体恒星的辐射量的小行星组成。被捕获的辐射能量将通过各种技术，像植物、直接的热电转化装置、光生伏打电池和也许其他的（还没被发现的）能量转换技术来进行转化以供使用。按照动力学的第二定律，废热和不用的辐射能将从"戴森球"寒冷的一面排放到外太空。根据现在的机械热能传输知识，"戴森球"的散热表面温度可能在-37.8℃到 27℃。

　　这个庞大的航天工程是美籍英国理论物理学家弗里曼 · 约翰 · 戴森（Freeman John Dyson，1923—2020）提出的一个构想。从本质上说，戴森所提出的就是一个真正发达的地外社会，为了解决马尔萨斯提出的人口压力问题，可能最后会扩张到他们所处的太阳系，最终对太阳系的能源和物质资源加以充分的利用。只是这种扩张有多大的发展？

　　目前，战略策划人员还只能援引平庸的原则（整个宇宙的事物都是相通的）并把人类自己的太阳系作为一个范例。太阳是 G2V 光谱的一颗普通黄色恒星，它的能量输出大约是 4×10^{26} 瓦（焦耳每秒）。一切出于实用的目的，科学家把太阳当作是一个绝对温度大约在 5 527℃的黑体辐射源。因此，绝大部分的太阳能量输出是以波长主要为 0.3~0.7 毫米的电磁辐射形式存在的。

　　作为一个上限，太阳系内建造这样的航空工程，可用的质量可以看成是木星的质量，大约是 2×10^{27} 千克。现在的能源消耗达到 1013 瓦。如果每年地球的能源消耗只增长 1%，3 000 年之内人类的能源消费需求就将达到太阳的整个能量输出量。今天，几十亿人居住在一个生物圈中，即总质量为大约 5×10^{24} 千克的地球上，从现在起的几千年后，太阳将被一群居住着成兆的人类的居住区所包围。

作为研究科技是怎样引起社会变化的一个小小练习，让我们把今天的西欧与 2 000 年前处于罗马帝国的巅峰时期的西欧做一下比较。什么已经改变，什么还保持原样？现在对太阳系也做一下同样的对比，只是时间向未来推进了 2 000—3 000 年。在太阳系文明中，什么将会发生变化，什么又将保持不变？

"戴森球"只是检查在这个太阳系内物质增长的最高限度的一个方法。从能量和物质的角度来看，它基本上是人类在宇宙中的这小小的一角中所能够做到的最好的了。人造居住区的绝大部分都可能位于太阳周围的生态圈中或不断变得适宜居住的区域内——在离人类的母体恒星一个天文单位远的区域。这并不排除在有些解体的太阳系的整个外部地区，遍布着由核聚变能提供动力的其他居住区的可能性。由核聚变提供动力的居住区，甚至可以成为建造第一艘行驶于星际空间、可以把一部分人类送到附近的一些恒星系中的诺亚方舟的技术先锋。

一些科学家用太阳系和现在的地球文明作为一个参照点，期待在工业发展开始后的几千年之内，一个智慧物种会从行星文明阶段（或"卡尔谢夫一类文明"）出现，并最后居住在一群完全围绕着母体恒星的人造居住区内，由此创造出一个成熟的卡尔谢夫二类文明。当然，这些智慧生物还可能决定进行星际旅行和星系移民，而不是在他们所在的恒星系之内建成"戴森球"——开始创造"卡尔谢夫三类文明"。

弗里曼·戴森进一步设想，可以通过太空中直径为 1—2 个天文单位场的大型物体所发出的热红外线来探测到这样发达的文明。尽管先进的红外线望远镜还没有探测到这样的物体，但是，"戴森球"的确是一个伟大的意义深远的设想。认识到这一点也很有趣：从真正的意义上来说，21 世纪建造的永久性空间站和太空基地，是作为一种成熟的太阳系文明的一部分，人类最终能够建造的人造结构中的第一批居住区。在历史上没有哪个其他的时期能为一代人提供一个独特的机会，在人类的"戴森球"中建造第一个人造居住区。

尼古拉·谢苗诺维奇·卡尔谢夫

在考虑影响对地外智慧生命的寻找的因素时，俄罗斯宇航员尼古拉·谢苗诺维奇·卡尔谢夫（Nikolai Semenovich Kardashev，1932—2019）提出有3种可能的地外文明类型（阶段）。他的定义是以每一种类型的文明是怎样分别利用行星、太阳系和银河系的能量资源为基础的。卡尔谢夫推断，一个独特的文明控制的能量越多，他们射入星际空间的信号就越强。这个有趣的猜测方法在地外生物学界和寻找智慧生命社团内部被称为"卡尔谢夫文明的3种类型"。"卡尔谢夫一类文明"能够利用所在星球的全部能量（对于像地球这样的行星来说，最大量可达到大约10^{16}瓦）；"卡尔谢夫二类文明"可以利用其母体恒星的能量输出（对于像太阳这样的恒星来说，最大量可达到大约10^{27}瓦），而"卡尔谢夫三类文明"将能够利用和熟练使用整个星系的能量输出（对于像银河系这样的星系来说，最大量可达到大约10^{38}瓦）。

古希腊哲学家苏格拉底（约公元前 470—前 399）指出："人类必须要屹立于地球之上——屹立在天穹之顶甚至更高的上面——只有这样人类才能完全理解他们所生活的世界。"人类太空飞行是人类探索和征服未知世界的技术展示。人类的特点就是不断地推进知识与理解的疆界，进入前人未曾踏足之地。

本书描述了过去 40 年间人类太空飞行的巨大成功与失败。探索未知领域往往消耗资源，耗时，甚至会付出人的生命。历史已经清楚地表明，并非所有探索者都能取得成功。有些成功，另一些则失败——或许会用自己的生命为此付出高昂的代价。

但是人类还会继续探索未知事物，因为这种品质已深深地根植于人类的本性之中。纵观人类历史，当代人类太空飞行的科技成就意味着什么呢？人们会写上洋洋数千字描绘太空旅行如何展示了人类本质的美好和具有的高科技素质。或者，科学、技术和社会三者之间的重要联系可能会浓缩成一个影像。

"阿波罗号"宇航员一旦漫步于月球，整个人类便开始了在宇宙中的新时代。若干世纪之后，未来的历史学家会把"阿波罗计划"的胜利视为 20 世纪最重要的技术里程碑。为什么呢？当智慧生命最终迈出地球的摇篮，并且第一次小心翼翼地贸

这是宇航员埃德温·奥尔德林在 1969 年 7 月 20 日执行"阿波罗 11 号"登月任务期间留在月球上的足迹。（美国国家航空航天局 / 约翰逊航天中心）

然进入宇宙之中，这是一件异乎寻常的事件。12 名"阿波罗号"宇航员在月球表面留下的足迹现已成为后人的指路明灯和挑战对象。太空飞行使宇宙既成为人类的目的地，也成为人类的命运之所。

大事年表

约公元前3000—约公元前1000年

在英国南部的索尔兹伯里平原仁立着一个巨石阵（它可能是人们为了预测夏至所使用的古代天文学日历）。

约公元前1300年

埃及天文学家辨别了所有肉眼可观测到的行星（水星、金星、火星、木星和土星），并识别了四十多个恒星组合（即星座）。

约公元前500年

巴比伦人创立了黄道十二宫的概念，此概念后被希腊人引用并加以完善。同时，它还被其他早期人类文明所使用。

约公元前375年

希腊早期数学家、天文学家欧多克斯（Eudoxus）开始根据古希腊神话将星座整理成书。欧多克斯是古希腊克尼多斯学派的代表人物。

约公元前275年

生活在萨摩斯岛的希腊天文学家阿里斯塔恰斯（Aristarchus）提出了太阳系这一天文系统。他提出的学说早于现代天文学家尼古拉斯·哥白尼提出的"日心说"。阿里斯塔恰斯在《论太阳和月亮的体积与距离》（*On the Size and Distance of the Sun and the Moon*）一书中，详细论述了自己的观点。但当时世人支持由克尼多斯学派的代表人物欧多克斯提出的"地心说"，对他的观点根本不予理睬。另外，"地心说"理论在当时还得到了亚里士多德（Aristotle）的认可。

约公元前129年

生活在尼西亚的希腊天文学家希帕恰斯（Hipparchus）完成了对 850 颗恒星的目录编撰。17 世纪以前，这本目录一直在天文学领域拥有重要的地位。

约公元60年

生活在亚历山大的希腊工程师和数学家希罗（Hero）发明了汽转球。这是一个像玩具一样的实验仪器，科学家们利用它可以论证作用力与反作用力原理。这一原理正是所有火箭发动机工作原理的理论基础。

约公元150年

希腊天文学家托勒密完成了著名的《数学汇编》（*Syntaxis*）（这部著作后来被称为《天文学大成》）。这是一本总结古代天文学家掌握的全部天文知识的重要著作。书中提出了主导西方科学界一千五百多年的"地心说"理论模式。

820年

阿拉伯天文学家和数学家们在巴格达建立了一所天文学校，并将托勒密的著作翻译成阿拉伯语。此后，这本书被称为《麦哲斯帖》（意思是"伟大的作品"），中世纪的学者们也称它为《天文学大成》。

850年

中国人开始在节日的烟花中使用火药。其中，有一种烟花的形状看上去很像火箭。

1232年

中国金朝的女真族军队在开封府战役中使用可燃烧的箭头（长长的箭杆上带有火药的火箭雏形）将蒙古族入侵者击退。这是人类发展史上第一次记载在战争中使用火箭。

1280—1290年

阿拉伯历史学家哈桑 · 拉玛（Hasan al-Rammah）在他的著作《马背交锋和战争

策略》中介绍了火药和火箭的制作方法。

1379年

火箭出现在西欧。在围攻意大利威尼斯附近的基奥贾的战役中,军队使用了火箭。

1420年

意大利军队机械师乔阿内斯·德·丰塔那（Joanes de Fontana）写了《军用机械》（*Book of War Machine*）一书。这是一本理论性很强的书。他在书中提到了军队应该如何应用火药火箭,并具体提到了能够为火箭提供助推力的撞锤和鱼雷。

1429年

在奥尔良保卫战中,法国军队使用火药制火箭。在这期间,欧洲的军工厂也陆续开始进行实验,看看是否可以用各种类型的火药制火箭来代替早期的机关炮。

约1500年

根据人类对火箭进行研究的一些早期成果,一位名叫万户的中国官员试着装配了一个经过改进的靠火箭进行助推的动力装置,并让它带动自己在天空中飞行,这个装置看上去就像风筝一样。当他在驾驶位上坐好时,仆人们点燃了动力装置上的47个火药（黑火药）制火箭。不幸的是,随着一道刺眼的亮光和爆炸声,这位早期的火箭试验者从人世间彻底地消失了。

1543年

波兰教会官员和天文学家尼古拉斯·哥白尼发表了《天体运行论》一书,从而在科学界引发了一场革命,并最终改变了人类历史的进程。这本重要的书是在哥白尼临终时才发表的。哥白尼在书中提出了太阳中心说（日心说）的宇宙模式,这与长久以来托勒密等众多早期希腊天文学家所倡导的地球中心说（地心说）宇宙模式有巨大的差异。

1608年

荷兰光学家汉斯·利伯希（Hans Lippershey）研制了一个简易的望远镜。

1609年

德国天文学家约翰尼斯·开普勒出版了《新天文学》（*New Astronomy*）一书。他在书中对尼古拉斯·哥白尼提出的宇宙模式进行了修正，他指出：行星的运行轨道为椭圆形，而不是圆形。开普勒的行星运动定律结束了希腊天文学的"地心说"对国际天文学界的主宰。实际上，"地心说"的主导地位已经延续了两千多年。

1610年

1月7日，伽利略通过他的天文望远镜对木星进行了观测，结果发现这颗庞大的行星有4颗卫星（即木卫四、木卫二、木卫一和木卫三）。他将此次观测和其他观测的结果写入了《星际使者》一书。此次有关木星4颗卫星的发现使伽利略敢于大胆地倡导哥白尼的"日心说"理论，从而引发了他与教会之间的直接冲突。

1642年

由于倡导哥白尼的"日心说"理论，伽利略与教会之间发生了直接冲突。结果，伽利略被软禁在位于意大利佛罗伦萨附近的家中。这种生活状态一直持续到伽利略去世。

1647年

波兰裔德国天文学家约翰尼斯·赫维留斯（Johannes Hevelius）出版了名为《月图》（*Selenographia*）的著作。他在书中详细地描述了月球的近地端表面特征。

1680年

俄国沙皇彼得大帝（Peter the Great）在莫斯科建立了一个制造火箭的机构，该机构后来被迁至圣彼得堡。它主要为沙皇军队提供各式火药制火箭，这些火箭可以被用来对指定目标实施轰炸、对信号进行传输及对夜间的战场进行照明。

1687年

在埃德蒙多 · 哈雷爵士（Sir Edmund Halley）的鼓励和资助下，艾萨克 · 牛顿爵士出版了他的旷世之作《自然哲学的数学原理》。此书为人类理解几乎所有宇宙天体的运动奠定了数学基础，还帮助人们理解了与行星的轨道运动和火箭助推航天器的运行轨道有关的知识。

18世纪80年代

生活在迈索尔地区的印度统治者海德 · 阿里在他的部队中增加了一支火箭兵团。海德的儿子蒂普 · 苏丹在 1782—1799 年的一系列对英战役中成功地使用了火箭。

1804年

威廉 · 康格里夫爵士（Sir William Congreve）发表名为《火箭系统的起源和发展简述》（*A Concise Accourt of the Origin and progress of the Rocket System*）的著作，他在书中记载了英军在印度的作战经历。接下来，他开始研制一系列英军军用（黑火药）火箭。

1807年

在拿破仑战争中，英军使用大约 25 000 支经过威廉 · 康格里夫改良的军用（黑火药）火箭轰炸了丹麦首都哥本哈根。

1809年

杰出的德国数学家 、天文学家和物理学家卡尔 · 弗里德里希 · 高斯（Johann Carl Friedrich Gauss）出版了一部关于天体动力学的重要著作。此书彻底改变了科学家们对行星轨道内的摄动现象的计算方法。19 世纪的某些天文学家正是利用他的研究成果预测并发现了海王星（1846）。在这一过程中，科学家对天王星轨道内的摄动现象的研究是功不可没的。

1812年

英军在 1812 年战争中对美军使用了威廉 · 康格里夫爵士研制的军用火箭，威廉 ·

麦克亨利堡地区受到了英国火箭的轰炸。受到战争的启发，美国诗人弗朗西斯·斯格特·基（Francis Scott Key）在著名的《星条旗》（*The Star-Spangled Banner*）中加入了与"火箭红色亮光"有关的词句。

1865年

法国科幻作家儒勒·凡尔纳出版了他的名著《从地球到月球》，这本书使许多人对太空旅行的相关知识产生了浓厚的兴趣，其中有一些年轻的读者后来还成为航天学的奠基人，例如，罗伯特·哈金斯·戈达德、赫尔曼·奥伯特和康斯坦丁·埃德多维奇·齐奥尔科夫斯基。

1869年

一位叫爱德华·埃弗雷特·黑尔的美国牧师、作家出版了《砖砌的月亮》一书。这本书是第一部描写载人空间站的科幻小说。

1877年

美国天文学家阿萨夫·霍尔（Asaph Hall）在华盛顿美国海军天文台工作时发现并命名了火星的两颗小卫星，即火卫二和火卫一。

1897年

英国作家赫伯特·乔治·威尔斯撰写了著名的科幻小说《星球大战》。这本书讲述了火星人入侵地球的经典故事。

1903年

俄国科幻小说家康斯坦丁·埃德多维奇·齐奥尔科夫斯基撰写了《用反作用力装置探索太空》（*The Exploration of Cosmic Space by Means of Reaction Devices*）一书，他是历史上将火箭和太空旅行联系起来的第一人。

1918年

美国物理学家罗伯特·哈金斯·戈达德撰写了《最后的迁徙》（*The Ultimate*

Migration）一书，这是一部意义深远的科幻作品。作者在书中假设：人类乘着一艘原子能宇宙飞船逃离了即将毁灭的太阳系。由于怕被世人嘲笑，戈达德将这部科幻小说的手稿藏了起来。他于 1945 年去世，而这部小说直到 1972 年 11 月才得以出版。

1919年

被后人称为美国"火箭之父"的罗伯特·哈金斯·戈达德在《史密森杂志》上发表了题为《到达极高空的方法》的专题论文。这篇论文向世人介绍了几乎所有当代火箭学领域的基础理论。戈达德在论文中提出：人类可以利用一个小小的靠火箭助推的航天器抵达月球表面。遗憾的是，杂志社的编辑们完全没有认识到这篇论文的科学价值，认为上述观点纯属笑谈。他们索性把戈达德的观点称为"疯狂的幻想"，并给戈达德起了个绰号，叫"月球人"。

1923年

在没有得到罗伯特·哈金斯·戈达德和康斯坦丁·埃德多维奇·齐奥尔科夫斯基的任何帮助的情况下，德国太空旅行科幻作家赫尔曼·奥伯特出版了一部名为《飞往星际空间的火箭》的作品，这部作品的问世令许多人激动不已。

1924年

德国工程学家沃尔特·霍曼（Walter Hohmann）撰写了名为《天体的可达到性》（*The Attainability of Celestial Bodies*）的著作。这部重要的著作详细阐述了关于火箭运动和宇宙飞船运动的数学原理。书中叙述了如何在两个共面轨道之间完成效率最高的（即能量消耗最少的）轨道路径转换，这种频繁使用的操作方式被称为霍曼轨道切换。

1926年

3 月 16 日，在位于美国马萨诸塞州奥本市的一个白雪覆盖的农场里，美国物理学家罗伯特·哈金斯·戈达德创造了太空科学的历史。他成功地发射了世界上第一枚液体动力火箭。尽管使用汽油（燃料）和液体氧气（氧化剂）的装置只燃烧了 2.5 秒钟便落在了 60 米开外的地方，但从技术上讲，这个装置完全可以被看作所有现代液体动力火箭发动机的鼻祖。

4月，一本名为《惊奇故事》（*Amazing Stories*）的杂志问世了。这是世界上第一本专门刊登科幻小说的刊物。众多科学事实和科幻小说将现代火箭与太空旅行密切地联系在了一起。结果，很多20世纪30年代的（以及以后的）人类科学梦想最终被写成了与星际旅行有关的科幻作品。

1929年

德国太空旅行科幻作家赫尔曼·奥伯特出版了一本名为《太空旅行之路》的获奖著作。此书使许多非专业人士了解了太空旅行的概念。

1933年

克利特（P. E. Cleator）建立了英国星际协会（BIS），这个协会后来成为世界上最著名的倡导太空旅行的机构。

1935年

康斯坦丁·齐奥尔科夫斯基出版了他的最后一部著作——《在月球上》。在书中，他强烈主张将宇宙飞船作为在地月之间和其他星际之间进行旅行的工具。

1936年

英国星际协会的创办者克利特写了一本名为《穿越太空的火箭》（*Rockets through Space*）的著作，这是英国学术界第一次将航空学上升到一定的理论高度。然而，几份权威的英国科学杂志嘲弄这本书为缺乏科学想象的不成熟的科幻作品。

1939—1945年

第二次世界大战中，各国纷纷使用了火箭和大小不等、形状不一的导向导弹。其中，在太空探测方面最具科研价值的是佩内明德的德军使用的V-2型液体动力火箭，该火箭是由冯·布劳恩研制的。

1942年

10 月 3 日，德国的 A–4 火箭（后被重命名为"复仇武器 2 号"或 V–2 火箭）在位于波罗的海沿岸的佩内明德火箭试验发射场第一次成功发射。这一天可以被看作现代军用弹道导弹的诞生之日。

1944年

9 月，德国军队向伦敦和英国南部发射了数百枚所向披靡的 V–2 火箭（每一枚火箭都携带了一个重量为一吨的爆炸性极强的弹头），德军从此开始对英国进行弹道导弹攻击。

1945年

德国火箭科学家冯 · 布劳恩和研发团队中的几个关键人物意识到德国大势已去，于 5 月初在德国罗伊特附近向美国军队投降。几个月内，美国的情报人员展开了代号为"别针行动"的特别行动。他们先后对许多德国火箭研究人员进行了盘问，并获得了大量的文件和装备。然后，他们对这些文件和装备进行了分类整理。后来，很多德国科学家和工程师也加入了冯·布劳恩在美国的研发团队并继续他们的火箭研发工作。美军将数以百计缴获的 V–2 火箭拆开，然后将零件用船运回美国。

5 月 5 日，苏联军队在佩内明德缴获了德军的火箭设备并将所有剩余的装备和研发人员带回了国内。在欧洲战场的战事即将结束的日子里，被缴获的德国火箭技术和被俘的德国火箭研发人员为巨型导弹和太空竞赛登上冷战的舞台进行了必要的铺垫。

7 月 16 日，美国在世界上首次试爆了核武器。这次代号为"三位一体"的试验发射是在位于新墨西哥州南部的一个地理位置比较偏远的试验发射场进行的。这次发射从根本上改变了战争的面貌。作为美国与苏联进行冷战对峙的表现之一，装有核装备的弹道导弹已经成为人类所发明的威力最大的武器。

10 月，一位当时并不著名的英国工程师和作家——亚瑟·克拉克建议使用同步卫星来进行全球通信联系。他在《无线电世界》杂志上发表的题为《地球外的转播》（*Extra-terrestrial Relays*）的文章标志着通信卫星技术的诞生。通信卫星技术实际上是应用太空技术来支持信息革命的发展。

1946年

4月16日，美国军方在位于新墨西哥州南部的白沙试验基地火箭发射场发射了首枚经过美方改进的德国 V–2 火箭，这枚火箭也是在第二次世界大战中从德军那里缴获来的。

7—8月间，苏联火箭工程师谢尔盖·科罗廖夫着手研发德国 V–2 火箭的改进版。科罗廖夫为了进一步完善火箭的性能，增加了发动机的推力和燃料槽的长度。

1947年

10月30日，苏联的火箭工程师们成功地发射了一枚经过改装的德国 V–2 火箭。这次发射是在卡普斯京亚尔附近的一个火箭发射场进行的，该发射场位于沙漠之中。这枚火箭沿着试验飞行方向进行飞行，并最终落在距离发射点 320 千米的地方。

1948年

9月出版的《英国星际协会学报》刊登了由谢泼德和克利弗（A. V. Cleaver）共同撰写的 4 篇系列学术论文中的第一篇。这篇论文探索了将核能应用于太空旅行的可行性，并提出了核电推进力和核动力火箭的概念。

1949年

8月29日，苏联在哈萨克沙漠的一个秘密试验点进行了首枚苏制核武器的爆炸试验。这次试验的代号为"首次闪电"，它不但成功地打破了美国对核武器的垄断，同时也使世界陷入了大规模的核武器军备竞赛。当然，它的成功也加速了对射程达几千千米的战略弹道导弹的研发进程。由于当时在核武器技术上还落后于美国，苏联领导人决定研发威力更大、推力更强的火箭。这些火箭可以被用来携带体积更大、设计更独特的核武器。这一决定为苏联在发射工具方面赢得了巨大的优势。为了向全世界证明各自国力，两个超级大国决定在太空展开军备竞赛（开始于 1957 年）。

1950年

7月24日，美国使用其设计的名为"WAC下士"的二级火箭成功发射了一枚经过改造的德国 V–2 火箭。这枚火箭是美国空军在新建的远程导弹试验发射场发射的，该发射场位于佛罗里达州的卡纳维拉尔角。这枚混合多级火箭（也被称为"丰收 8 号"）成功开启了在卡纳维拉尔角进行的系列航天发射的大幕。此后，许多军事导弹和宇宙飞船在这个世界最著名的火箭发射场被发射升空。

同年 11 月，英国科幻作家亚瑟·克拉克发表了题为《电磁发射对太空飞行的主要贡献》的论文。他在文章中提出对月球的资源进行开采并利用电磁弹射器将开采到的月球物质弹射到星际空间。

1951年

科幻电影《地球停转之日》震惊了电影院里的观众。这个经典的故事讲述了强大的外星人来到地球，陪同它的还有一个机器人。它此行的主要目的是警告世界各国政府不要再继续进行愚蠢的核军备竞赛。在这部影片中，人类第一次将外星人描写成来帮助地球人的聪明使者。

荷兰裔美国天文学家杰拉德·彼得·柯伊伯（Gerard Peter Kuiper）提出在冥王星轨道的外侧存在许多冰冷的小行星体，由这群冰冷的天体构成的小行星带也被称为"柯伊伯带"。

1952年

沃纳·冯·布劳恩和维利·利等太空专家在一本名为《科利尔》的杂志上发表了不同系列的配有精美插图的科普文章，这些文章使许多美国人开始对太空旅行感兴趣。其中一组有名的系列文章由 8 篇论文组成。它的第一篇发表于 3 月 22 日，这篇文章选用了一个大胆的标题——《人类即将征服太空》。这本杂志聘请了当时最有影响力的太空美术家切斯利·邦艾斯泰为其绘制彩色插图。之后的系列文章向数百万美国读者介绍了与太空空间站、月球旅行和火星探险有关的知识。

冯·布劳恩还出版了《火星计划》一书。他在书中提议：让 70 名宇航员搭乘 10 艘宇宙飞船到达火星，并对火星进行为期一年左右的探测活动，然后返回地球。这是科学界第一次对人类火星探险进行专门的学术研究。

1953年

8 月，苏联试爆了第一枚热核武器（一颗氢弹）。这一科学发展史上的伟大成绩使超级大国之间的核武器军备竞赛进一步升级，并进一步突出了刚刚问世的战略核武器弹道导弹的重要地位。

10 月，美国空军组建了一个由约翰·冯·诺伊曼领导的专家小组，对美国战略弹道导弹系统进行评估。1954 年，这个小组建议对美国弹道导弹系统进行重大技术调整。

1954年

美国总统艾森豪威尔采纳了约翰·冯·诺伊曼的建议，给予发展战略弹道导弹全美国最高的战略地位。当时，在美国政府的内部，人们普遍担心在战略弹道导弹方面美国已经落后于苏联。所以，在当时的世界舞台上，冷战带来的导弹军备竞赛愈演愈烈。卡纳维拉尔角成为著名的弹道导弹发射试验场，在这里先后试验发射的重要弹道导弹包括："雷神号""宇宙神号""大力神号""民兵号"和"北极星号"等。其中许多威力巨大的军用弹道导弹在研发成功以后，被美国当作太空发射工具使用。在美国航天发展的关键时期，美国空军的伯纳德·施里弗将军（General Bernard Schriever）曾经对"宇宙神号"弹道导弹的研发工作进行了全程指挥。这枚弹道导弹的成功研发是工程学和航天技术领域取得的又一伟大成就。

1955年

沃特·迪斯尼（美国娱乐科幻作家）制作了激励人心的电视片三部曲，片中描绘了著名太空专家冯·布劳恩的形象。这部系列电视片向美国观众宣传了太空旅行。随着第一集《人在太空》于 3 月 9 日播出，这部系列片开始向数百万美国电视观众介绍太空旅行的梦想。接下来的两集分别被命名为《人类与月球》和《火星不是终点》。随着这些电视片的播出，冯·布劳恩这个名字和"火箭科学家"的称呼渐渐家喻户晓。

1957年

10 月 4 日，苏联火箭科学家谢尔盖·科罗廖夫在苏联领导人赫鲁晓夫的允许下，使用威力十足的军事火箭成功地将"斯普特尼克 1 号"（世界第一颗人造卫星）送入地球轨道。发射成功的消息在美国的政治领域和科技领域引起了强烈的冲击。"斯普特尼克1号"的成功发射标志着太空时代的开始。同时，它也标志着冷战时期的太空军备竞赛的开始。在冷战时期，人们通过各国在外层空间取得的成就（或失败）来衡量它们的综合国力和国际声望。

11月3日，苏联发射了"斯普特尼克2号"——世界上第二颗人造卫星。这艘在当时看起来极为巨大的宇宙飞船携带了一只名为莱卡的小狗。在这次航天飞行结束的时候，对莱卡执行了安乐死。

美国对使用新设计的民用火箭发射第一颗卫星的计划进行了大规模的宣传。但是，人们在12月6日那一天等来的却是一场灾难。这枚"探索号"火箭在从卡纳维拉尔角的发射台升起几厘米以后发生了爆炸。苏联的"斯普特尼克1号"和"斯普特尼克2号"的成功发射和美国的"探索号"经历的富有戏剧性的失败更加激起了很多美国人的愤怒。对外层空间的探索和利用成为冷战时期政治的宣传工具。

1958年

1月31日，美国成功发射了"探险者1号"，它是美国发射的第一颗围绕地球飞行的卫星。一支由冯·布劳恩统一指挥，由美国军队弹道导弹协会和加利福尼亚理工学院喷气推进实验室的工作人员匆忙组建的队伍，完成了拯救国家声望的任务。这支队伍把一颗军用弹道导弹作为发射工具。"探险者1号"利用爱荷华大学詹姆斯·范·艾伦博士提供的科学设备发现了地球周围的辐射带——为了纪念詹姆斯·范·艾伦博士，这一辐射带现在被命名为"范艾伦辐射带"。

美国国家航空航天局于10月1日成为美国政府下属的官方民用航天机构。10月7日，新成立的美国国家航空航天局宣布启动水星计划。按照这一富有开拓性的计划，美国宇航员将第一次被送入绕地运行轨道。

12月中旬，"宇宙神号"火箭从卡纳维拉尔角被发射升空并进入绕地运行轨道。火箭的有效负载实验舱内搭载了卫星自动操纵准备装置（即进行信号传输的轨道中继转播实验设备）。这个设备播放了一段提前录好的艾森豪威尔总统的圣诞节讲话录音。这是人类的声音第一次从外层空间传回地球。

1959年

1月2日，苏联将一艘重达360千克的大型宇宙飞船——"月球1号"送往月球。

尽管"月球1号"与月球表面最终还有5 000~7 000千米的距离,它仍然是第一个摆脱地球引力并进入绕月运行轨道的人造天体。

9月中旬,苏联发射了"月球2号"。这艘重量为390千克的大型宇宙飞船成功地到达了月球的表面,并成为第一个在其他星球表面着陆(或撞击其他星球表面)的人造天体。此外,"月球2号"还将苏联的国徽和国旗带到了月球表面。

10月4日,苏联发射了"月球3号"。这个飞船不仅成功地环绕月球进行了飞行,而且拍下了第一张月球背面的照片。因为月球在围绕地球运行的同时还要进行同步自转,所以地球表面的观测者只能看到月球表面的正面。

1960年

美国在3月11日将"先驱者5号"宇宙飞船发射升空并使其进入绕日飞行的预定轨道。这个体积适中的球形宇宙飞船的质量为42千克,它成功地探测了介于地球和金星之间的星际空间的基本情况。地球和金星之间的距离约为3 700万千米。

在5月24日,美国空军从卡纳维拉尔角发射了一颗导弹防御警报系统卫星。这件事在美国历史上开创了利用特殊军事监视卫星探测敌方导弹发射的先河。该卫星主要观测火箭释放出的气体具有什么样的红外线(热量)特征。由于该任务的高度机密性,公众在几十年的时间内对此事一无所知。导弹监视卫星的出现使美国政府针对苏联方面有可能发动的洲际弹道导弹突袭建立起可靠的早期预警系统。监视卫星帮助美国政府在冷战期间执行战略核威慑政策,并有效地预防了突发的核冲突。

美国空军成功地于8月10日在范登堡空军基地发射了"发现者13号"宇宙飞船。这艘太空飞船实际上是由美国空军和美国中央情报局共同负责的侦察计划的一部分,这个高度机密的侦察计划的代号为"日冕"。根据艾森豪威尔总统的特殊指令,这个间谍卫星计划开始实施,卫星从太空拍摄了一些地区的重要图像资料,美国在当时还无法接近这些地区。8月18日,"发现者14号"(也被叫作"日冕14号")向美国的情报机构提供了第一批卫星拍摄的关于苏联的照片。从此以后,人类社会进入了卫星侦察时代。美国国家侦察局依靠间谍卫星收集到的数据对美国的国家安全做出重大的贡献,而且这些数据也有助于在政治冲突频发的特定时期保持全球的稳定。

8月12日,美国国家航空航天局成功地发射了"回声1号"实验宇宙飞船。这个巨大的航天器的直径为30.5米,它看上去就像一个膨胀的金属球,是世界第一颗被动通信卫星。在太空电信时代即将到来的时候，美国和英国的工程技术人员利用"回声 1 号"实验宇宙飞船在两国之间进行无线电信号的发射与接收实验。

苏联发射了围绕地球飞行的 "斯普特尼克 5 号"宇宙飞船。这艘巨大的飞船实际上是即将把宇航员带入太空的"东方号"飞船的实验飞船。"斯普特尼克 5 号"还携带了两只分别被叫作斯特莱卡和贝尔卡的小狗。当飞船的返回舱在第二天正常工作时，这两只小狗成为第一批在成功进行轨道运行以后又成功返回地球的生命体。

1961年

1 月 31 日，美国国家航空航天局从卡纳维拉尔角成功地发射了执行水星计划的"红石号"太空舱，这个太空舱将进行亚轨道飞行。在到达海拔 250 千米的高空时，太空舱里的黑猩猩乘客汉姆利用降落伞安全地降落在大西洋的安全区域内。灵长类动物所进行的太空之旅的成功是把美国宇航员安全送入太空的关键一步。

苏联第一次利用宇宙飞船成功地将人类送入了环绕地球运行的轨道，这次航天任务的成功完成在人类探索宇宙空间的历史上具有里程碑式的重要意义。宇航员尤里·加加林乘坐"东方 1 号"宇宙飞船进入了太空，他也因此成为第一个在绕地运行航天器中对地球进行观测的人类。

5 月 5 日，美国国家航空航天局从卡纳维拉尔角将"红石号"火箭发射升空，火箭将宇航员艾伦·谢泼德送入太空，进行了 15 分钟具有历史意义的亚轨道飞行。在执行"水星探测计划"的"自由 7 号"太空舱内，谢泼德在海拔 186 千米的高空乘坐航天器进行飞行，他也因此成为第一个在太空旅行的美国人。

5 月 25 日，肯尼迪总统在美国国会参众两院联席会议上发表了鼓舞人心的演讲。演讲主要涉及为了保证美国的国家安全利益当时急需完成的任务。这位刚刚上任的美国总统提出了美国在太空领域所要面对的巨大挑战。他当众宣布："在 1970 年之前，我们一定能成功地实现人类登月并保证宇航员安全返回地球。为了实现这一理想，我相信我们这个国家一定会全力以赴。"由于肯尼迪总统具有前瞻性的领导，美国最终被公认为冷战时期太空军备竞赛的获胜者。1969 年 7 月 20 日美国宇航员尼尔·阿姆斯特朗和埃德温·奥尔德林第一次踏上了月球的表面。

1962年

2月20日，宇航员约翰·赫歇尔·格伦成为第一位乘坐宇宙飞船围绕地球飞行的美国人。美国国家航空航天局用"宇宙神号"火箭将执行"水星探测计划"的"友谊7号"太空舱从卡纳维拉尔角发射升空。在完成了3圈飞行任务以后，格伦乘坐的太空舱安全地降落在大西洋海域。

8月下旬，美国国家航空航天局从卡纳维拉尔角将飞往金星的"水手2号"宇宙飞船发射升空。1962年12月14日，"水手2号"到达了距离金星3.5万千米的宇宙空间，从而成为世界上第一个成功的星际太空探测器。宇宙飞船的观测数据显示：金星的表面温度可以达到430℃。这些数据彻底地推翻了人们在太空时代到来以前对金星的假设。当时，许多人认为：金星的表面分布着许多茂盛的热带丛林；从某种意义上讲，金星就像地球的双胞胎兄弟一样。

在10月间，苏联在古巴境内部署了具有核武器性质的攻击性弹道导弹，从而使整个世界陷入了古巴导弹危机。两个超级大国之间的对峙导致整个世界格局充满了危险，核战争一触即发。经过肯尼迪总统和众多国家安全顾问的政治斡旋，苏联领导人赫鲁晓夫撤回了苏联的弹道导弹，古巴导弹危机也最终得以化解。

1964年

11月28日，美国国家航空航天局的"水手4号"宇宙飞船在卡纳维拉尔角成功发射，它也成为第一艘从地球到火星探访的宇宙飞船。它于1965年7月14日成功地针对火星这颗红色行星进行了近天体探测飞行。当时，它与火星之间的距离是9 800千米。"水手4号"拍摄的近距离照片显示：火星的表面是一个贫瘠得如沙漠般的世界。人类对火星的早期认识也因此得到了纠正。在太空时代到来以前，许多人认为：火星的表面有许多古代的城市以及一个巨大的人工运河网络。

1965年

3月23日，一枚"大力神号"Ⅱ型火箭将载有维吉尔·伊万·格里森和约翰·杨这两名宇航员的宇宙飞船从卡纳维拉尔角发射升空。这两名宇航员乘坐的是能够容纳两名宇航员的"双子星3号"飞船。美国国家航空航天局的"双子星3号"这次所执行的飞行任务是进行第一次载人航天飞行，它标志着美国宇航员为了准备执行

"阿波罗号"月球探测任务，开始进行载人太空活动了。

1966年

1月31日，苏联将"月球9号"宇宙飞船发射升空。这个飞船的目的地是月球，它的质量为100千克。这个球形航天器于2月3日在月球表面的风暴洋地区实现了软着陆。在彻底停下来以后，这个航天器展开了4个像花瓣一样的盖子，然后从月球表面传回了第一组全景电视画面。

3月31日，苏联将"月球10号"宇宙飞船发射升空，这个飞船的目的地仍是月球。这个巨大的航天器的质量为1500千克，它也成为第一个围绕月球飞行的人造天体。

5月30日，美国国家航空航天局向月球发射了一个着陆航天器，它的名字叫"勘察者1号"。这个全能型的机器人航天器于6月1日成功地在风暴洋地区实现了软着陆，然后从月球表面传回了1万张照片，并为下一步完成"阿波罗号"探测项目的人类登月任务进行了多次土壤动力实验。

8月中旬，美国国家航空航天局从卡纳维拉尔角发射了"月球轨道器1号"飞往月球。这次航天发射是系列太空探测任务中的第一次。这些探测任务的主要目标是从月球轨道对月球进行全方位的拍摄。在每次拍摄任务结束以后，轨道环行器将会按照最初的设计落在月球的表面，以避免对未来的轨道活动产生干扰。

1967年

1月27日，灾难袭击了美国国家航空航天局的"阿波罗号"航天计划。当宇航员维吉尔·伊万·格里森、爱德华·怀特和罗杰·查菲正在位于34号航天器发射台的"阿波罗1号"宇宙飞船内进行训练时，一场突发的大火在飞船内蔓延开来，这3名宇航员不幸遇难。美国的月球登陆计划也因此延期了18个月。美国国家航空航天局还对执行"阿波罗号"航天计划的航天器在设计和安全性能方面进行了重大改进。

4月23日，悲剧也袭击了苏联的航天项目。当时，苏联宇航员弗拉基米尔·科马洛夫正在刚刚投入使用的"联盟1号"宇宙飞船内执行太空飞行任务。在执行轨道飞行任务期间，科马洛夫就已经遇到了许多困难。在执行重返地球大气层的任务时，由于降落伞无法正常展开而飞船又以极高的速度撞击地球的表面，弗拉基米尔·科马洛夫不幸遇难。

1968年

12月21日，美国国家航空航天局的"阿波罗8号"宇宙飞船（只包括指挥舱和服务舱）在肯尼迪航天中心的39号航天器发射台被发射升空。这是巨大的"土星5号"探测器进行的第一次载人航天飞行。宇航员弗兰克·博尔曼、詹姆斯·亚瑟·洛威尔和威廉·安德斯也因此成为第一批摆脱地球引力影响的人。他们进入了围绕月球运行的轨道，并拍摄到了一组画面：美丽得令人难以置信的地球从质朴无华的月球地平线上徐徐升起。上百万人在看到这些画面以后发出了由衷的感叹，此后他们就发起了保护地球环境的运动。在围绕月球飞行了10圈以后，他们乘坐的航天器于12月27日成功地返回了地球。

1969年

7月16日，美国国家航空航天局的"阿波罗11号"航天器在世人目光的注视下从肯尼迪航天中心起飞并飞往月球。宇航员是尼尔·阿姆斯特朗、迈克尔·柯林斯和埃德温·奥尔德林3人。这些宇航员实现了人类长期以来一直拥有的梦想。7月20日，美国宇航员尼尔·阿姆斯特朗小心翼翼地从月球舱的梯子上走了下来，并最终踏上了月球的表面。他感叹："对我个人来说这仅是一小步，但却是全人类的一大步。"他和奥尔德林成为最先在其他星球上行走的地球人。很多人把"阿波罗号"月球登陆计划看作人类历史上最伟大的科学成就。

1970年

4月11日，美国国家航空航天局的"阿波罗13号"航天器从地球起飞飞往月球。4月13日，在"阿波罗号"的服务舱内突然发生了危及宇航员生命的爆炸。此时，宇航员詹姆斯·亚瑟·洛威尔、约翰·莱昂纳德·斯威格特和弗莱德·华莱士·海斯必须把他们的月球旅行舱当作救生艇来使用。全世界的人们都在焦急地等待和聆听他们的消息。宇航员们熟练地驾驶着已经部分失去控制的飞船继续围绕月球飞行。由于关键燃料的不足，飞船只能沿着自由轨道返回地球。4月17日，他们放弃了登月小艇（LEM）的"水瓶座号"航天器,然后登上了"阿波罗号"宇宙飞船的指令舱，并在成功返回地球大气层之后降落在太平洋海域。

1971年

4月19日，苏联发射了第一个宇宙空间站（它被叫作"礼炮1号"）。这个宇宙空间站最初处于不载人的状态。这主要是由于"联盟10号"（于4月22日被发射升空）的3名宇航员曾经试图与空间站完成对接，但是他们无法登上该空间站。

1972年

1月初，理查德·尼克松总统批准了美国国家航空航天局的航天飞机计划。这个决定为人们勾画出美国国家航空航天局在未来30年进行太空探索的蓝图。

3月2日，一枚宇宙神-半人马座运载火箭在卡纳维拉尔角被成功发射，该火箭将美国国家航空航天局的"先驱者10号"宇宙飞船送入太空。这个长距离飞行的机器人航天器成为第一个通过主小行星带的航天器，它还是第一个针对木星进行近天体探测飞行的航天器（1973年12月3日）。1983年6月13日，它穿过了海王星（当时被认为是离太阳最远的行星）的运行轨道。它被认为是第一个离开太阳系边界的人造天体。在星际空间的运行轨道内进行飞行的过程中，"先驱者10号"（和它的孪生兄弟"先驱者11号"）向那些可能存在的外星人展示它们所携带的特殊装饰板。几百万年以后，也许这些外星人会发现这个在星际空间漂流的航天器。

12月7日，美国国家航空航天局的"阿波罗17号"宇宙飞船从肯尼迪航天中心出发，开始进行20世纪最后一次月球探测之旅，它是由巨大的"土星5号"火箭发射升空的。当宇航员罗纳德·E.埃文斯留守在月球轨道中时，他的同伴尤金·A.塞尔南和哈里森·H.施密特成为在月球上进行漫步的第十一位和第十二位地球人。他们利用月球漫游车探测了陶拉斯·利特罗山谷地区。他们于12月19日成功地返回了地球，将人类的太空探索历史带入了一个漫长而壮丽的新阶段。

1973年

4月初，由宇宙神-半人马座火箭发射的美国国家航空航天局"先驱者11号"宇宙飞船从卡纳维拉尔角开始了一次星际旅行。该宇宙飞船在1974年12月2日在太空中遇到了木星，并且利用木星的引力助推作用建立了针对土星进行近天体探测飞行的运行轨道。它是第一个对土星进行近距离观测的航天器（在1979年9月1日那一天它与土星之间的距离达到了最小值）。然后，它沿着运行轨道进入了星际空间。

5月14日,美国国家航空航天局发射了"天空实验室"——美国第一个宇宙空间站。巨大的"土星5号"火箭仅利用一次航天发射就将这个巨大的航天器送入了预定轨道。由于宇宙空间站在发射升空的过程中受到了一定程度的损坏,最初的3名美国宇航员在5月25日到达预定位置以后,马上对空间站进行了紧急维修。宇航员小查尔斯·皮特·康拉德、保罗·韦兹和约瑟夫·科文在空间站工作了28天。后来,宇航员艾伦·比恩、杰克·洛斯马和欧文·加里欧特接替了他们的工作。这一批宇航员于7月28日抵达空间站并在太空生活了59天。最后一批天空实验室的工作人员(宇航员杰拉德·卡尔、威廉·波格和爱德华·吉布森)11月11日到达了空间站,并在那里一直居住到1974年2月8日,从而创造了在太空停留84天的纪录。美国国家航空航天局后来放弃了对天空实验室的使用。

11月初,美国国家航空航天局从卡纳维拉尔角发射了"水手10号"宇宙飞船。它在1974年2月5日与金星在太空相遇,并且利用金星的引力助推作用使自己成为第一个对水星进行近距离探测的航天器。

1975年

8月末9月初,美国国家航空航天局先后从卡纳维拉尔角向火星发射了一对卫星-登陆车组合式宇宙飞船:"海盗1号"(8月20日)和"海盗2号"(9月9日)。它们在1976年到达火星表面。至此,所有执行"海盗号"太空探测计划的航天器(两个登陆车和两个人造卫星)均出色地完成了既定任务,但是利用显微镜在火星表面寻找生命的详细探究没有得出最后的结论。

1977年

8月20日,美国国家航空航天局从卡纳维拉尔角将"旅行者2号"发射升空,这个航天器将进行大规模的太空探索任务。在这期间,它会遇到太阳系的四颗行星,然后沿着星际轨道离开太阳系。利用引力助推作用,"旅行者2号"在太空中先后遇到了木星(1979年7月9日)、土星(1981年8月25日)、天王星(1986年1月24日)和海王星(1989年8月25日)。这个有弹力的机器人航天器(和它的孪生兄弟"旅行者1号")在进行远距离太空飞行的过程中,为人类带去了来自地球的特殊星际信息,那就是被称为"地球之声"的数字记录数据。

9月5日，美国国家航空航天局从卡纳维拉尔角发射了"旅行者1号"，这个航天器将通过快速运行轨道飞向木星、土星和太阳系以外的星际空间。它于1979年3月5日和1980年3月12日先后与木星和土星相遇。

1978年

5月，英国星际协会发表了一篇关于"代达罗斯计划"的研究报告。根据这项理论研究，为了对"巴纳德"恒星进行探测，人类将在21世纪末发射一个单行机器人航天器。

1979年

12月24日，欧洲太空总署在位于法属圭亚那库鲁的圭亚那航天中心成功地发射了首枚"阿丽亚娜号"火箭，即"阿丽亚娜1号"火箭。

1980年

印度空间研究所在7月1日成功将一颗35千克的实验卫星（被叫作"罗西尼号"）发射升空，并使其进入低地球轨道。这次发射采用的发射装置是印度生产的四级火箭，这枚火箭使用固体推进剂。"标准发射器3号"（SLV-3）的成功发射，标志着从此以后印度也可以独立地对外层空间进行科学探索了。

1981年

4月12日，美国国家航空航天局从肯尼迪航天中心的39-A发射台发射了首次进行航天飞行的"哥伦比亚号"航天飞机。宇航员约翰·杨和罗伯特·克里平对这个新的航天器进行了全方位的测试。当这个航天器重新进入地球的大气层时，它在大气中滑行并像一架飞机一样降落在地球的表面。以前的航天器在返回地球时根本无法完成上述飞行操作。另外，以前的航天器只能使用一次，而"哥伦比亚号"航天飞机可以再一次进行航天飞行。

1986年

1月24日，美国国家航空航天局发射的"旅行者2号"与天王星相遇。

1 月 28 日，"挑战者号"航天飞机从美国国家航空航天局肯尼迪航天中心起飞，开始了它的最后一次航天飞行。在进入 STS51–L 任务状态仅仅 74 秒钟的时候，一场致命的爆炸发生了。结果，航天飞机上的宇航员全部遇难，航天飞机也由于爆炸发生了解体。以罗纳德·里根总统为代表的全体美国人对在"挑战者号"事故中遇难的 7 名宇航员表达了深深的悼念。

1988年

9 月 19 日，以色列使用一个"彗星号"三级火箭将这个国家的首枚卫星(被叫作"地平线 1 号") 发射到一个特殊的运行轨道上。在这条特殊轨道上运行的天体将会自东向西旋转，这与地球自转的方向正好相反，这样做完全是出于发射安全方面的考虑。

9 月 29 日，"发现号"航天飞机成功发射升空，这次航天飞行主要是为了完成 STS–26 航天任务。在"挑战者号"失事后，美国国家航空航天局在时隔 32 个月后再一次将"发现号"航天飞机投入使用。

1989年

8 月 25 日，"旅行者 2 号"与海王星相遇。

1994年

1 月末，由美国国防部和美国国家宇航局联合建造的高科技航天器"克莱门汀号"离开了范登堡空军基地向月球进发。这个航天器传回的一些数据显示：月球表面实际上拥有大量的固态水资源，分布在终年不见阳光的两极地区。

1995年

2 月，"发现号"航天飞机在完成美国国家航空航天局的 STS–63 号航天任务时，到达了俄罗斯的"和平号"宇宙空间站，这也成为国际空间站发展的序曲。宇航员艾琳·玛丽·柯林斯成为有史以来第一位女航天飞行员。

3 月 14 日，俄罗斯从拜科努尔航天发射基地向"和平号"空间站发射了"联盟 TM–21 号"宇宙飞船。宇宙飞船上的 3 名宇航员中还包括美国宇航员诺曼·萨加德。诺曼·萨加德是首位乘坐俄罗斯火箭来到外层空间旅行的美国人，他还是第一位在

"和平号"空间站工作的美国人。"联盟 TM-21 号"上的宇航员还替换了此前一直在"和平号"空间站进行工作的宇航员，其中包括宇航员瓦列里·波利亚科夫，他创造了在太空中停留长达 438 天的世界纪录，并于 3 月 22 日返回地球。

6 月下旬，美国国家航空航天局的"亚特兰蒂斯号"宇宙飞船首次与俄罗斯的"和平号"空间站实现了对接。在执行 STS-71 号航天任务的过程中，"亚特兰蒂斯号"将第 19 组宇航员（阿纳托利·索洛耶夫和尼古拉·布达林）送到"和平号"空间站，然后将此前一直在"和平号"空间站工作的第 18 组宇航员（包括美国宇航员诺曼·萨加德在内）接回地球。诺曼·萨加德在"和平号"空间站一共停留了 115 天。飞船与"和平号"空间站的对接项目是国际空间站第一阶段的任务。在 1995—1998 年间，飞船与"和平号"空间站一共进行了 9 次对接。

1998年

1 月初，美国国家航空航天局从卡纳维拉尔角向月球发射了月球探测器。从飞船传回的数据进一步证实了人们的猜想：在终年见不到阳光的月球两极地区拥有大量的固态水资源，这些冰块中还包含大量的尘埃。

12 月初，"奋进号"航天飞机从美国国家航空航天局的肯尼迪航天中心被发射升空，从而开始了国际空间站的第一次组装任务。在执行 STS-88 号太空任务的过程中，"奋进号"与俄罗斯此前发射的"曙光号"太空舱相会合。两国的宇航员将这个太空舱与美国建造的"联合号"太空舱对接在一起。此前，"联合号"太空舱一直被放置在"奋进号"航天飞机的货舱里。

1999年

7 月，在执行 STS-93 号航天任务时，宇航员艾琳·玛丽·柯林斯成为第一位女性航天指挥员。搭载了美国国家航空航天局的钱德拉 X 射线太空望远镜的"哥伦比亚号"航天飞机进入了预定轨道。

2001年

4 月初，美国国家航空航天局向火星发射了"火星奥德赛 2001 号"火星探测器。同年 10 月，该飞船成功地实现了围绕火星飞行。

2002年

5月4日，美国国家航空航天局从范德堡空军基地成功发射了"水号"探测卫星。这个结构复杂的地球观测卫星将与"土号"卫星共同完成针对地球进行的系统科学研究。

10月1日，美国国防部成立了美国战略指挥中心，这个中心将控制所有美国的战略武器（核武器）。同时，它还负责进行太空军事行动、战略预警和情报评估。此外，它还负责美国全球战略计划的制定。

2003年

2月1日，在成功地完成了为期16天的（STS-107）太空探测任务以后，"哥伦比亚号"航天飞机开始返回地球。在返回途中，当飞行到美国西部上空海拔63千米处时，"哥伦比亚号"航天飞机遭遇了一次灾难性的事故。结果，这个航天器在18倍声速的高速状态下解体了。这次事故夺走了所有7名宇航员的生命。其中的6名美国宇航员分别是：里克·赫斯本德、威廉·麦库尔、迈克尔·安德森、卡尔帕娜·乔拉、劳雷尔·克拉克和大卫·布朗；还有1名以色列宇航员伊兰·拉蒙。

6月10日，美国国家航空航天局利用德尔塔Ⅱ型火箭将"勇气号"火星探测车发射升空。"勇气号"也被称为MER-A，它于2004年1月3日安全抵达了火星表面，并且在喷气推进实验室技术人员的远程监控下开始对火星表面进行探索活动。

美国国家航空航天局利用德尔塔Ⅱ型火箭发射了第二个火星探测车。这个探测车也被称为"机遇号"。它于2003年7月7日从卡纳维拉尔角空军基地被发射升空。"机遇号"也被叫作MER-B，它在2004年1月24日成功地登陆了火星。

10月15日，中国成为继俄罗斯（苏联）和美国之后第三个使用自主研发的发射器把人类送入环地球轨道的国家。10月15日，中国"长征2F号"火箭从酒泉卫星发射中心起飞，把载有航天员杨利伟的"神舟五号"飞船送入环地球轨道。10月16日，飞船重新进入大气层，杨利伟在中国内蒙古着陆场安全着陆。

2004年

7月1日，美国国家航空航天局的"卡西尼号"航天器抵达了土星，并开始了长达4年的全方位土星科学研究。

10月中旬，"远征号"的第10组宇航员乘坐从拜科努尔发射基地起飞的俄罗斯航天器到达国际空间站。"远征号"的第9组宇航员安全地返回了地球。

12月24日，重达319千克的"惠更斯号"探测器成功地实现了与"卡西尼号"宇宙飞船的分离，并且飞向土星的卫星土卫六。

2005年

1月14日，"惠更斯号"探测器进入了土卫六的大气层，并于大约147分钟后到达土卫六的表面。"惠更斯号"是第一个在月球之外的卫星上着陆的宇宙飞船。

7月4日，美国国家航空航天局的深度撞击探测器到达了"坦普尔1号"彗星的表面。

7月26日，美国国家航空航天局从佛罗里达州肯尼迪航天中心成功发射了"发现号"航天飞机，"发现号"将执行STS-114号太空探测任务。在与国际空间站对接以后，"发现号"又返回了地球，并于8月9日降落在加利福尼亚州爱德华空军基地。

8月12日，美国国家航空航天局从佛罗里达州的卡纳维拉尔角发射了火星探测卫星。

9月19日，美国国家航空航天局宣布将设计一个新的航天器，把4名宇航员送往月球。同时，美国国家航空航天局还将利用这个航天器将宇航员和物资运往国际空间站。美国国家航空航天局还向人们介绍了两个由航天飞机发展而来的新航天发射器：一个载人火箭和一个载重量极大的载物火箭。

10月3日，"远征号"的第12组宇航员（指挥官威廉·麦克阿瑟和航天飞行工程师瓦列里·托卡雷夫）到达了国际空间站，并且替换了"远征号"的第11组宇航员。

10月12日，中国成功地发射了第二艘载人飞船，即"神舟六号"。"神舟六号"的2名宇航员分别是费俊龙和聂海胜，他们在太空停留了将近5天的时间，并在围绕地球飞行了76圈以后安全地返回了地球。在降落伞装置的帮助下，返回舱在预定区域实现了软着陆。

2006年

1月15日，美国国家航空航天局的"星尘号"宇宙飞船携带着装有彗星样本的样本包成功地返回了地球。

1月19日，美国国家航空航天局从卡纳维拉尔角发射了"新视野号"宇宙飞船，并成功将这个机器人航天器发射到较长的单行轨道中。这种设计主要是为了保证它在2015年与冥王星系统在太空相遇。同时，这也是为了探索更遥远的柯伊伯带的部分区域。

2月22日，根据美国国家航空航天局的哈勃太空望远镜提供的观测数据，科学家们得出结论：在遥远的冥王星的周围的确存在两颗新卫星。这两颗卫星暂时被称作S/2005P1和S/2005P2。它们在2005年5月被哈勃太空望远镜首次发现。但是科研小组想要对冥王星星系做深入的研究，以便概括出这些新卫星的轨道特征，并最终证实此前的发现。

3月9日，美国国家航空航天局的科学家宣称："卡西尼号"航天器可能在土星的卫星土卫二上找到存在液态水的证据。这些水源就像黄石国家公园内的间歇泉一样不定期地向外喷水。

3月10日，美国国家航空航天局的火星探测器成功地抵达了火星，在对火星进行近距离拍摄之前，它首先要调整运行轨道的形状，这一工作持续6个月的时间。

4月1日，"远征号"的第13组宇航员（指挥官帕维尔·维诺格拉多夫和航天飞行工程师杰弗里·威廉姆斯）到达了国际空间站，他们接替了"远征号"的第12组宇航员。在随第12组宇航员返回地球之前，巴西的首位宇航员马考斯·庞特斯在国际空间站逗留了几天。

8月24日，国际天文联合会（IAU）的会员国在捷克布拉格召开了该组织2006年度的大会。经过激烈的辩论，2 500名与会的天文学家（通过投票）决定：将冥王星从九大行星的行列清除，并将它列入矮行星这个新的级别当中。国际天文联合会的决定使太阳系成为包括八大行星和三个矮行星的星系。这三个矮行星分别是：冥王星（也叫原型矮行星）、谷神星（最大的小行星）和被称为2003 UB313（昵称为齐纳）的遥远的柯伊伯带天体。科学家预测：在太阳系的遥远区域内会发现其他的矮行星。

鸣　谢

在这里，我要感谢为本书提供公共信息的专家们，他们分别来自：美国国家航空航天局（NASA）、美国国家海洋和大气管理局（NOAA）、美国空军（USAF）、美国国防部（DOD）、美国能源部（DOE）、美国国家侦察局（NRO）、欧洲航天局（ESA）和日本宇宙航空研究开发机构（JAXA）。在本丛书的筹备过程中，这些专家提供了大量的技术材料。在这里，还要特别感谢弗兰克·达姆施塔特和 Facts On File 出版公司的其他编辑为本书的问世所作出的贡献。正是由于他们的精心润色，使本丛书从理论性很强的著作转变为可读性极强的科普读物。在这里，还要特别提及另外两位为本书作出贡献的重要人物：首先我要提到的是我的私人医生查理斯·斯图尔特博士，正是他的高超医术使我在进行本丛书的撰写工作时始终保持良好的身体状态；接下来我要提到的是我的妻子——琼，在过去的40 年里，正是她在精神上和感情上的支持使我在事业上获得了成功。对于本丛书的成功问世，她是功不可没的。